百色水利枢纽工程地质研究与实践

罗继勇 米德才 梁天津 玉华柱 著

黄河水利出版社

内 容 提 要

本书是在百色水利枢纽前期勘察成果的基础上，对水库、RCC主坝、消力池、地下厂房、水电站进水口、辉绿岩人工骨料等主要工程地质问题进行了系统的分析和科学总结，主要内容包括：工程地质勘察研究历程，勘察中采用的新技术、新方法；工程地质条件概述；水库主要工程地质问题研究；RCC主坝工程地质研究；消力池地基工程地质研究；地下厂房工程地质研究；水电站进水口高边坡及进水塔地基工程地质研究；辉绿岩人工骨料勘察与混凝土试验等内容；从地质勘察、稳定计算、分析评价、施工处理、质量检测、安全监测等方面进行了系统的分析总结。

本书可供从事水库、混凝土重力坝、边坡工程、地基处理、混凝土人工骨料等地质勘察设计人员和高等院校相关专业师生阅读参考。

图书在版编目 (CIP) 数据

百色水利枢纽工程地质研究与实践 / 罗继勇等著. —郑州：
黄河水利出版社，2014.6
ISBN 978‐7‐5509‐0823‐9

Ⅰ.①百… Ⅱ.①罗… Ⅲ.①水利枢纽–工程地质–
研究–百色市 Ⅵ.①P642.426.73

中国版本图书馆CIP数据核字（2014）第138267号

组稿编辑：王路平 电话：0371‐66022212 E‐mail：hhslwlp@126.com

出 版 社：黄河水利出版社
地址：河南省郑州市顺河路黄委会综合楼14层 邮编：450003
发行单位：黄河水利出版社
发行部电话：0371‐66026940、66020550、66028024、66022620(传真)
E‐mail：hhslcbs@126.com
承印单位：河南省瑞光印务股份有限公司
开本：787 mm×1 092 mm 1 / 16
印张：16.25 插页：8
字数：400千字 印数：1—1 000
版次：2014年6月第1版 印次：2014年6月第1次印刷

定价：80.00元

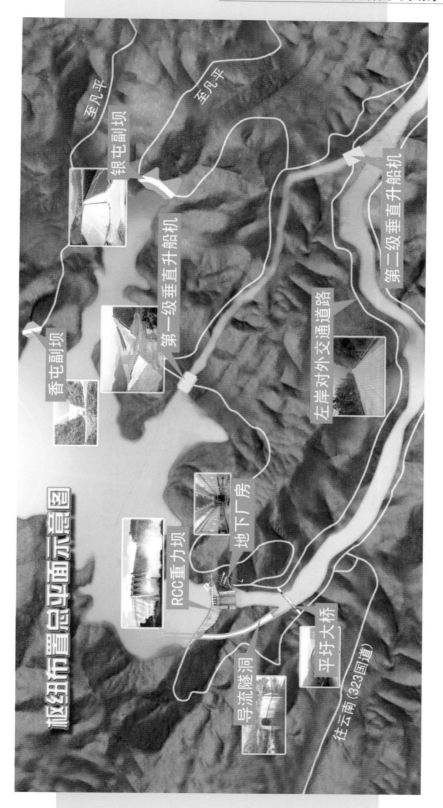

枢纽布置总平面示意图

至凡平

至凡平

银屯副坝

香屯副坝

第一级垂直升船机

第二级垂直升船机

左岸对外交通道路

RCC重力坝

地下厂房

导流隧洞

平圩大桥

往云南（323国道）

百色水利枢纽布置总平面示意图

百色水利枢纽主坝区全景（梁毅于2010年12月摄）

2008年1月水库泄洪

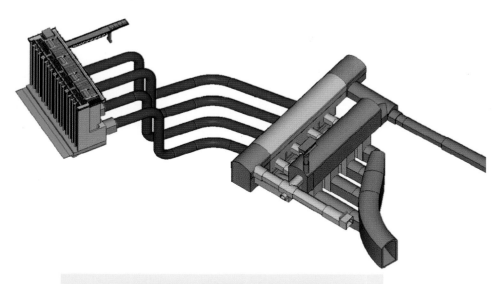

百色水利枢纽左岸地下厂房立体透视图

百色水利枢纽运行中的地下厂房

主坝河床及左岸

主坝右岸（左侧为右Ⅳ沟）

坝基地质编录

主坝碾压混凝土施工

消力池施工开挖及全强风化岩体现场载荷试验

水电站进口及大坝混凝土施工

引水隧洞下平洞沉积岩段施工开挖

施工过程中的厂房洞

施工过程中的"四合一"尾水主洞

尾水主洞出口

水利部张基尧副部长及自治区党委书记、主席等领导人参加开工典礼

右江公司陈顺天总工（右一）给杨焱厅长（右二）等介绍工程情况

水规总院沈凤生副院长（左一）、闫九球副厅长（右一）、叶建平副巡视员到工地交流

两院院士潘家铮(左二)、水规总院李广诚（左一）到工地指导

谭靖夷院士（右四）等领导视察碾压混凝土施工现场

中国工程勘察大师陈德基（右三）、孙钊（右四）到工地指导

水规总院司富安处长、中国工程勘察大师徐瑞春、杨计申等在库区指导工作

水规总院鞠占斌副处长、中国工程勘察大师徐瑞春、王东华等在辉绿岩料场指导工作

国内地质专家到工地考察指导

广西壮族自治区水利电力勘测设计研究院领导及同事在开工仪式会场合影留念

前期专家到现场查勘地形地质条件

前期专家到工地观察坝基钻孔岩芯

序

　　广西百色水利枢纽是西江流域郁江综合开发治理的骨干工程，也是西部大开发初期阶段的重要标志性大型项目，具有防洪、发电、灌溉、航运、供水等巨大的综合效益。工程位于右江革命根据地，对促进革命老区的社会经济发展也有着重要作用。

　　百色水利枢纽工程由主坝、水电站、副坝和通航建筑物组成，副坝和通航建筑物远离主坝区。主坝为全断面碾压混凝土重力坝，最大坝高130 m；地下厂房尺寸为147 m×19.5 m×49 m（长×宽×高）。经过30多年详尽的规划和勘测设计，工程于2001年开工建设，2006年12月完工并投入运行。

　　百色水利枢纽具有极其独特的地质条件，构成建筑物地基的岩体条件极其复杂，岩性差异极大。大坝可以利用一层厚度不大、顺层侵入的辉绿岩体，而紧临其上下游为非常破碎的硅质岩及岩性极不均一、以泥岩为主的软硬相间的互层地层。在这种岩性差异极大的地质环境中兴建大型水电站，首要的是查清地质条件，在此基础上因地制宜地进行枢纽总体布置和建筑物设计，这是最重要、最关键的环节。由于自治区水利设计院勘测部门的精心工作，在前期勘察中基本查明了这种复杂的地质环境，从而使得枢纽各建筑物能做到合理布局，相得益彰。

　　就各建筑物的地质条件而言，坝基辉绿岩体裂隙发育，以镶嵌结构为主，且发育有缓倾角结构面，顺河发育一条规模较大的F_6断层，破坏了坝基岩体的完整性。地下厂房跨度大、间距小、埋深浅。查清辉绿岩体的工程地质条件是工程设计的关键；辉绿岩上、下两侧的硅质岩，具有硬、脆、碎的特点，常规钻探方法获得的几乎都是碎屑和岩粉，且塌孔严重；下游消力池沉积岩段，以泥质软岩为主，与硅质岩、泥质灰岩相间分布，顺层状全风化深达65 m，对消力池的稳定及变形影响很大，是工程建设中最大的难点所在；在国内首次采用辉绿岩加工人工骨料，取得了很多研究成果和成功经验。

　　本书系统地介绍了广西水利电力勘测设计研究院为查明百色水利枢纽工程地质条件所做的大量而系统的勘察研究工作。研究内容包括区域构造稳定性、水库、坝址和各建筑物的工程地质条件，以及天然建筑材料。勘测技术方法既有自身的创新，也有及时系统的引进，一个显著的特点是针对不同的问题和岩性特点，采取了不同的、有针对性的技术方法，如：针对硅质岩硬、脆、碎的特点采用的特殊钻进方法；引进蒙特卡洛法进行辉绿岩缓倾角连通率的统计和坝基深层抗滑稳定计算；采用三维非线性损伤有限元计算和厂区渗流场三维渗流数字模型有限元法分析，论证地下厂房洞室群布置的可行性、合理性及围岩稳定性；采用多种原位测试技术查清消力池深部软岩的工程性状等，取得了良好的效果及显著的社会、经济效益。本书的另一特点是工程地质研究与工程地质实践相结合，从早期的地质调查、勘探试验，到施工地质、地基处理、效果检查、监测资料分析等方面进行了系统的总结，提出了一些新的工程地质勘察思路，这是极其难能可贵的。相信本书的出版对我国水利水电工程建设的地质勘察及设计将提供有益的借鉴和启示。

我一直提倡每做完一个工程，特别是一些重大而复杂的工程，及时加以总结就会是一笔宝贵的财富，也是提高业务水平最有效的方法。地质勘察是认识地下未知世界探索性极强的工作，因此总结经验、寻找规律就显得尤为重要，相信这也是作者撰写本书的初衷。

中国工程勘察大师

2014年1月

前　言

百色水利枢纽工程位于革命老区广西壮族自治区百色市，是我国西部大开发的标志性工程，主坝为碾压混凝土重力坝（RCC坝），最大坝高130 m；水库总库容56亿 m^3；水电站为地下式厂房，装机容量4×135 MW。是一座以防洪为主，兼有发电、灌溉、航运、供水等综合效益的大型水利枢纽工程。主体工程于2001年10月开工建设，2005年8月28日下闸蓄水。

百色水利枢纽主坝区地质条件十分复杂，岩质坚硬、宽度狭窄的辉绿岩脉间夹于岩相岩性多变的沉积岩层间；强烈的挤压构造作用，使整个地层组成为多层面、多剪切带、多裂隙的岩体。数组节理裂隙切割的辉绿岩体，上、下盘接触蚀变带，顺河断层F_6等成为控制大坝布置和抗滑稳定及渗透稳定的主要因素；处于斜坡地形而宽度有限的辉绿岩脉，使得地下厂房系统面临极为突出的大跨度、小间距、浅埋洞室群的围岩稳定问题；消力池、水电站进水口顺层高边坡及进水塔地基等稳定问题也十分突出。为了查明枢纽区复杂的工程地质条件，评价这些决定工程布置及构筑物稳定的重大工程地质问题，30多年来，开展了大量的勘探、试验及研究工作。通过工程地质研究与实践，逐步掌握了解决这些问题的方法，取得了很多认识上的改进与突破。本书在百色水利枢纽前期勘察成果的基础上，对水库、RCC主坝、消力池、地下厂房、水电站进水口、辉绿岩人工骨料等主要工程地质问题，从勘察试验、分析评价、地基处理、效果分析、安全监测等方面进行了系统的分析总结，介绍了一些主要工程地质问题评价的先进技术，提出了本工程在勘察设计过程中遇到的各种重大地质问题的研究方法和解决途径。

《百色水利枢纽工程地质研究与实践》共计8章：

第1章　绪论。扼要叙述了工程概况、工程地质勘察研究历程、重大工程地质问题以及在勘察中采用的新技术和新方法。

第2章　工程地质条件概述。主要简述本工程区域构造稳定性、水库、主坝枢纽区及天然建筑材料基本地质条件。

第3章　水库主要工程地质问题研究。主要叙述水库渗漏、库岸稳定、水库浸没、库区淹没防护工程、水库诱发地震研究、地震台网设计及监测成果分析、水库移民新址等项目的工程地质研究内容、研究方法、分析评价原则、处理措施、运行情况等。

第4章　RCC主坝工程地质研究。主要叙述坝基岩体工程地质特性、坝线选择、坝基岩体工程地质分类、RCC坝基建基岩体利用、坝基岩体质量检测与改良处理、辉绿岩接触蚀变带、顺河断层F_6、坝基深层抗滑稳定、坝基防渗及排水等项目的工程地质研究内容、研究方法、研究成果、施工处理、质量检查、安全监测等内容。提出岩体渗透系数在坝基岩体质量评价中的辅助作用。

第5章　消力池地基工程地质研究。主要叙述消力池地基工程地质特性、岩体试验研究、主要工程地质问题评价、施工处理、效果分析、安全监测等内容。

第6章　地下厂房工程地质研究。主要叙述洞群区岩体结构特征、岩体应力场分析、地下厂房轴线选择、洞群区不同围岩分类成果及相关关系、洞群区围岩稳定性数值分析、围岩块体稳定性分析、洞室群支护设计、主厂房施工、安全监测成果分析等内容。

第7章　水电站进水口工程地质研究。主要叙述进水口高边坡工程地质研究、进水塔地基工程地质研究、安全监测成果分析等内容。

第8章　RCC主坝辉绿岩人工骨料勘察与试验研究。主要叙述骨料选择、辉绿岩人工骨料勘察、辉绿岩人工石粉对混凝土性能的影响研究、大坝混凝土采用辉绿岩人工骨料施工后质量检测与评价等内容。

在本书完成之际，首先感谢水利部水利水电规划设计总院长期以来对百色水利枢纽工程地质勘察的指导；感谢广西右江水利开发有限责任公司、闽江黄河水电工程联营体、滇桂水电工程联营体为本书提供了大量的基础资料；感谢广西壮族自治区水利电力勘测设计院在本书编写过程中的大力支持；感谢清华大学、武汉大学、四川大学、河海大学、长江科学院等为本工程进行了大量的计算研究。我们缅怀广西壮族自治区水利电力勘测设计院苏光彦副总工程师、勘测总队宁承汉主任工程师，这两位老专家在他们的有生之年对百色水利枢纽前期勘察阶段做出巨大贡献；对在本工程中付出艰辛劳动的地质、测量、物探、钻探、试验、水工设计人员表示敬意。在编写过程中，陈发科院长、陈宏明总工程师、陆民安副总工程师给予了很多帮助和指导，并提出了很多宝贵的意见和建议，在此一并表示感谢！

中国工程勘察大师陈德基在百忙之中为本书作序，在此表示衷心的感谢！

由于本工程勘察时间长，各种资料文献繁杂和涉及的内容较多，本书不可避免地存在一些疏漏和错误，敬请读者批评指正。

作　者
2014年1月

目　录

第1章 绪 论

1.1 工程概况

百色水利枢纽工程位于广西壮族自治区百色市右江上游，距百色市22 km，是国家批准的《珠江流域西江水系郁江综合利用规划报告》（1985年）中的第二梯级，为治理和开发郁江的关键性工程，也是西部大开发的重要标志性工程。工程的开发任务是：以防洪为主，兼有发电、灌溉、航运、供水等综合效益。是一座大型水利枢纽。

水库正常蓄水位228 m，防洪高水位232 m，汛限水位214 m，死水位203 m（初期运行死水位195 m），校核洪水位231.49 m（$P=0.02\%$），水库总库容56亿m^3。库容系数0.316，属不完全多年调节水库。

枢纽由主坝及泄水建筑物、副坝、水电站及通航建筑物（二期）组成。

主坝为全断面碾压混凝土重力坝，最大坝高130 m，坝顶长720 m，共分24个坝块，溢流坝段长88 m，设4个溢流表孔和3个泄洪中孔（见图1-1）。主要工程量：明挖土石方173万m^3、碾压混凝土211.6万m^3、常态混凝土46.6万m^3、钢筋制安8 540 t。

两座副坝均为均质土坝，其中银屯副坝位于主坝东侧约5 km的银屯沟和那禄左沟的分水岭处，坝顶长375 m，宽7 m，最大坝高39 m；香屯副坝位于主坝东北约4.8 km的香屯沟与平板沟的分水岭处，坝顶长96 m，宽7 m，最大坝高26 m。

水电站为地下厂房，布置在坝址左岸，装机4台，每台容量135 MW。地下厂房尺寸（长×宽×高）为147 m×19.5 m×49 m（顶拱宽20.7 m）；升压站、尾水闸门洞室尺寸（长×宽×高）为93.79 m×19.2 m×24.8 m。主要工程量：明挖土石方151.6万m^3、洞挖石方31.7万m^3、常态混凝土22.7万m^3、钢筋制安11 760 t。

通航建筑物设在左岸的那禄沟，下游进口距离坝址约7 km，通航规模为2×300 t级垂直升船机，总提升高度为115 m，线路总长4 338 m，由上游引航道、第一级升船机、中间渠道、第二级升船机和下游引航道等五部分组成。

水库淹没涉及广西壮族自治区的百色市、田林县和云南省的富宁县，共计12个乡（镇）、42个村（办）、169个组（屯）和百色茶场。全库区搬迁安置人口约2.3万人，其中广西约1.56万人，云南约0.74万人。以水库正常蓄水位228 m计，淹没耕地约6.1万亩。

按2001年上半年价格水平测算，一期工程总投资53.33亿元。

枢纽工程分两期建设，主坝、地下厂房、副坝及通航建筑物上游引航道属一期工程，通航建筑物其余部分属二期工程。一期工程总工期为6年，其中准备期2年，主体工程建设期4年。对外交通公路、坝区施工公路、施工导流洞等前期准备工程于2001年9月底前完成。RCC主坝工程于2001年12月28日正式开工，于2006年7月28日主体工

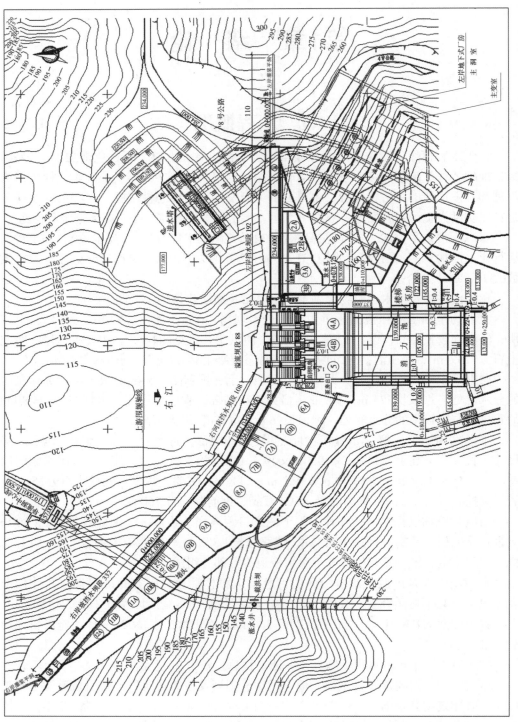

图1-1 主坝区枢纽布置

程完工。水电站工程于2002年3月23日正式开工，于2006年12月31日完工。香屯副坝工程于2003年8月18日正式开工，2005年8月18日完工。银屯副坝工程于2003年8月18日正式开工，2005年8月18日完工。2005年8月26日导流洞下闸蓄水，2006年7月15日首台机组并网发电，2006年11月29日四台机组并网发电。

1.2 工程地质勘察研究历程

1.2.1 规划阶段及早期工程地质勘察

此梯级在1985年规划报告之前，曾先后在四个坝址进行过勘察研究工作（自上而下为六廖坝址、平圩坝址、连环岭坝址、百林坝址）。1958年，原广西壮族自治区水电厅设计院在百林坝址进行过勘测。1960～1962年，原水电部北京院对平圩坝段进行了初设二期的勘测设计工作，先后提出了《广西右江百色水库初步设计勘测报告》和《初步设计补充阶段报告》。1971年，广西水电工程局龙滩设计队对平圩坝址进行了复勘，并提出了一份简明的设计修改报告。1979～1982年，珠委西江局在郁江规划中对上述各坝址进行了勘测，并把平圩下坝址（即本坝址）作为重点研究，将平圩上坝址（本坝址上游约1.2 km）与之进行对比。1985年，广西区内水电、地质方面的专家对百色水利枢纽各坝址进行了考察咨询，再次建议将平圩上坝址与下坝址同时进行研究对比。

1.2.2 可行性研究阶段工程地质勘察

1986～1988年，水利部珠江水利委员会勘测设计研究院（简称珠委设计院）和广西水利电力勘测设计研究院（简称广西水电院）共同完成了可行性研究阶段的勘测设计工作，于1989年1月提出了《广西右江百色水利枢纽选坝阶段地质报告》。1989年4月8～15日，由水利部珠江水利委员会主持，在南宁召开了选坝会议，正式选定了平圩下坝址。1990年3月提出了《广西右江百色水利枢纽可行性研究报告》，1993年8月提出了《广西右江百色水利枢纽可行性研究报告（修改本）》。可行性研究阶段选定的坝址为平圩下坝址，坝型为混凝土重力坝，厂房为坝后河床式。

可行性研究阶段开展的试验及专题研究如下：

（1）《百色水利枢纽上坝址岩体力学试验报告》（1987年5月），由广西水利科学研究所完成。

（2）《百色水利枢纽下坝址岩体力学试验报告》（1987年12月），由黄委设计院科研所完成，其中包含有孔径法（三点交汇）地应力测试成果。

（3）《百色水利枢纽水库诱发地震危险性的初步评价报告》（1988年6月），由中国水利水电科学研究院抗震防护研究所完成。

（4）《百色水利枢纽下坝址右山头灌浆试验报告》（1990年），针对下坝址面板堆石坝方案，研究右山头破碎岩体处理的可行性，进行了一组灌浆试验。

（5）《百色水利枢纽下坝址PD25号洞岩体变形试验报告》（1991年2月），由广西水利科学研究所完成。

（6）《百色水利枢纽可研阶段物探测试成果报告》，由广西水电院完成。

1993年12月，《广西右江百色水利枢纽可行性研究报告（修改本）》通过了水利水电规划设计总院的审查。工程地质部分审查意见如下：

（1）本工程区域构造条件较复杂，根据测年资料工程区无现代活动性断层。经鉴定地震基本烈度为7度，初步设计阶段应补充地震危险性分析，提供地震动参数。

（2）同意水库无渗漏问题、库岸未发现规模较大滑坡、也不存在坍岸及矿产淹没问题的意见。初步设计阶段应补充论证局部地段岩溶渗漏；分析研究近坝库岸风化岩体稳定性；对库尾局部地段是否存在浸没问题作必要的调查评价。

（3）平圩坝段上、下两坝址相距1.2 km。上坝址两岸坝肩地形单薄，地层以泥岩为主，强度低，软弱夹层发育，岩体强风化带深厚，坝肩接头困难，存在绕坝渗漏、渗透稳定和溢洪道高边坡稳定等工程地质问题。下坝址有强度较高、岩性均一的辉绿岩可以利用，虽然存在蚀变带和围岩软弱不均一等不利地质问题，但可以处理，工程地质条件较上坝址为优，同意报告推荐的下坝址。

（4）混凝土重力坝可充分利用辉绿岩作为坝基，基岩构造比较简单，但辉绿岩厚度仅116~120 m，以50°~55°倾角倾向下游，上、下盘蚀变带及含洞穴硅质岩、泥岩与辉绿岩岩性差异较大，渗透性不均一，不仅布置上受到局限，而且对大坝变形、防渗及抗震稳定性均有不利影响，厂房及溢流坝消力池置于岩性不均一的地基之上，地质条件较复杂。

面板堆石坝趾板基础虽然也利用了右岸和河岸的辉绿岩，但由于右Ⅳ沟的深切，右岸趾板只能布置在岩性极不均一、岩体风化破碎、结构松散、变模低、渗透性强的泥岩、硅质岩为主的地层上，在强度、渗漏和渗透稳定方面均难以满足设置百余米高面板堆石坝趾板的要求，且灌浆试验改善效果不明显，需采取妥善的处理措施。导流洞穿越F_4断层及软弱岩层，有一半洞段围岩稳定条件差。

心墙堆石坝虽然更能适应不良地质条件，但从工期和经济方面比较不利。

从工程地质角度同意报告推荐的混凝土重力坝坝型。

（5）基本同意本阶段对坝址工程地质条件的评价意见。对混凝土重力坝初步设计阶段应着重进行以下地质工作：

①进一步查明辉绿岩上、下盘接触带，上、下蚀变带的宽度、性状及构造影响程度；

②进一步查明下盘蚀变带及外侧榴江组含洞穴岩层的渗透性及可灌性；

③重点补充辉绿岩、接触带、蚀变带以及对建筑物稳定有影响的各有关岩组的物理力学性质的试验研究工作，分别提供物理力学参数。

④进一步查明F_6等断层及坝基中缓倾角、反倾向构造的分布规律。

（6）同意对那禄线二级垂直升船机方案工程地质初步评价意见，鉴于通航建筑物线路长，提升高度大，本阶段勘测工作量较少，应进一步研究通航建筑物高边坡稳定和升船机地基的工程地质条件。

（7）同意对副坝工程地质条件的评价。鉴于副坝有一定高度，拦蓄库容较大，初步设计阶段应补充必要的勘测工作。

（8）同意灰岩料场储量和质量满足设计要求的意见，初步设计阶段应进一步调查料场的构造、岩溶分布及硅质条带是否存在碱活性问题。对副坝填料应进行详查。

1.2.3 初步设计阶段工程地质勘察

1994年3月，珠委设计院和广西水电院根据可行性研究报告的审查意见及有关规程规范的要求，开展了初步设计阶段的勘测设计工作。其中珠委设计院负责通航建筑物、银屯副坝、香屯副坝及其相应的天然建筑材料；广西水电院负责区域、水库、主坝枢纽区及其相应的天然建筑材料。

随着设计研究工作的深入，广西水电院在厂房布置方案比较中提出了地下厂房方案。此后，在深入研究坝后厂房的同时，重点进行了地下厂房的勘测设计研究工作。

1996年6月，广西水电院与珠委设计院共同编制完成了《右江百色水利枢纽初步设计报告》。1994~1996年开展的试验及专题研究如下：

（1）《广西右江百色水利枢纽近坝库岸稳定侧视雷达图像解译简要报告》（1994年12月），由水利部长江勘测技术研究所完成。

（2）《广西右江百色水利枢纽钻孔综合测试报告》（1995年4月），由水利部长江勘测技术研究所完成。其中有钻孔彩色电视、声波纵波测试、声波横波测试等成果，主要查清坝基缓倾角结构面的发育情况、辉绿岩蚀变带及硅质岩性状等。

（3）《广西右江百色水利枢纽坝区地震危险性概率分析报告》（1995年12月），由中国水利水电科学研究院完成。

（4）《广西右江百色水利枢纽RCC主坝坝基地质力学模型试验及有限元计算研究》（1996年7月），由四川联合大学水电学院水科所水工结构研究室完成。

1997年3月，水利水电规划设计总院对该报告进行了初审。报告推荐混凝土重力坝和地下厂房方案。工程地质审查意见如下：

（1）根据国家地震局烈度评审委员会 1987年审定，百色水利枢纽工程区地震基本烈度为7度。同意地震危险性分析结论，100年超越概率2%基岩峰值加速度为0.175g。

（2）水库地质。

①基本同意水库不存在永久性渗漏问题的评价意见。库区右岸六沙河湾地块地下水位高于正常蓄水位，同意不存在库水沿灰岩向库外渗漏的结论。下阶段应在坝址左岸单薄山梁布设地下水长期观测孔，复核山梁地下水位，进一步评价库岸地下水封闭条件。

②基本同意库区不存在大规模滑坡和塌岸。对局部库岸段有可能产生的小规模崩塌，应注意评价对附近环境有无影响。坝址上游1.1 km处岸坡稳定条件较差地段，应在现有地勘资料的基础上，进一步分析水库蓄水条件下岸坡的稳定性，评价对水库运行可能产生的不利影响。

③同意对水库浸没的评价和不存在矿产淹没的意见。库尾汪甸、那迷、风洞和板达等地段存在农田浸没问题，建议下阶段调查影响当地农作物正常生长的地下水最小埋藏深度，复核浸没面积。

④同意对水库诱发地震的评价意见，百色水库不具备诱发强水库地震的条件，诱发弱至中等强度的水库地震的可能性也极小。

（3）枢纽工程地质。

①枢纽建筑物的工程地质条件已基本查明，同意对主要工程地质问题的评价意见。坝基主要利用岩体辉绿岩 $\beta_{\mu_4}^{-1}$ 的空间分布范围、风化深度、构造发育情况、渗透性，以及上、下游蚀变带的厚度、性状等也基本查明；基本同意现阶段所选定的坝轴线、地下厂房位置和方向；原则同意各类岩体的物理力学性质参数地质建议值。

②坝基辉绿岩建基面岩体为 AⅡ、AⅢ 类岩体，可满足建 130 m 混凝土重力坝的要求。鉴于上、下游蚀变带及外侧硅质岩、泥岩裂隙发育且局部有洞穴发育，透水性强，岩体完整性差，强度低，对坝基岩体应力传递和变形有不利影响，需采取工程处理措施。9#坝段坝趾距下游蚀变带小于 10 m，右岸部分挡水坝段因Ⅳ沟深切，形成临空面，坝基岩体有中缓倾角裂隙发育，对坝的稳定不利，建议下阶段研究右岸坝轴线向上游微调的可能性。

③由于结构面、混凝土与岩体抗剪（断）试验组数偏少，凝聚力 C 值取值偏高，建议下阶段结合试验条件、其他工程经验和施工实际情况作进一步复核。蚀变带及硅质岩的变形模量取值高于试验值较多，应进行分析调整。

④下阶段需在两岸设地下水长期观测网，分层观测、复核地下水位，结合各类岩层的渗透性，研究确定坝基的防渗帷幕深度和向两岸延伸长度。应补充灌浆试验，重点了解 D_3l^3、D_3l^2 及蚀变带的可灌性。

⑤消力池和冲刷区岩石软硬相间，层间挤压破碎，风化深浅不一，存在基础不均匀变形和冲刷问题，应采取工程措施和防护。

⑥地下厂房位于辉绿岩体内，无大的断层构造切割，属Ⅱ、Ⅲ类围岩，具备修建 21 m 左右跨度地下厂房的地质条件。鉴于地下厂房上覆岩体厚 55~65 m，相对较薄，岩体内似层面、反倾向及北东向裂隙均较发育，且相互切割形成的块体对顶拱和边墙稳定不利，应采取必要的支护工程措施。补充地应力测试，复核已有的地应力成果。上游边墙下部距上游蚀变带较近（在 110 m 高程仅 8 m），对边墙岩体稳定不利，建议下阶段研究厂房位置向下游适当移动的可能性。厂房上游靠近地下水凹槽，水库蓄水后外水压力较大，重视对边墙稳定的不利影响，确实做好防渗、排水措施，防渗帷幕宜适当加深。

⑦进水塔地基由泥岩和硅质岩组成，泥岩遇水易软化，地基存在不均匀变形，应研究挖除强风化岩体，适当扩大基础，降低基础应力，并及时覆盖开挖面。引水隧洞及尾水洞出口渠段围岩以软岩为主，为Ⅳ~Ⅴ类围岩，成洞条件和边坡稳定条件较差，应加强支护。下阶段进一步取水样试验，评价地下水对混凝土有无腐蚀性。

⑧导流洞进口段和Ⅳ号沟下游部分洞段，以泥岩为主，多为强风化，小褶曲和层间错动带发育，且洞线位于地下水以下，为Ⅳ~Ⅴ类围岩，自稳能力差，开挖断面为 13 m×15 m，成洞有一定难度，下阶段应研究泥岩有无产生塑流变形的可能性，采取可靠的施工方法及支护方式，以确保围岩稳定和施工安全。Ⅳ号沟下游坡岩体强风化较深，有倾倒松动现象，隧洞过沟明挖段的开挖可能引起边坡塌滑，应进一步分析其

稳定性，并采取必要护坡措施。

⑨基本同意推荐的各类料场和对其材料的地质评价意见。坝区附近天然砂砾料缺乏，储量不足，同意大坝混凝土骨料采用人工碎石方案。推荐的上石炭系灰岩各料场，岩层中夹有硅质岩、硅质灰岩、燧石等，初步统计硅质含量达14%~29%，属碱活性骨料，建议下阶段进一步做详细地质调查，复核硅质类夹层的分布和硅质成分含量，补充碱活性试验，进一步论证作为混凝土骨料的长期安全性。在开采中硅质岩相对集中的，必须作为废料弃除，严格控制开采料的质量。必要时扩大料源调查，研究利用辉绿岩作人工骨料的可行性，减少灰岩用量。

（4）副坝工程地质。

①银屯和香屯两副坝的工程地质条件已基本查明，宜修建均质土坝或心墙堆石坝。坝基粉砂岩和泥岩强风化较深，渗透性较强，应做好坝基的防渗处理，并进一步研究强风化与弱风化界面处可能存在的集中渗漏和渗透稳定问题。

②坝址附近土石料储量丰富，残坡积黏土作均质土坝黏粒含量偏高，全风化岩（土）作心墙防渗料和均质土坝填筑料质量能满足要求。下阶段宜在不同深度和不同季节分别取样复核天然含水量。

（5）通航建筑物工程地质。

①基本同意报告对各主要建筑物工程地质条件的评价。上闸首及一、二级升船机的地基为弱或微风化岩体，可满足建筑物要求，上闸首岩体渗透性较强，需进行基础防渗处理。

②通航建筑物沿线右侧为顺层坡，部分地段开挖较深，形成高达100 m左右的高边坡，尤其是一级升船机和岩劳分水岭地段，由于深层挤压带和夹泥层发育，岩石软弱，边坡稳定性较差。下阶段应根据各类结构面的发育情况及组合关系，分析可能失稳边坡的边界条件，进一步复核滑动面的物理力学参数，评价其稳定性，提出合理的开挖边坡型式、坡比值和工程处理措施。

1997年4月以后，广西水电院和珠委设计院根据初步设计报告的初审意见和有关规程规范的要求，主要开展下面的勘探、试验和研究工作：

（1）进行了坝址及库区遥测地震台网的勘测设计工作。

（2）在帷幕延长线上和坝址左岸单薄山梁处布设了地下水长观孔，论证帷幕延伸长度和是否存在库水沿左岸单薄山梁产生渗漏的可能。

（3）进行了地应力测试，重新对库区地应力场进行了分析论证。

（4）进行了坝基帷幕灌浆试验和F_6断层的固结灌浆试验，对坝基帷幕灌浆和F_6断层处理进行了分析研究。

（5）进行了坝基辉绿岩的补充勘探、辉绿岩结构面和混凝土/岩的抗剪强度试验、变形试验等，重新分析研究各种力学参数；充分利用导流洞施工地质编录资料和已有的勘探资料，对坝基辉绿岩节理进行了详细统计（重点是统计缓倾角结构面的发育特性），并对坝基岩体进行了工程地质分类。

（6）进行了主变进洞方案的比较及引水竖井、厂房上游地下水洼槽、主变尾闸洞的补充勘探；研究了厂房位置、引水洞段地下水洼槽等对洞室安全的影响；复核了洞室围岩、进水塔地基的力学参数，并根据调查、勘探和试验成果，对围岩及地基岩体进行了工程地质分类，论证了水电站进口和尾水明渠开挖高边坡的稳定性。

（7）补充了主坝区地下水水质分析，对其腐蚀性进行了评价。

（8）对银屯副坝和香屯副坝进行了补充勘探和试验研究。对主坝至副坝的公路进行了详细勘探。

（9）对右岸导流洞进行了补充勘探和试验研究。

（10）天然建筑材料。扩大料源调查，选择右Ⅳ沟辉绿岩料场作为比选料场，并开展了相应的勘探、试验研究工作；进行了银屯副坝和香屯副坝的土、石料场的补充勘探和试验。

1997~2001年开展的试验及专题研究如下：

（1）《广西右江百色水利枢纽地应力测试报告》（1997年12月），由长江科学院完成。

（2）《广西右江百色水利枢纽地下厂房岩体力学试验报告》（1998年7月），由湖南省水利水电勘测设计研究院研究所完成。

（3）《广西右江百色水利枢纽现场岩体力学试验报告》（1998年8月），由广西水利科学研究所完成。

（4）《广西右江百色水利枢纽水库诱发地震危险性的初步评价报告及坝区地震危险性概率分析报告的综合摘要》（1999年3月），由中国水利科学研究院地震防护研究所完成。

（5）《广西右江百色水利枢纽引水发电系统进水塔基础岩体载荷试验报告》（1999年5月），由广西水利科学研究所完成。

（6）《广西右江百色水利枢纽主坝基帷幕灌浆试验报告》（1999年11月），由广西水电院和湖南省水利水电勘测设计研究院共同完成。

（7）《广西右江百色水利枢纽混凝土人工骨料勘察报告》（1999年），由广西水电院完成。

（8）《广西右江百色水利枢纽遥测地震台网设计报告》（2000年4月），由水利部长江水利委员会三峡勘测研究院、中国水利水电科学研究院工程抗震研究中心和广西水利电力勘测设计研究院共同完成。

由于1997年上报的《右江百色水利枢纽初步设计报告》到2001年已经历时4年多，其间经历了利用外资，后又转为全内资方案的变化；经历了国际和国内各层次专家的咨询及两家设计单位所进行的优化设计；水库移民工作进一步深化，进一步核实了淹没影响实物指标；施工准备工程的实际进展相对于原初步设计也有所变化。项目业主广西右江水利开发有限责任公司于2001年3月正式委托广西水电院和珠委设计院编制《右江百色水利枢纽初步设计报告（2001年重编版）》。

2001年6月完成《右江百色水利枢纽初步设计报告（2001年重编版）》，并于同年7月通过了水利水电规划设计总院的审查。工程地质审查意见如下：

（1）区域地质。

根据国家地震局烈度评审委员会1987年审定，百色水利枢纽工程区地震基本烈度为7度。同意年超越概率10^{-4}相应的加速度0.2g作为大坝设计地震动参数。

（2）水库地质。

①同意水库不存在永久性渗漏的评价意见。同意库区右岸六沙河湾地块不存在库水沿灰岩向库外渗漏的结论，基本同意不存在库水沿F_4断层带产生渗漏和坝区左岸山梁渗漏的评价意见。

②库区岸坡以岩质边坡为主，基本同意库区不存在大规模滑坡和坍岸的结论。

③百色水库为峡谷型水库，岸坡主要由基岩组成，同意水库浸没范围较小的评价意见。

④基本同意对水库诱发地震的评价意见，同意设置地震台网进行水库诱发地震的监测。

（3）主坝工程地质。

①坝基工程地质条件已基本查明，基本同意选定的坝轴线位置。坝基主要坐落于辉绿岩体上，辉绿岩的空间分布、风化深度、构造发育情况、渗透性及上下游的蚀变带的厚度、性状等也基本查明，同意对主要工程地质条件的评价意见。

②大坝建基面岩体为辉绿岩AⅡ、AⅢ类岩体，可满足建130 m高混凝土重力坝的要求。辉绿岩上下游蚀变带及外侧硅质岩、泥岩裂隙发育，局部有洞穴，透水性强，岩体完整性差，强度低，对岩体应力分布和坝基变形有不利影响，需采取工程处理措施。

③坝基岩体中缓倾角裂隙发育密度不大，连通率较小，且分布具有不均匀性，抗剪强度较高，基本同意坝基抗滑稳定性的评价。建议下阶段对裂隙连通率进行统计分析，找出最危险的滑动组合面，根据分析成果确定是否有必要进行深层抗滑稳定复核。施工中应根据坝基开挖揭露情况，对缓倾角结构面的发育程度、性状和岩体裂隙发育情况进行核查，必要时应复核局部坝段的抗滑稳定。

④坝区各类岩体物理力学指标建议值基本合理，下阶段应根据试验成果，结合岩体质量级别对个别偏高和不协调指标进行调整。鉴于坝基后部岩体的重要性，下阶段应在河床补充勘探和原位变形测试，复核坝基下游抗力岩体D_3l^4、D_3l^5、D_3l^6、D_3l^7等层的风化深度和变形模量。

⑤基本同意报告对坝区水文地质条件的评价。同意防渗帷幕深度目前按设计规范确定的意见，同意右岸防渗帷幕与地下水位相接、左岸与渗透性为3 Lu的相对隔水层相接并穿过F_{28-1}断层破碎带。下阶段应进一步研究不同帷幕深度和排水设置对坝基扬压力的影响，综合分析其利弊。同意继续加强主坝区水文地质长期观测，并进一步复核左坝肩单薄山梁地下水位和岩体的渗透性。

⑥坝基强透水的硅质岩D_3l^3层和F_6顺河向断层破碎带及其影响带应采取可靠的防渗处理。下阶段应进行灌浆试验进一步研究含洞穴硅质岩和硅质泥岩的可灌性、灌浆材料的适用性以及灌浆工艺。

（4）泄洪消能区工程地质。

消力池和冲刷区岩石软硬相间，层间挤压破碎，风化深浅不一，工程地质条件较差，存在基础不均匀变形和冲刷问题。下阶段结合坝基下游岩体的补充勘察，进一步查清消力池地段的岩体性状，并采取相应的工程措施，做好岩体的防渗、排水和锚固。

（5）引水发电系统工程地质。

①同意本报告推荐的地下厂房方案、地下厂房位置和轴线方向。地下厂房位于辉绿岩内，无大的断层构造切割，属Ⅱ、Ⅲ类围岩，具备修建21 m左右跨度地下厂房的地质条件。

②地下厂房轴线与岩层走向近于平行，上游边墙的岩层倾向厂房内易产生顺层滑动失稳。同时厂区发育两组走向与厂房轴线近平行、倾向相反的裂隙，在厂房顶拱易产生人字形拱顶塌落，施工时应进行预裂爆破并及时锚固。

③上游边墙下部距上游蚀变带及$D_3l_1^3$硅质岩较近（在110 m高程仅8 m），岩体性状较差。同时厂房上游$D_3l_1^3$硅质岩体透水性较强，地下水位低，水库蓄水后外水压力较大，将对岩体产生附加外水压力，需综合评价这两个因素对上游边墙稳定性的影响。

④进一步研究厂房周围地下水的分布规律，切实做好防渗、排水，厂房周围防渗帷幕宜适当加深。

⑤厂房内分布有构造蚀变带，在应力环境及含水量发生变化时易崩解软化，下阶段应对蚀变带进行矿物分析，施工时对该层应及时喷护。

⑥鉴于地下厂房规模较大，厂房围岩存在数组节理，在边墙及顶拱均存在稳定问题，下阶段应进行厂房洞室的块体稳定分析计算，提出相应的处理建议。

⑦进水塔地基由泥岩和硅质岩组成，泥岩遇水易软化，地基存在不均匀变形问题，施工开挖时应及时覆盖开挖面并采取加固措施。进水塔开挖边坡高度超过百米，部分地段为顺向坡，稳定性较差，施工时应加强岩体锚固，做好排水，并加强施工地质工作，及早进行变形观测，以防发生工程事故。

⑧基本同意报告对地下洞室的分析评价意见。主变洞以Ⅱ、Ⅲ类围岩为主，工程地质条件较好。引水隧洞、尾水洞以Ⅲ~Ⅴ类围岩为主，稳定条件较差，应及时支护加固。

（6）副坝工程地质。

①银屯和香屯两副坝的工程地质条件已基本查明，坝基坝肩岩体稳定，无大规模断裂通过，无严重渗漏带通过，具备修建中等高度的当地材料坝的条件。同意对坝基、坝肩强弱风化岩体的防渗处理方案。

②下阶段应根据设计坝型的确定，进行天然建筑材料的勘探试验。

（7）导流洞工程地质。

导流洞进口段和右Ⅳ沟下游部分地段以泥岩为主，多为强风化，小褶曲和层间错动带发育，且洞线位于地下水位以下，为Ⅳ、Ⅴ类围岩，自稳能力差，应采取可靠的施工方法及支护方式，以确保围岩稳定和施工安全。右Ⅳ沟下游坡强风化岩体较深，有倾倒松动现象，导流洞过沟明挖段的开挖可能引起边坡塌滑，应采取适宜的开挖方法和必要的护坡措施。

（8）天然建筑材料。

①基本同意推荐的各类料场及其工程地质评价意见。

②辉绿岩储量丰富，无碱活性反应，开采条件较好，交通便利，运距短，剥采率较低，同意大坝混凝土骨料采用辉绿岩人工碎石方案。

1.2.4 招标设计阶段工程地质勘察

2001年8月以后，根据初步设计报告审查意见，对消力池、左坝肩单薄分水岭、河床左岸4#坝块、上游围堰、下游围堰及副坝天然建筑材料等进行了补充勘探、原位测试、室内试验、工程地质分析等工作。委托长江科学院岩土所对消力池地基进行了钻孔旁压测试。另外，对各坝块力学参数进行了复核。

1.2.5 施工详图设计阶段工程地质勘察

施工详图阶段主要是按规范要求进行施工地质工作。坝基开挖后专门对中缓倾角节理进行了统计，并委托清华大学对坝基中缓倾角连通率进行了分析计算。地下厂房跨度大，对洞室围岩稳定要求较高，进入施工详图阶段后，按审查意见的要求进行了专门的洞室围岩稳定性计算和块体稳定分析研究工作。

在施工阶段，业主委托水利部江河水利水电咨询中心开展了五次技术咨询活动，另外还邀请了国内多位院士和专家到现场进行了专题咨询。

2002年4月针对整个项目进行了第一次咨询，与地质有关的主要咨询建议：现选定的右Ⅳ沟辉绿岩人工骨料场勘探精度尚达不到新的《水利水电工程天然建筑材料勘察规程》（SL 251—2000）的要求，建议按新规程的要求进行详查。为此，广西水电院对右Ⅳ沟辉绿岩人工骨料场进行了补充勘察，并选定左岸辉岩作为备用料场，完成了《百色水利枢纽施工详图设计阶段辉绿岩人工骨料场补充勘察、开采规划报告》。

2002年9月，在主坝坝基和地下厂房进水口、部分洞段已基本开挖至设计高程的情况下，召开了第二次咨询会。地质咨询专家建议：消力池为重点工程部位，目前设计采用的变形模量值，多为旁压仪和钻孔弹模计所获得的成果，建议开挖后，利用基坑条件通过常规试验进行核对、验证。坝基岩体变形模量，在前期勘探平硐中进行的承压板变形试验成果和消力池部位钻孔弹模计的变形模量试验成果相近，但同一类结构岩体有的成果值高低差别较大，建议综合这些试验成果，结合岩体结构，进一步分析整理、研究可否适当调整参数；并建议在大坝建基面，选择有代表性的不同结构类型的岩体进行现场变形模量试验。为此，广西水电院对消力池基坑中的D_3l^4层、D_3l^5层、D_3l^6层强风化岩体、D_3l^6层弱风化岩体、D_3l^7层各做了3点承压板变形试验，同时测定试验点5 m深度范围内的岩体波速（采用声波测井和岩体声波穿透测试）；在大坝建基面，选择有代表性的不同结构类型的岩体进行现场变形模量试验，试验点位置选在4#~8#坝块建基面上，碎裂结构、镶嵌碎裂结构和次块状结构各做3点，同时测定试验点5 m深度范围内的岩体波速（采用声波测井和岩体声波穿透测试）。

2003年3月，在消力池地基开挖基本完成的情况下召开了第三次咨询会。地质咨询专家建议:由于D_3l^5全风化层呈风化土状，建议补充室内物理力学性质试验，评价土体的渗透性和渗透稳定性，为防渗和排水反滤设计提供依据。鉴于现场原位变形试验组数较少，可结合室内压缩试验成果进一步论证土体的变形特性，合理选定设计参数。由于该层地基承载力建议值偏大，建议补充现场标贯试验复核。为此，广西水电院在消力池基坑对D_3l^5进行了补充勘探、原位测试、取原状土样进行室内土工试验等，共布置钻孔8个；原位测试采用标准贯入试验和重型动力触探试验。

2003年8月，消力池底板混凝土浇筑基本完成，正在进行固结灌浆生产性试验，于是针对消力池地基处理召开了第四次咨询会。地质咨询专家认为：经消力池基础开挖面的地质编录，结合前期勘探，消力池基础的岩层、断裂构造、岩体风化带和层间破碎夹泥层的分布等地质条件已充分揭露，根据前期和第三次咨询会后补充的现场和室内试验成果，地质方面提出的各岩层及不同风化带的物理力学参数建议值基本合理，对消力池地基的地质评价是合适的。地基中D_3l^5、D_3l^6和D_3l^{7-1}等泥质岩层中顺层呈条带状分布的全、强风化带出露范围在消力池不同地段差别较大，且向下风化深度较深，其变形模量和承载力明显低于弱风化岩体，消力池边墙和底板在荷载作用下将产生不均匀沉降和地基反力的不均匀分布，需采取相应的结构和工程措施予以解决。另外，咨询专家对消力池地基固结灌浆的孔段划分、灌浆方法、灌浆孔分序、灌浆压力、浆液配比、混凝土面抬动值、质量检查标准、技术措施等方面提出了很多意见和建议。

2004年6月针对帷幕灌浆召开了第五次咨询。在4#～7#坝段帷幕灌浆施工中，D_3l^3硅质岩层的多数孔段出现砂状或角砾状岩芯，施工及监理方面的部分专家认为坝基下可能存在河砂，对坝基防渗和排水设计及施工有重要影响，建议作专门处理。而广西水电院根据前期勘探资料和现场施工情况分析认为，坝基下部50~60 m以下不可能有河砂，主要理由有几个方面：①辉绿岩接触蚀变带及硅质岩不具备形成较大溶洞的地质条件；②前期勘探时在河床及两岸硅质岩中也出现过砂状岩芯，后采用植物胶钻探技术得以解决；③施工现场钻进非常缓慢，钻头磨损很大，这不是砂层应有的现象；④从砂状岩芯观看，岩芯成砂状，但颜色及成分单一，多成角砾状，均为硅质岩岩屑，完全不是河砂具有的颜色及成分多样、磨圆度好等特点；⑤硅质具有硬脆特点，后期在辉绿岩侵入过程中受到动力变质作用，形成碎裂结构，然后在钻进过程中反复碾磨极易出现砂状岩芯。由于各方意见不统一，于是业主请水利水电规划设计总院专家进行咨询。水利水电规划设计总院地质专家到现场查看了岩芯，完全同意广西水电院地质观点。同时专家提出，鉴于硅质岩的天然状态，建议结合帷幕灌浆孔布置地质勘探孔，在硅质岩、蚀变带孔段，进行孔内彩色电视鉴定、声波测试（单孔和跨孔），并改进取芯方法，采取未受孔内循环水影响的岩芯，做矿物成分鉴定，对硅质岩及蚀变带的天然状态作出评价。广西水电院按专家意见开展了各项工作。钻孔电视发现砂状孔段部分孔壁完整，层理清晰，部分孔段有塌孔现象，在硅质岩中有明显的冒水现象；声波纵波速度为2 500~4 500 m/s；矿物成分以石英为主，与硅质岩块成分完全一样。这进一步证明了专家意见是完全正确的。

另外，咨询专家对涌水和沉砂孔段帷幕灌浆施工技术措施等方面提出了建议：

（1）缩短段长。将灌浆段长由一般的5 m缩短为2～3 m。

（2）尽量捞砂，减少孔底沉积。

（3）射浆管要下到孔底。如孔底沉砂不易捞尽，灌浆时射浆管要通过水冲等方法解决。

（4）使用浓浆。可直接使用浓浆灌浆，如使用较稀的浆液开灌，则结束阶段也要变换为浓浆。

（5）屏浆、闭浆、待凝。灌浆结束后，采取屏浆、闭浆的待凝措施。

（6）鉴于本工程的硅质岩灌浆段吸浆量较小，透水率大，加大灌浆压力至4.0 MPa，以增加注入量和浆液扩散范围。

（7）为防止"铸管"，采用专用的孔口封闭器进行灌浆。

（8）采取多次复灌的措施。

（9）为减小孔口涌水压力，尽量利用上游低水位时施工。

1.3 重大工程地质问题研究

1.3.1 区域构造稳定性研究

右江断裂和八桂断裂环绕坝区外围展布，其规模、性质及活动性等对工程的影响程度成为区域构造稳定性研究的重点。包括各种比例尺的专门性地质测绘，多种卫星影像、侧视雷达扫描等遥感图像线性构造解译和实地核查，最新活动年龄测定，断裂两侧地貌（含微地貌）调查，断裂和微震活动关系的分析研究等；另外，还对地震危险性分析和地震动参数进行了研究。计算不同超越概率条件下的地震烈度、基岩水平峰值加速度、相应的反应谱及合成地震动时程，作为建筑物抗震设计的依据。

1.3.2 水库诱发地震研究

水库诱发地震研究内容包括区域地质背景、区域地震活动特征及震源机制解析、右江断裂活动性研究、库坝区诱震环境分区、确定潜在震源区及最大可能震级、评价对坝区的极限影响。研究中在强调理论的同时，更加重视相似背景条件下已建水库的水库诱发地震情况的调查比较和邻近大型工程水库诱发地震研究成果的横向对比分析。比如，研究中重点调查了澄碧河等15座分布于右江断裂带和那坡–靖西断裂带上的大中型水库的水库地震情况，对比分析了龙滩水电站、岩滩水电站的水库诱发地震研究成果。在水库诱发地震研究成果的基础上，进行遥测地震台网设计。在库首周围20 km范围内建立了由6个子台、1个信号中继站和1个台网中心的无线遥测数字地震监测台网。除监测百色水库诱发地震外，还为广西地震监测服务。

1.3.3 辉绿岩接触蚀变带工程地质特性研究

辉绿岩与围岩接触面蚀变严重，风化强烈，岩体破碎，透水性强，变形模量低，形成具有一定规模的软弱层带。下盘（上游）接触蚀变带宽一般为0.5 ~ 3 m，局部4 ~ 6 m，出露线与坝线近似平行，位于坝上游25 ~ 40 m，以55°插入坝基；上盘（下游）接触蚀变带的性状和规模与下盘接触蚀变带基本相同。为了查明其特性，开展了勘探、现场岩体强度试验、灌浆试验等研究工作。为提高岩石的整体性和承载能力，确保坝体抗滑稳定安全和满足坝基应力要求，根据坝基的情况，在坝基上下游10 ~ 24 m

范围内均进行了固结灌浆处理，灌浆深度从大坝建基面高程往下20 m。

1.3.4　F_6断层工程地质特性研究

F_6断层位于河床右侧6A#挡水坝段，由上游向下游贯穿于整个基坝，错断了辉绿岩带，水平错距：上游12 m、下游7~8 m，其产状走向北东10°~20°，倾向南东，倾角70°~80°。断层带上游段宽2~4 m，下游段宽0.6~1.4 m，主要由灰、黄色断层泥、蚀变辉绿岩、糜棱岩夹辉绿岩岩块组成。两侧影响带岩体破碎，宽1~2 m，局部2~4 m。为了查明F_6破碎带及其影响带力学强度、渗透稳定性、灌浆效果等问题，开展了勘探、岩体试验、灌浆试验等工作。开挖后，对断层带深挖6 m，之后又在帷幕轴线部位再下挖6 m齿槽，然后全部采用常态混凝土回填，最后对整个塞槽底部岩体进行固结灌浆，并在帷幕前加设三排帷幕。

1.3.5　坝基岩体质量与卸荷影响研究

在地质模型、声波速度（地震波速度）、现场变形和抗剪试验成果的基础上，划分坝基岩体结构类型及岩体质量，建立波速与变形模量的函数关系，采用多因子综合分析的方法，对大坝建基岩体进行质量分级、分区和评价，并以此作为坝基岩体质量验收的依据。

坝基开挖后，全面进行坝基岩体地震波速度和声波速度检测，与开挖前同部位岩体的声波速度进行比较，论证开挖卸荷对坝基岩体质量的损伤程度。在此基础上调整验收标准，优化基础处理方案。经检测，部分坝基建基面浅表部岩体受爆破卸荷影响，0.2~1.5 m岩体纵波速度仅2 500~4 000 m/s，岩体完整性较差，达不到设计要求；1.5 m以下岩体纵波速度大于4 000 m/s，岩体较完整。对此，采取将原设计基岩面下第一灌浆段5 m，分成2 m和3 m两段，并采用有盖重灌浆，保证浅部岩体固结效果。灌后检测，0~2.0 m范围波速平均提高12%，岩体越破碎的，固结效果越明显，波速提高幅度越大，最大的达37.31%。

1.3.6　坝基岩体透水性与可灌性试验研究

通过坝基钻孔压水试验求得坝基岩体的透水率。坝基呈上部辉绿岩渗透性微弱、下部硅质岩渗透性较强的双层水文地质结构，与一般浅部透水率较大、深部透水率小的规律相反。根据坝基岩体透水性特点，设计采用防排结合、以排为主的渗控措施，充分利用辉绿岩的防渗作用，控制排水孔深度，降低坝基扬压力。为了辉绿岩及硅质岩的可灌性及灌浆效果，前期对坝基辉绿岩及下部的硅质岩体内进行过两个区的灌浆试验。

1.3.7　大坝抗滑稳定与应力变形研究

坝基受两岸地形影响、辉绿岩宽度限制，以及辉绿岩两侧沉积岩性状制约，大坝抗滑稳定与应力变形问题较其他类似工程突出，所开展的研究有：①坝线选择。辉绿岩走向与河流呈60°交角，以55°角倾向下游偏右岸，在右岸沿着4#冲沟上游山梁向上游延伸，扣除蚀变带的水平宽度仅135~140 m；辉绿岩变模5~24 GPa，其上下游接触蚀变带变模2~6 GPa，外侧硅质岩变模2~4 GPa，泥岩变模0.65~2 GPa，地基岩体极不均匀。坝线选择就是在斜向上游水平宽135~140 m的辉绿岩墙如何布置大坝的问题，其地质基础是必须查明辉绿岩的空间位置及影响岩层的力学指标。②主坝基础静动应力应变及稳定分析。采用平面、三维非线性有限元、刚体弹簧元法、地质力学模型试验等方法，计算分析4B#、6A#、6B#、9B#等坝段的应力应变及稳定，并在此基础上进行不同变模组合的变形及应力敏感性分析。③蒙特卡洛法。利用坝基开挖后统计得到的各组节理面几何参数的分布概型和统计参数。依据蒙特卡洛法原理，生成与实际节理面具有相同统计特征的节理面网络，并由此计算沿不同剪切方向上的节理连通率。然后根据节理连通率计算辉绿岩的总的抗剪断强度指标。利用此方法对4A#坝段及6A#坝段进行计算给出安全系数。

1.3.8 泄洪消能区复杂岩体工程地质特性研究

消力池地基岩体由多种岩性组成，从上游到下游分布有辉绿岩、硅质岩、泥岩、泥质灰岩、硅质灰岩。构造裂隙和层间挤压破碎夹泥层十分发育，顺层风化强烈，全、强风化深度在建基面以下20~60 m。岩体质量AⅢ~Ⅴ类。前期受条件限制，以钻探为主要勘探手段，地质参数类比两岸平硐相同岩层指标。技施阶段补充钻孔变形试验87点，建基面原位变形试验6点、原位载荷试验10点、动力触探、标贯试验40次，以及室内土工试验、岩矿鉴定等。岩层成层结构，软、硬相间，物理力学性质差别大，各向异性明显，使得消力池地基不均一变形和渗透的各向异性问题较突出。对此，设计采取混凝土底板加厚、锚固及地基固结灌浆、帷幕灌浆等工程措施。

1.3.9 浅埋洞室群围岩稳定性研究

水电站地下洞室群布置在左岸山体内，其中主机洞、主变尾闸洞、尾水洞全部处在宽150 m的辉绿岩体内。厂房洞尺寸147 m×20.7 m×49 m（长×宽×高），主变洞尺寸93.79 m×19.2 m×24.8 m，两洞室之间岩柱厚21.0 m。洞室群布置紧凑，存在薄顶拱、小间距、近距离和厂房轴线与主构造线平行、与最大水平主应力垂直的不利条件。为此开展了以下研究：

（1）地下厂房区辉绿岩边界条件调查，沿房轴线和3#机轴线开挖长约353 m的"十字洞"硐探及钻探。

（2）辉绿岩力学特性研究，包括岩体结构类型调查、岩体弹性波度、岩体抗剪强度试验、垂直水平力作用下的变形试验、地应力测试等。

（3）洞室围岩分类，分别采用国家水电规范、挪威N.Barton Q系统、南非Bieniawski地质力学分类法（RMR）对洞室群进行围岩分类，三种方法的分类结果基本相同。

（4）洞室群围岩稳定性分析，主要包括场地三维应力场反演回归分析、地下厂房洞室群三维非线性有限元分析。

（5）不稳定块体分析，包括确定性不稳定块体和随机不稳定块体分析。

（6）厂区渗流场计算分析，采用三维渗流数学模型有限元法进行了厂区渗流场计算分析，设计采取"厂外堵排为主、厂内排水为辅"的防渗排水措施。

（7）洞室围岩松动圈测定。

1.3.10　复杂岩土质高边坡稳定性研究

复杂岩土质高边坡主要包括水电站引水隧洞进口左侧边坡及洞脸边坡、尾水明渠左侧边坡等。其中研究最为深入的是进水口左侧边坡。边坡最大坡高105 m，由强—弱微风化炭质泥岩、硅质泥岩、硅质岩等构成，构造挤压强烈，岩体极破碎，部分岩层岩石强度低，水理性质差，边坡稳定性差。边坡在以1∶1.25坡比从234.0 m挖至197.00 m高程后，坡顶出现长约30 m、宽1～3 cm与坡面大致平行且倾向坡外的张裂缝，后经采取削坡减载、放缓边坡等工程措施处理后边坡整体处于稳定状态。

对坡面混凝土出现的开裂现象，分析其主要原因有：①边坡开挖后卸荷回弹；②外部荷载作用下产生不均匀沉陷；③进水塔地基固结灌浆串浆抬动等。为进一步复核边坡的稳定性，在边坡上游侧相同层位进行原位抗剪试验，模拟水库运行条件和边坡滑动方向，复核岩体抗剪强度参数。经分别采用圆弧滑动法和上部沿层面、下部剪断岩体的组合滑动面法对边坡进行稳定计算，安全系数均大于规范要求，边坡是稳定的，与变形监测结果吻合。

1.3.11　天然建筑材料勘察试验研究

RCC主坝混凝土约269万 m^3，按规范需540万 m^3 骨料详查储量。天然砂砾料无法满足要求，坝址附近出露的灰岩含14%～29%的燧石结核和硅质条带，属活性骨料，且料层夹于无用岩层之间，开采难度大，而辉绿岩储量丰富，开采条件好，运距短，剥采比低。选择辉绿岩作RCC坝人工骨料，在当今世界尚属首次，这主要归功于大胆创新和翔实的试验研究工作：①可行性调研，赴大朝山、二滩、三峡等水电站工地，调查了解岩浆岩用作混凝土骨料的有关情况。②扩大料源调查，选择右Ⅳ沟辉绿岩料场。③地质测绘勘探试验，按规范详查精度布置孔碉结合的立体勘探网，查明边界条件和料层结构；进行强度试验、碱活性试验。④辉绿岩破碎试验、混凝土配合比试验。

1.4　勘察中采用的新技术、新方法

百色水利枢纽工程地质条件十分复杂，勘察工作历时长，勘探工作量大，分析研究深入。勘察过程中综合利用了多种技术手段，特别是针对有关重大工程地质问题的分析论证，采用了一系列新技术和新方法，取得了良好的效果及显著的社会、经济效益。RCC主坝工程地质勘察获广西优秀工程勘察一等奖、国家优秀工程勘察铜质奖，地下厂房工程地质勘察和导流洞工程地质勘察均获广西优秀工程勘察一等奖，辉绿岩人工骨料在百色RCC主坝中的应用研究获广西科技进步二等奖，新奥法在百色水利枢纽导流洞中的应用研究和地下厂房关键技术研究均获广西科技进步三等奖。

1.4.1　区域构造稳定性研究方法

（1）区域地层、岩性、地质史和大地构造环境的研究。主要利用区测成果，补充必要的中、小比例尺地质测绘。

（2）深部地球物理场和地壳结构的研究。研究区内地壳结构、莫霍面特征、主要断裂切割深度、各地球物理异常带的性质、大地构造单元间的接触关系及重力场均衡状况等。

（3）区域及坝区断裂构造，特别是环绕坝区外围右江断裂和八桂断裂的展布、规模、性质及活动性的研究。包括各种比例尺的专门性地质测绘，多种卫星影像、侧视雷达扫描等遥感图像线性构造解译和实地核查，最新活动年龄测定，断裂两侧地貌（含微地貌）调查，断裂和微震活动关系的分析研究等。

（4）地震活动特征与规律的研究。收集分析整理库坝区周围300 km范围内的历史地震资料，本区地震活动的本底特征和时间、空间、强度规律的研究。

（5）地震危险性分析。圈定潜在震源，确定各区相应的地震活动性参数，进行地震危险性分析。计算不同超越概率条件下的地震烈度、基岩水平峰值加速度、相应的反应谱及合成地震动时程，作为建筑物抗震设计的依据。

1.4.2 辉绿岩脉及F_6断层的空间展布勘察方法

采用平面地质测绘、勘探孔、硐、井、槽、坑相结合的立体勘探网，查明了辉绿岩墙、接触蚀变带、外侧沉积岩及F_6等断层的空间展布。如为查明顺河F_6断层的空间展布，在河床布置了3对100 m深斜孔，准确地确定了F_6断层在河床的出露位置、宽度、性状等；在两岸，为查明不同高程各地质介质的界线、性状，分别在130~140 m高程、170~180 m高程、200 m高程布置了3层勘探平硐，在平硐内又布置一条或多条支硐或竖井。多种勘探方法的有机结合，准确地确定了各岩层、构造的位置，并为现场试验提供了适宜的场地，为工程布置提供了可靠的基础资料。从施工开挖揭露的情况看，地质界线误差均在1 m以内。

1.4.3 硬、脆、碎硅质岩勘探方法

采用SM植物胶SD金钢石钻具钻探新技术查明硅质岩深部状态。坝基辉绿岩上、下两侧的硅质岩，具有硬、脆、碎的特点，常规钻探方法取芯率极低，绝大部分岩芯被磨成砂状，且塌孔严重，难以准确判断其深部状态。采用SM植物胶、SD金钢石钻具成功地解决了这一难题。钻进过程中，SM植物胶起护壁、润滑作用，可使钻机在高转速下保持稳定；SD金钢石钻具中的半合管取样器，避免了常规方法人为扰动芯样的情况，能完整地保留岩体的原状结构。采用SM植物胶SD金钢石钻具钻探等新技术不但可以极大地提高岩芯的获得率（达到90%以上），而且可以清晰地观察到深部岩体的岩性、风化状态、结构特征等。

1.4.4 坝基岩体工程地质特性勘察及分析方法

（1）采用钻孔彩色电视研究岩体结构特性。为了查清岩体结构面、岩体风化状态、蚀变带性状、地下水在不同深度的发育规律，我们对部分钻孔进行了彩色电视观察录像，在钻孔内量测结构面产状，为工程地质评价提供了准确的基础资料。钻孔彩

色电视录像将带罗盘的光学摄像镜头放入钻孔内，通过导线将其录像输入电脑屏幕，并将图像放大数倍观察，通过罗盘确定结构面的倾向，通过结构面在孔壁上的迹线可计算结构面的倾角。

（2）采用弹性波测试技术确定岩体完整性及动弹参数。在平硐和钻孔内进行岩体声波纵波速度、横波速度、地震波速度测试，得出岩体的泊松比、动弹模量、剪切模量、体积模量和岩体的完整性系数，建立岩体声波纵波速度与风化分带、声波与地震波速度、静弹模和动弹模的关系。并结合岩体（石）试验资料，建立了坝基岩体工程地质分类与力学参数的对应关系，并提出了不同坝高的坝基岩体纵波速度控制标准。坝基开挖后，为了准确评价坝基岩体质量和开挖爆破对坝基岩体的损伤程度，采用了三种检测方法对坝基岩体质量进行检测，即地震波法、声波测井法、声波跨孔CT法。通过系统的建基岩体弹性波测试，能快速、定量评价坝基岩体质量，为坝基验收及工程处理提供准确的科学依据。

（3）采用弹模仪和旁压仪测试河床深部岩体的变形模量。针对"消力池和冲刷区岩石软硬相间，层间挤压破碎，风化深浅不一，工程地质条件较差，存在基础不均匀变形和冲刷问题"，我们通过在钻孔内采用弹模仪和旁压仪进行岩体变形模量测试，取得坝基下游抗力岩体D_3l^4、D_3l^5、D_3l^6、D_3l^7等层的变形模量，为泄洪消能区的设计和基础处理提供更加科学的基础数据。

（4）应用平切面图和地质剖面图分析法，将各种勘探试验手段获得的成果展示在图上，综合分析辉绿岩和上下游蚀变带的空间分布、厚度、风化深度、构造发育情况、纵波速度、RQD值、透水率等指标，为枢纽的布置以及大坝和消力池地基建基面的选择提供准确、直观的资料。

（5）采用蒙特卡洛法确定岩体主要结构面的连通率，为大坝稳定计算分析提供地质模型。在前期勘察阶段，为了查清坝基缓倾角结构面的特性及连通率，曾进行过深入的勘探、试验和统计，在坝基开挖过程中和开挖后，地质人员又进行了详细的节理统计。在坝基稳定分析计算中建立了坝基地质力学模型，采用了蒙特卡洛法进行坝基深层抗滑稳定性计算。

1.4.5 高边坡工程地质分析方法

高边坡主要包括水电站引水隧洞进口左侧边坡及洞脸边坡、尾水明渠左侧边坡等，最大坡高达90~100 m，存在高边坡稳定问题。在前期勘察中主要采用实例调查、赤平投影和工程类比等方法，并与有经验的科研单位合作采用三维有限元分析方法，进行边坡稳定分析研究。施工期间对进水口左侧边坡内泥岩和泥化夹层取样进行黏土矿物及化学成分鉴定和膨胀性试验，同时又进行现场原位抗剪试验，在此基础上建立地质模型，模拟水库运行条件和边坡滑动方向，对边坡进行稳定分析。

1.4.6 地下厂房洞室群围岩稳定性分析研究

受辉绿岩体宽度和地形条件的限制，各洞室在空间位置上布置紧凑、密集，存在顶拱薄、间距小以及厂房轴线与主构造线平行、与最大水平主应力垂直等不利条件，且地下厂房规模较大，围岩岩体节理裂隙较发育，互相切割组合，洞室拱顶和边墙均有可能发生块体失稳。为此，广西水电院与多家科研单位合作进行场地三维非线性损伤有限元计算和厂区渗流场三维渗流场有限元法的分析研究，并进行洞室围岩不稳定块体分析，论证洞室群布置的可行性、合理性，进一步评价地下厂房洞室围岩稳定性，为洞室布置优化以及开挖支护设计提供可靠的理论依据，论证锚固支护措施的合理性和支护效果。

对于地下洞室围岩工程地质分类，采用了国内外具有代表性的围岩分类方法进行详细的围岩分类，其中厂房洞和主变尾闸洞采用《水利水电工程地质勘察规范》中的围岩工程地质分类、国外比较通用的巴顿Q系统分类和比尼奥斯基的地质力学分类法（RMR）等三种方法，沉积岩隧洞则按不同岩层、风化状态、地下水环境等因素采用水电围岩工程地质分类和巴顿Q系统分类两种方法。通过分析对比多种围岩分类结果，建立了不同围岩分类标准的相关关系。

1.4.7 辉绿岩人工骨料在RCC坝中的应用研究

在平圩坝址修建碾压混凝土重力坝，天然砂石料缺乏，只能采用人工骨料。人工砂石料的选择，经历了全石灰岩、"辉绿岩碎石+石灰岩砂"、全辉绿岩三个方案的勘察、科研试验、技术经济比较确定的过程。由于坝址附近的石灰岩存在储量有限、层薄夹泥且含燧石的特点，同时存在开采难度大、弃料多，特别是存在碱活性反应这个致命隐患；而辉绿岩具有既硬又脆的特点，加工十分困难，特别是利用辉绿岩作为水利工程混凝土的骨料在国内外尚无先例。为此，进行了大量的调查研究，并且通过几家施工单位采用不同的机械和工艺进行加工试验，委托了多家科研试验单位开展辉绿岩骨料混凝土的各种性能试验，另外还请了几所高等院校进行计算和论证，同时也进行了现场碾压试验。通过上述研究，掌握了辉绿岩骨料的加工特点、级配特点和颗粒特点，找到了解决因石粉含量高造成混凝土高温凝结时间偏短的方法，从RCC现场碾压感观、RCC钻孔取芯分析以及RCC力学性能指标的实测结果来看，完全满足设计要求。因此，在此基础上，确定采用辉绿岩骨料方案。实践证明，选择辉绿岩人工骨料方案是完全成功的，开创了国内外先河。

第2章　工程地质条件概述

2.1　自然地理概况

2.1.1　地理位置与行政区划

百色水利枢纽位于广西壮族自治区西部，云南省东部，在郁江上游干流右江上（见图2-1），坝址布置于百色市上游22 km处。坝址距广西百色市至云南富宁县间的省际公路约1.5 km，距国道G80阳圩互通约3 km，交通十分便利。郁江是西江水系的最大支流，发源于云贵高原。郁江上游干流右江流经百色田阳、田东、平果、隆安等县（区），与发源于越南境内的左江在南宁市西乡塘区宋村汇合，汇合口以下称郁江（其中通过南宁市邕宁区段称为邕江）。郁江流经南宁市、贵港市，至桂平与黔江汇合后即为西江干流上段，称为浔江，浔江至梧州与桂江汇合后以下始称西江。

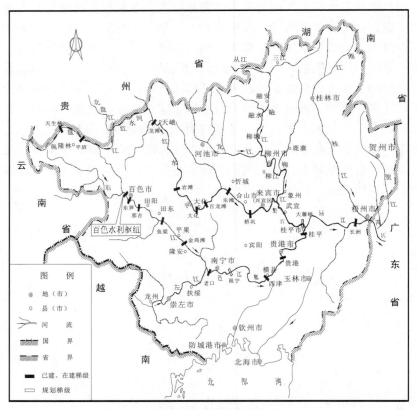

图2-1　百色水利枢纽地理位置图

2.1.2 地形地貌

工程区位于云贵高原与广西盆地斜坡过渡区，属中低山峡谷地形，地势西北高、东南低，以右江为轴，呈阶梯状向两岸逐步抬升，河流两岸局部河段发育堆积阶地，绝大部分为基座阶地。两岸山地高程一般在600~800 m。百色市以东为低山丘陵和河谷盆地，堆积阶地发育。

2.1.3 水文、气象

郁江是珠江流域西江水系的最大支流，流域面积90 800 km²，位于广西西南部，整个流域西北高、东南低。百色以上与云贵高原相接，为高原斜坡地貌，属中低山峡谷地形。百色以下至老口段为低山丘陵与盆地相间。南宁以下为丘陵盆地。

坝址河段多年平均流量263 m³/s，多年平均径流总量为82.9亿m³。径流年内分配不均，汛期5~9月径流占全年径流的74.2%。根据百色水文站1937~1994年断续56年实测资料，并加入了1880年、1913年、1915年和1926年的调查历史洪水成果作出分析计算，最大洪峰流量为3 620 m³/s，最小洪峰流量为1 500 m³/s，6年平均洪峰流量为2 150 m³/s，属中水偏枯段，洪峰系列延长后，多年平均洪峰流量为3 070 m³/s。

右江流域多年平均降雨量为1 200 mm，各地降雨量一般多集中在汛期（6~9月），约占全年的65%，11月至次年4月为枯水期，降雨量在全年的20%以下。百色坝址以上各站多年平均降雨量在1 000~1 700 mm，距主坝最近的百色站，多年平均降雨量1 077.1 mm。在雨季暴雨天气较频繁，主要受到副热带高压、热带低压、台风及西南低涡气旋所致。年平均气温在16.7~22.1 ℃，年内5~9月气温高。

本区属季风区，夏季盛行偏南风，冬季盛行偏北风，各站月平均风速在0.8~2.7 m/s，春季较大，秋季较小。百色站曾在5月发生过大于40 m/s的极端最大风速。

2.2 区域构造稳定性与地震

2.2.1 地层岩性

区域出露地层有寒武系、泥盆系、石炭系、二叠系、三叠系、第三系和第四系。其中三叠系分布最广，石炭系、二叠系、三叠系发育最全。除第三系、第四系为陆相沉积外，其他均为浅海相碳酸盐岩、硅质岩和碎屑岩沉积。在泥盆、石炭、二叠系地层中发育华力西期侵入的岩浆岩。

2.2.2 区域地质构造

库坝区所在大地构造部位，属南华准地台的桂西印支褶皱系中的桂西坳陷。桂西坳陷位于云南山字型和广西山字型构造之间的地块内，该地块以北西向构造为主，分布有3条较大的构造带，自北东向南西平行呈北西向展布，即巴马-博白断裂带、右江断裂带、那坡-龙州断裂带，详见图2-2。

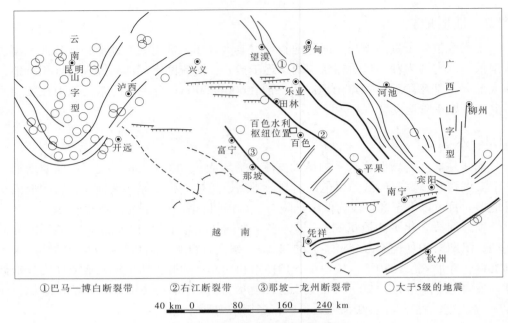

①巴马—博白断裂带　　②右江断裂带　　③那坡—龙州断裂带　　○大于5级的地震

40 km 0　　　80　　160　　240 km

图2-2　坝区及外围构造格架示意图

巴马–博白断裂带展布于坝址北东侧，距坝址约53 km。靖西–崇左断裂带展布于坝址南西侧，距坝址约60 km。右江断裂带在百色以西分八桂断裂和右江断裂，两者相距10~40 km。它们展布于坝址北东侧，距坝址5 km和15 km。对坝区影响较大的主要是右江断裂带。

右江断裂带总体走向N50°W，长约360 km。两侧发育有印支期的线状褶皱，组成宽5 km的断褶带，其中右江断裂是断褶带的主要成分。右江断裂总体产状为N40°~50°W，NE（局部SW）∠60°~80°，为高倾角逆冲断裂，切割深度10~15 km，切割地层从第三系至上古生界，为盖层断裂，破碎带宽数十米至200 m。八桂断层是这个褶断带的次级断层，长约75 km，总体产状为N40°~50°W，NE（或SW）∠60°~85°，为高倾角的逆冲压扭断裂，断距100~900 m，破碎带宽数米至数十米，挤压影响带宽达200 m。右江断裂和八桂断裂分别距坝址15 km和5 km。

2.2.3　地震活动性

右江断裂：西北起自隆林，经田林、百色、平果、隆安直抵南宁，往东南断续向合浦延伸。右江断裂带是一条长期活动的断裂带，新生代以来有明显的活动，主要标志有：沿断裂带形成串珠状的第三纪盆地；构造地貌显著，控制了百色以下右江河段和百色以上右江支流驮娘江和乐里河的发育，在很多地段形成平直狭长的断裂谷地、断层崖和断层三角面山等；在该断层破碎带中取方解石4组作热释光和铀系法测年鉴定，得知断层在22万~35万年前（相当于中更新世）有过强烈的活动；沿右江断裂带弱震及中强（<5.0级）地震活动较频繁；沿右江断裂带自1751年以来，共记载4$\frac{3}{4}$级以上的地震3次，最大为1977年10月19日平果的5.0级地震。1999年10月大坝安全评估团

DSRP《地震评估报告》认为"右江断裂是一条活动的走向滑移断裂,有发生大地震的可能,但属于弱活动性断裂(滑移速率0.1~0.01 mm/a),地震重现期将很长(从1万年到10万年以上)"。

八桂断裂:西北起自西林,经八桂直插百色,在百色盆地南侧断续出现,长约75 km。总体产状为N40°~50°W,NE(或SW)∠60°~85°,为高倾角的逆冲压扭断裂,断距100~900 m。破碎带宽数米至数十米,挤压影响带宽达200 m。沿断裂带自1915年以来,共记载4$\frac{3}{4}$级以上地震4次,最大为1962年4月20日田林的5.0级地震。

F_4断层展布于坡平顶背斜的北东翼,为坝址区内的主干断裂,从库内向坝下游延伸,至乐屯被北东向断层错断,进入河床,全长2.3 km。断层走向为N50°~60°W,倾向SW、倾角55°~65°,为压扭性逆冲断层。破碎带宽16~29 m,主要组成物为全强风化的块状岩、片状岩、糜棱岩、角砾岩及石英脉等,局部夹有断层泥,胶结程度稍差。通过热释光等测试结果表明,最晚一次活动至少在25万~30万年以前,即F_4断层不是现代活动断裂,不具备发生地震的构造背景条件。

工程区各断裂或次级断层以及分支断裂经断层活动性测年鉴定成果见表2-1。

表2-1　断层活动性测年结果

断层名称	地点	测试年代(万年)	测试方法	备注
F_4断裂带		40.1~48.5		
F_4断裂带未变形方解石脉		31.0~46.3		
F_5(F_4支断层)未变形断层带方解石脉		51.5±3.9	热释光法	中国水利科学研究院
F_{8-1}断层	百色水利枢纽坝址8号平硐	30.0±2.3		
F_{8-2}断层		51.5±3.9		
F_4断层泥		中更新世	显微镜下鉴定	
F_4断层带破碎石英脉		55.32±4.0	热释光法	北京大学
		25.1~32.07		
八桂断层方解石脉	八桂村西约500 m处	35.1+4.4	铀系法	
右江断裂破碎带方解石脉	澄碧河水库	23.3~23.8		
八桂断裂	八桂	35		
右江断裂		27.35~67		广西地震办公室
右江断裂带	平果铝厂	27.7±1.7	热释光法	
		27.35、67	铀系法	
巴马—昆仑关断裂带		80.65~166.7	热释光法	中科院地研所
富宁—那坡断裂带	岩滩	30	铀系法	广西地震办公室
靖西—崇左断裂带		25		

注:国内采用的第四纪分期年代(下限):Q_1 240万年;Q_2 73万年;Q_3 12.5万年;Q_4 1.2万年。

2.2.4 岩浆活动

区域上岩浆岩不甚发育，且分布零星，相互关系复杂。岩浆岩的分布与区域构造有着极其密切的关系，多呈北西向展布，与主构造带方向一致。在库坝区主要属华力西期基性侵入岩，呈条带状侵入于泥盆系、石炭系和二叠系诸地层内，所形成的岩石极为单一，只有辉绿岩一种；库坝区规模较大的有5条辉绿岩，主坝及地下厂房就布置在辉绿岩体上。

2.2.5 地震动参数

百色水利枢纽地震动参数采用当时最新的地震危险性概率分析方法，其最大优点为：计算结果不仅给出了地震动参数值的大小，而且还给出地震动参数值在不同重现期内的超越概率。设计人员可以根据工程的重要性选用适当的设计地震动参数值，还可以对不同等级的建筑物选用不同重现期的地震动参数。这种方法可以使工程设计人员具有明确的风险概念，进而在可接受的风险水平下尽量降低工程造价。目前，百色水利枢纽区域稳定性研究成果已纳入国家相关标准，并广泛用于百色地区重要工程建设的抗震设防工作中。

本区处于桂西地震亚带较为稳定的部位，地震活动主要受邻区强烈地震活动的影响。经国家地震局烈度评审委员会审定，坝址枢纽区地震基本烈度为7度。中国水利水电科学研究院工程抗震研究中心完成的《广西壮族自治区百色水利枢纽坝区地震危险性概率分析报告》计算得到的坝址基岩峰值加速度见表2-2、表2-3。建议：大坝选用年超越概率10^{-4}相应的动峰值加速度为0.202g；其他主要建筑物选用$P_{100}=0.02$相应的加速度0.175g；一般建筑物选用$P_{50}=0.05$相应的动峰值加速度为0.115g。设计加速度反应谱建议采用规范中给出的标准谱。

表2-2　百色坝址基岩峰值加速度计算结果　（单位：g）

超越概率		0.02	0.01	0.005	0.002	0.001	0.000 5	0.000 2	0.000 1
1 年	未校正	0.035	0.051	0.067	0.088	0.108	0.131	0.161	0.186
	已校正 $\sigma=0.212$	0.036	0.052	0.069	0.094	0.116	0.140	0.175	0.202

表2-3　百色坝址基岩峰值加速度计算结果　（单位：g）

超越概率			0.1	0.05	0.02	0.01	0.005	0.002	0.001	0.000 5
已校核 $\sigma=0.212$	50 年	AP	0.092	0.115	0.148	0.175	0.202	0.236	0.260	0.283
		T	475	975	2 475	4 975	9 975	24 975	49 975	99 975
	100 年	AP	0.114	0.139	0.175	0.201	0.228	0.260	0.283	0.305
		T	949	1 950	4 950	9 950	19 950	49 950	99 950	199 950
	200 年	AP	0.138	0.165	0.201	0.227	0.252	0.283	0.305	0.326
		T	1 898	3 899	9 900	19 900	39 900	99 900	199 900	399 900
	500 年	AP	0.173	0.201	0.235	0.260	0.283	0.312	0.333	0.352
		T	4 746	9 748	24 749	49 750	99 750	249 750	499 750	999 750

2.3 水库地质条件

水库坐落在云贵高原与广西盆地之间的斜坡地段内,两岸山峰高程多在600~800 m,山体尚属雄厚。但近坝东侧、银屯沟和香屯沟等3处存在地形垭口,高程分别为210.00 m、197.70 m和216.00 m,需布置副坝封闭上述地形缺口。

水库正常高水位228.00 m,天然(平水期)河水位119.50 m,坝前抬高水头108.50 m,水库水域面积135 km²,水库总库容56亿m³,控制流域面积1.96万km²,年径流量82.90亿m³。水库死水位为203.00 m,水库运行期的最大消落水深为25 m。

百色水利枢纽水库由右江干流和乐里河、者仙河、谷拉河、那马河4条支流组成,正常高水位时干流回水长约108 km;各支流回水长分别为49.80 km、20.10 km、37.06 km和21.93 km。水库总长236.90 km,库岸线长473.80 km。

库区地层岩性主要有三叠系中下统砂岩、泥岩,分布面积占60%以上,其次为二叠系、石炭系灰岩、硅质岩和泥岩,以及泥盆系的砂岩、泥岩、硅质岩和华力西期的辉绿岩等。库盆多由砂岩、泥岩所封闭,局部地段为灰岩库岸。上述地层岩性的空间展布,主要受北西向的坡平顶背斜、六谷坡向斜、银屯背斜的控制。库内不同程度地接触到右江、八桂、F_{41}、F_4、F_2等断层。库区泉水出露较多,高程多在250 m以上,汇入库内。

2.4 主坝枢纽区地质条件

2.4.1 地形地貌

坝址河段为较平直的开阔"V"形斜向谷,河水自北向南流。平水期水面119.5 m高程时,河道宽45~110 m,水深0~12 m。河床地形凹凸不平,表部砂卵砾石层厚度为0~15.64 m,基岩顶板高程100~120 m。两岸谷坡由辉绿岩($\beta_{\mu4}^{-1}$)及外侧各岩层构成,山体走向受岩层走向控制,呈不对称状,左岸近东西向,右岸为N42°W向。两岸岸坡左陡右缓,坡度分别为28°~32°和14°~20°。左岸山体相对较完整,仅在坝肩山梁上下游各发育一条冲沟,即坝线沟和左V沟,切割深度为20~25 m;右岸坝线下游有右Ⅳ沟深切,形成三面临空的右坝肩山梁,临沟坡坡度达35°~40°。两岸残坡积层厚度一般为0.5~7 m,局部为9~11 m。

2.4.2 地层岩性

坝址地层主要有泥盆系中、上统的罗富组(D_2l)及榴江组(D_3l),石炭系、二叠系、三叠系下统、第四系和华力西期辉绿岩。详见表2-4及图2-3。

坝区出露的辉绿岩体,规模较大的有5条($\beta_{\mu4}^{-1} \sim \beta_{\mu4}^{-5}$),分布于泥盆、石炭及二叠系地层内,大部分与围岩平行展布,少部分与围岩斜交,均与围岩产生同步褶皱。

表2-4 坝址岩层简表

地层名称	岩层代号	厚度（m）	主要岩性及特征
三叠系	T_1	>15	中厚层状泥岩、钙质泥岩和粉砂质泥岩夹少量灰岩、泥灰岩和粉砂岩
二叠系	P_2	>100	上部为中厚层粉状沙质泥岩、硅质泥岩，中部为薄层状泥岩、硅质泥岩，下部为薄层状钙质泥岩、厚层状硅质泥岩
	P_1m	32~67	顶部为砾状灰岩、硅质灰岩，中下部为硅质粒屑灰岩
	P_1q	40	薄层状含锰灰岩夹硅质岩及含锰硅质灰岩
石炭系	C_3	32~40	中厚层状灰岩、硅质灰岩夹硅质条带
	C_2	30~64	薄层（局部中厚层）状灰岩、硅质灰岩夹硅质条带
	C_1	56~80	薄层硅质岩夹薄层硅质灰岩
泥盆系	D_3l^{10}	13~17	深灰色薄层—中厚层状硅质岩
	D_3l^9	27~43	上部为黑色薄—极薄层状硅质岩夹极薄层状炭质泥岩，下部为黑色薄—中厚层状碳酸盐化生物碎屑硅质岩夹极薄层硅质岩、炭质泥岩
	D_3l^{8-2}	50~55	上部为薄—极薄层状硅质岩、含炭硅质岩、硅质泥岩夹薄—中厚层白云质灰岩，下部为薄层状硅质岩夹薄—极薄层含炭硅质岩、硅质泥岩
	D_3l^{8-1}	28	灰黑色薄—极薄层状硅质岩
	D_3l^{7-2}	28	青灰色薄—中厚层状泥岩，局部为钙质泥岩
	D_3l^{7-1}	32	青灰色中厚层状泥岩与黑褐色含铁锰泥岩（风化色）互层，其上部夹2~3m厚薄层状硅质岩
	D_3l^6	13~36	青灰—灰白色薄—中厚层状泥质灰岩，含硅质粉晶灰岩
	D_3l^5	2~7	青灰色薄—中厚层状硅质泥岩，含锰钙质泥岩
	D_3l^4	8~13	灰黑色薄—中厚层状含黄铁矿硅质岩，局部有小孔洞发育
	D_3l^3	20~23	灰黑色薄—中厚层状含黄铁矿硅质岩，局部有小孔洞发育
	D_3l^{2-2}	7~10	薄层—中厚层状含黄铁矿晶体硅质泥岩，强—弱风化岩体孔洞发育（左岸较右岸发育）
	$D_3l^{2-1(2)}$	6~13	薄—中厚层状含黄铁矿晶体硅质泥岩夹薄—极薄层状含粉砂含钙质泥岩、硅质岩
	$D_3l^{2-1(1)}$	0.6~3.8	灰黑色薄—极薄层状硅质岩
	D_3l^{1-4}	6~10	灰黑色薄—中厚层状含炭泥岩、泥岩夹深灰色薄—中厚层状硅质灰岩
	D_3l^{1-3}	8~17	灰—灰黑色薄层为主硅质泥岩、泥岩夹极薄层状含炭硅质岩
	D_3l^{1-2}	28~33	褐黄色、紫红色薄—中厚层状粉砂质泥岩夹灰黑色薄层状含炭泥岩
	D_3l^{1-1}	30~40	灰黑色薄层状含炭泥岩夹灰色极薄层状硅质岩、硅质岩、薄层含钙泥质砂岩。顶部有2~3m厚的极薄层含炭硅质岩
	D_2l^2	26~60	顶部为中厚层—厚层状石英砂岩夹薄层状炭质泥岩；下部为浅灰色—肉红色厚层—巨厚层状石英砂岩、硅化石英砂岩及灰白色砂岩
	D_2l^1	80	灰—青灰色钙质泥岩、砂岩夹薄层状灰岩、泥质灰岩

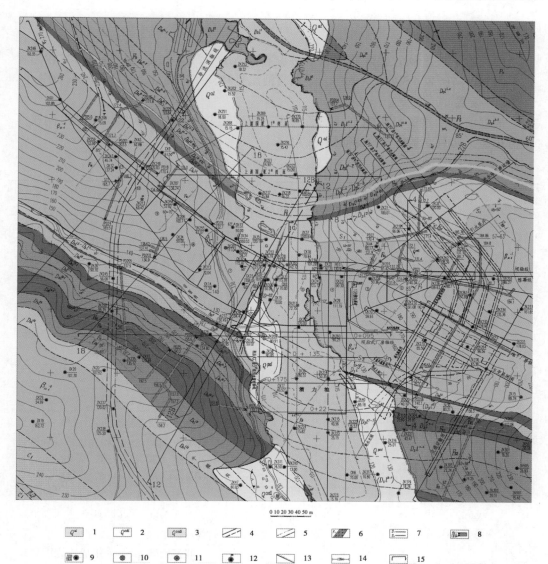

0 10 20 30 40 50 m

图例	编号		编号		编号		编号		编号

1—冲积:砂卵砾石层;2—残坡积:粉质黏土夹碎石;3—崩坡积:碎石夹粉土;4—地层分界线;5—岩组分界线;

6—断层破碎带及编号;7—接触蚀变带及编号;8—平硐编号及硐口高程,m;9—钻孔编号及孔深,m;

10—彩色电视录像孔;11—植物胶孔;12—长期观测孔;13—不整合界线;14—正常蓄水位;15—地质剖面线

图2-3 主坝枢纽区工程地质图

主坝枢纽区建筑物主要坐落在 $\beta_{\mu 4}^{-1}$ 辉绿岩体和泥盆系上统地层内,其涉及岩层按岩性和工程特性可分为三个工程地质岩组:

（1）坚硬的辉绿岩组 $\beta_{\mu 4}^{-1}$;

（2）中等坚硬—坚硬的硅质岩、灰岩、泥质灰岩组,包括D_3l^3、D_3l^4、D_3l^6和D_3l^{8-1},共4层;

（3）软弱的泥岩类岩组,包括$D_3l^{2-1(2)}$、D_3l^{2-2}、D_3l^5、D_3l^{7-1}、D_3l^{7-2}、D_3l^{8-2},共6层。

2.4.3 地质构造

坝址位于坡平顶背斜南西翼（下游）和F_4断层下游（上盘）。岩层产状较为稳定，为N50°~70°W，SW38°~60°，走向与河流呈55°~65°交角，倾向下游偏右岸。

2.4.3.1 断层

根据前期勘察资料和施工开挖后的实际情况，共发现大小断层（包括层间挤压带）30条，其中主要断层的特征详见表2-5。

表2-5 坝址主要断层特征

断层编号	产状	破碎带宽（m）	影响带宽（m）	断层性质	充填物特征
F_4	N35°~60°W，SW∠60°	16~20	30~50	压扭	角砾岩、糜棱岩、断层泥、构造片状岩、碎块岩及挤压破碎石英脉
F_6	N14°~20°E，SE∠70°~85°	2~4		张扭	辉绿岩部位钻孔岩芯为灰白色粉状砂粒状岩屑及岩块，个别钻孔有棕褐色断层泥。岩矿鉴定表明，灰白色砂粒状物质为斜黝帘石
F_7	N30°E，NW∠85°	0.8		张扭	辉绿岩破碎角砾，方解石脉网状充填，沿断层带局部有孔洞发育
F_9	N50°W，SW∠55°~60°	1.5	2~4	压	充填糜棱状岩屑及挤压透镜体
F_{10}	N58°W，SW∠65°	0.6~1.4		压扭	充填角砾及砂状泥质物，松软
F_{11}	N50°W，SW∠55°	1.5~2.0		压扭	充填角砾及砂状泥质物，松软
F_{15}	N38°E，NW∠60°~70°	0.2~0.25	0.3~0.4	张	充填铁质淋滤透镜体、角砾碎块和铁锰质风化物、泥膜等。低速带宽9.5 m，V_p=3 360 m/s（两侧V_p=4 657~5 700 m/s）
F_{16}	N40°E，NW∠85°	0.1~0.4	3.5	张	充填围岩碎屑及褐黄色黏土，影响带宽V_p=1 800 m/s（两侧V_p=4 770~5 930 m/s）
F_{20}	N50°~67°W，SW∠70°	1.6		压扭	层间挤压破碎，带内组成物为围岩碎块、泥质，松散
F_{28}	N38°~40°W，SW∠57°~63°	0.5~1.0	1~3	压扭	断层糜棱状角砾夹硅质岩或辉绿岩碎块及断层泥、黄色砂质黏土
F_{45}	N25°~30°E，NW∠75°~85°	0.2~0.35	2.0	张扭	破碎角砾、糜棱岩、褐黄色泥质、铁锰质等，胶结差，易崩解。影响带宽V_p=2 000 m/s（两侧岩体V_p=3 230~5 450 m/s）
F_{46}	N25°~30°E，SE∠55°~65°	0.5~4.0		张扭	主要为蚀变辉绿岩，呈黄色、灰白色，强度极低，下游段大部分充填方解石脉，方解石脉与两侧辉绿岩之间夹灰白色蚀变辉绿岩
F_{47}	N30°E，SE∠80°	0.35		张扭	糜棱岩，含少量泥

2.4.3.2 节理裂隙

坝区岩体节理裂隙发育，一般短小而相对密集。根据地面和平硐统计，坝区节理裂隙按发育程度可分为4组。详见表2-6。

表2-6 坝区节理裂隙特征

组别		产状	地质特征
I		N60°~75°W,SW∠45°~65°	沉积岩中以层面裂隙或泥化夹层为主。裂隙平直光滑，层面裂隙多闭合或稍张，泥化夹层宽0.2~8 cm，裂隙产状较为稳定，倾角多在50°~60°；辉绿岩则表现为似层面节理裂隙，规模较大，但多被走向为NE的裂隙切割，延伸长度一般5~8 m，最长12~15 m，裂面平直粗糙，多数充填1~2 cm厚的岩屑或方解石、石英等，少数闭合
II	II₁	N20°~70°E,NW∠40°~85°	延伸长一般5~10 m，少数15~20 m。裂面平直粗糙，多数充填全蚀变石榴石矽卡岩，少数充填岩屑
	II₂	N30°~60°E,NW15°~30°	延伸长一般3~5 m，少数8~15 m。裂面平直粗糙，多数充填方解石脉，少数充填岩屑或绿泥石
III		N0°~30°E,SE∠50°~85°	延伸长一般3~5 m，少数8~15 m。裂面平直粗糙，多数充填全蚀变石榴石矽卡岩，少数充填岩屑
IV		N30°~60°W,NE∠15°~60°	延伸长度一般3~5 m，少数10~20 m，裂面平直光滑，多数充填方解石脉，少数充填岩屑或绿泥石

2.4.3.3 辉绿岩接触蚀变带

辉绿岩与围岩接触面蚀变严重，风化强烈，岩体破碎，形成具有一定规模的软弱层带。该带又可细分为内蚀变带、接触带和外蚀变带，统称为接触蚀变带。

2.4.4 岩体风化

坝区岩体风化受岩性、构造、地下水和地形控制，具有以下几个特点：

（1）辉绿岩全强风化带存在球状风化现象；一般地形较缓部位岩体风化深，地形较陡部位岩体风化浅。

（2）辉绿岩两侧硅质岩（$D_1l^{3、4}$）、泥岩（D_3l^{2-2}）的强、弱风化带内普遍发育小孔洞，沿层面呈串珠状分布。

（3）D_3l^5和D_3l^7中夹铁锰泥岩，风化普遍较深，多呈黑褐色夹层状产出。

（4）坚硬完整的辉绿岩抗风化能力强，风化埋深浅；完整性差的坚硬硅质岩及软弱的泥岩类岩石抗风化能力弱，风化埋深大。

2.4.5 水文地质条件

2.4.5.1 地下水类型和埋藏条件

坝址岩层的含水类型，除D_3l^{2-2}、D_3l^3的部分风化层为孔隙潜水外，其余均为裂隙潜水，水量不甚丰富。在坝基河床段，地下水在辉绿岩下部的硅质岩部位具有承压现象，如前期勘探孔ZK203#孔20.45~21.15 m段有承压水活动迹象（电视录像发现有气泡），在帷幕灌浆孔中也发现有类似现象，主要原因是坝基上部辉绿岩透水性弱，而下部的硅质岩透水性强。

勘探资料表明，本区地下水受大气降水补给，向右江顺层排泄；地下水主要沿层面及裂隙活动。沉积岩中地下水流向与岩层走向基本一致，层与层之间的水力联系除D_3l^{2-2}和D_3l^3的风化层较为畅通外，其余均较弱。辉绿岩中地下水主要沿北西向裂隙（似层面）向河床排泄。

2.4.5.2　地下水洼槽

钻孔资料显示，坝址存在两条地下水洼槽：一是$\beta_{\mu 4}^{-1}$辉绿岩体上游的D_3l^{2-2}及D_3l^3层；二是下游的$D_3l^4 \sim D_3l^8$层。其地下水位在距河边$80 \sim 120$ m范围内仍与河水持平。如左岸ZK236#孔（距河边190 m）揭示的D_3l^3层地下水坡降仅为1.0%，右Ⅳ沟ZK36#孔（距河边340 m）揭示的D_3l^6层为1.5%。而作为两洼槽分水岭的辉绿岩体，因地下水活动主要受裂隙组合控制，故在平行河流的断面上存在地下水体的"悬挂"现象，如钻孔ZK236，在未钻穿辉绿岩体前，孔内水位基本稳定在191.9 m处；钻穿辉绿岩进入硅质岩后水位迅速下降，最终稳定在121.42 m处。两岸其他钻穿辉绿岩体的钻孔，只要是上覆辉绿岩体较完整而下伏的蚀变带、硅质岩为强弱风化且透水性较强的，均存在类似现象。

2.4.5.3　岩石的透水性

根据前期勘探孔的压水试验、注水试验及现场开挖后的实际地质情况可以看出，坝基辉绿岩体以弱—微透水性为主，其他沉积岩大部分属弱—中等透水性，局部属强透水性。

2.4.5.4　地表水、地下水类型及腐蚀性评价

河水：丰水期化学类型为$HCO_3 \cdot Cl-Ca \cdot Mg$型水，平水期化学类型为$HCO_3 \cdot SO_4-Ca \cdot Mg$型水。

辉绿岩体中的地下水：丰水期化学类型为$HCO_3 \cdot Cl-Ca \cdot Mg$型水，平水期化学类型为$HCO_3 \cdot SO_4-Ca \cdot Mg$型水。

$D_3l^1 \sim D_3l^3$层中的地下水：丰水期与平水期化学类型均为$HCO_3 \cdot SO_4-Ca \cdot Mg$型水。

根据《水利水电工程地质勘察规范》评价标准，河水、辉绿岩和$D_3l^{2-2} \sim D_3l^3$岩层中的地下水对混凝土无腐蚀性；$D_3l^1 \sim D_3l^{2-1(2)}$层的地下水$SO_4^{2-}$离子含量为396.5 mg/L，对普通水泥有弱结晶类腐蚀。

2.4.6　岩体物理力学性质

从前期勘察到施工图阶段，主坝区累计完成的室内、外岩石（体）试验有：室内岩石物理力学性质试验113组，野外混凝土/岩石的抗剪断试验15组，岩体抗剪断试验2组，岩体结构面抗剪断试验5组，原位变形试验66点，载荷试验14组。这些试验按不同的目的，以不同的组数分布在17层不同性状的岩体和两条蚀变带内。$\beta_{\mu 4}^{-1}$辉绿岩是大坝持力岩体和地下厂房工程岩体，是试验研究的重点。通过统计分析，主坝区各岩层物理力学性质见表2-7。

表2-7 主坝区各类岩石(体)物理力学参数建议值

序号	岩层层代号	风化程度	容重 γ (g/cm³)	泊松比 μ	静弹模量 E (GPa)	变形模量 E_0 (GPa)	饱和抗压强度 R_b (MPa)	软化系数 K_R	抗剪强度					
									抗剪(混凝土/岩) f	抗剪断(混凝土/岩) f'	C'(MPa)	抗剪(岩/岩) f	抗剪断(岩/岩) f'	C'(MPa)
1	β_μ^{4-1} β_μ^{4-2}	强风化	2.4	0.32	2~8	1.5~3	15~30			0.7	0.35~0.45		0.60~0.7	0.35~0.5
		弱风化	2.4~2.6	0.28	12~16	5~8	30~120	0.92	0.7	0.8~1.0	0.7~0.9	0.8	0.80~1.0	0.8~1.0
		微—新鲜	2.8~3.0	0.25~0.26	14~38	6~24	60~180	0.99	1.0	1.0~1.2	0.9~1.0	1.0	1.1~1.2	1.0~2.0
2	D_3l^3 D_3l^4 D_3l^{10}	强风化	2~2.4	0.35	1~2	0.1~0.6				0.4~0.55	0.1~0.2		0.4~0.55	0.1~0.2
		弱风化	2.5	0.32	3~6	2~4	30~60	0.6	0.6	0.72	0.3~0.36	0.6	0.75	0.3~0.5
		微风化	2.5~2.6	0.26~0.3	12~16	5~8	60~80	0.8	0.75	0.75~0.85	0.4~0.5	0.75	0.75~0.85	0.6~1.0
3	D_3l^6	强风化	2~2.1	0.35	1.0~1.5	0.5	5~15		0.4	0.4~0.5	0.1~0.15	0.4	0.4~0.5	0.1~0.15
		弱风化	2.4~2.6	0.32	5~7	2~4	20~30	0.52	0.5	0.6	0.3~0.4	0.5	0.6	0.30~0.4
		微风化	2.4~2.6	0.28	8~10	4~7	40~50		0.65	0.8	0.4~0.5	0.65~0.7	0.8	0.4~0.6

续表2-7

序号	岩层代号	风化程度	容重 γ (g/cm³)	泊松比 μ	静弹模量 E (GPa)	变形模量 E₀ (GPa)	饱和抗压强度 R_b (MPa)	软化系数 K_R	抗剪强度					
									抗剪(混凝土/岩) f	抗剪断(混凝土/岩) f'	抗剪断(混凝土/岩) C'(MPa)	抗剪(岩/岩) f	抗剪断(岩/岩) f'	抗剪断(岩/岩) C'(MPa)
4	D_3l^{2-2} D_3l^{1-3}	强风化	1.3~1.7	0.4	0.6	0.2	3~8			0.3~0.5	0.05~0.1		0.4	0.05~0.15
		弱风化	1.9	0.35	1	0.65	10~15	0.4		0.5~0.65	0.14~0.2		0.5~0.65	0.15~0.2
		微风化	2.4	0.28~0.30	4~6	3~4	30~40		0.6	0.65~0.75	0.2~0.4	0.5	0.65~0.75	0.3~0.4
5	D_3l^5 D_3l^{7-1} D_3l^{8-1} D_3l^9	强风化	1.3~1.7	0.4	0.1~1.0	0.05~0.35	3~8	0.2	0.3~0.4	0.3~0.5	0.05~0.15	0.3~0.5	0.3~0.5	0.05~0.15
		弱风化	2.2~2.4	0.32~0.4	1~3	0.3~1.5	5~15	0.4	0.45~0.5	0.45~0.6	0.2	0.5~0.6	0.5~0.6	0.2
		微风化	2.4	0.28~0.4	1.2~6	1.5~4	20~40		0.5	0.45~0.6	0.2~0.3	0.5	0.5~0.8	0.2~0.4
6	D_3l^{1-2} D_3l^{1-4} D_3l^{2-1} D_3l^{7-2} D_3l^{8-2}	强风化	1.3~1.7	0.4	0.1~1.0	0.05~0.35	3~8	0.2	0.3~0.4	0.35~0.5	0.05~0.15	0.3~0.5	0.3~0.5	0.05~0.15
		弱风化	2.4~2.5	0.3~0.32	2~4	0.6~2	10~20	0.4~0.45	0.5~0.55	0.55~0.6	0.2~0.4	0.55~0.6	0.55~0.60	0.2~0.4
		微风化	2.5	0.28~0.30	4~8	2~6	30~40		0.6	0.65~0.75	0.2~0.4	0.5	0.65~0.75	0.3~0.4

2.5　天然建筑材料

RCC主坝（含围堰）混凝土量约269万m³。由于坝区缺乏天然砂砾料，坝址附近的几个漫滩料场，料层薄，储量少，只能满足临建工程及部分洞室的需求。因此，主坝枢纽区的主要建筑物混凝土所用骨料需采用人工骨料。

在可行性研究及原初步设计（1996年以前）阶段，对坝址附近石炭系中统灰岩出露地带进行了初查（地质测绘、钻探、硐探等），得出石料场有以下特点：

（1）灰岩中含硅质（燧石）结核和夹硅质条带，含量14%~29%，属活性骨料，有碱活性反应。

（2）单个灰岩料场储量偏少，需开采2个料场，料场高程较高，料层分布在山坡中部和横向山梁上，且厚度小，并以50°~60°角倾向山里，夹于无用岩层之间，剥采率高，开采难度大。

鉴于坝址附近中石炭统灰岩料场存在上述缺点，初步设计后期开展了辉绿岩作为人工骨料的可行性研究和料场选择。最终选择了右Ⅳ沟辉绿岩料场。其储量较为丰富，开采条件较好，运输距离近，交通便利，剥采比较低，且属非活性骨料。

右Ⅳ沟辉绿岩料场呈长带状，长800~1 000 m，宽130~240 m，为一顺层向单面坡，坡角30°~40°。辉绿岩岩体厚80~140 m，构造简单，外侧岩体均为泥盆系上统（D_3l^3、D_3l^4）硅质岩，两者平行展布，产状为N45°~65°W，SW∠48°~60°（见图2-4、图2-5）。料场岩性单一，相变特征不明显，其矿物粒度以中细粒为主，由边缘至中心，粒度由细变粗，为渐变过渡关系。经镜下鉴定，$\beta_{\mu4}^{-1}$辉绿岩的主要矿物成分为普通辉石和斜长石，次为少量的绿泥石、钛铁矿、黑云母、磷灰石等。辉绿岩岩质坚硬，单轴抗压强度为140~180 MPa，可满足强度要求。岩相法、化学法两种快速法和砂浆长度法等碱活性试验表明，右Ⅳ沟辉绿岩不属活性骨料，无碱活性反应，且料层中未见有害夹层。右Ⅳ沟辉绿岩料场勘察储量为660万m³，剥采率较低。满足规范勘察储量不小于2倍设计需用量269万m³的要求。

综上所述，右Ⅳ沟辉绿岩在质量和储量上可以满足设计要求，作为大坝混凝土骨料料场是合适的。

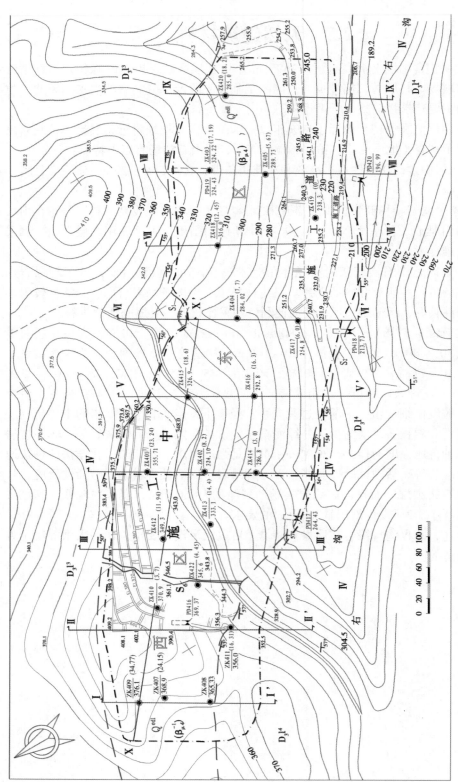

图2-4 右Ⅳ沟辉绿岩人工骨料场地质图

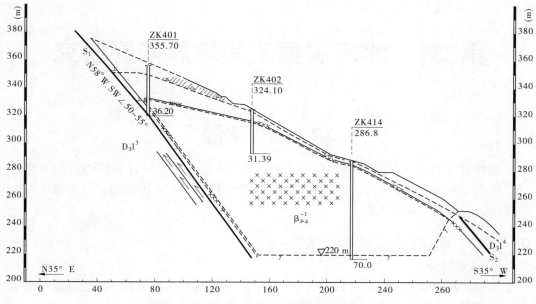

图2-5　右Ⅳ沟辉绿岩人工骨料场地质剖面图（Ⅳ～Ⅳ'）

第3章 水库主要工程地质问题研究

3.1 水库渗漏

水库建成后，可能存在渗漏的地方有3处：一是水库右岸近坝地段六沙河湾地块，可能沿灰岩带渗漏；二是坝区F_4断层，可能沿断层带向下游渗漏；三是坝区左山梁单薄，可能沿分水岭渗漏。

3.1.1 六沙河湾地块岩溶渗漏问题

3.1.1.1 地质条件

六沙河湾地块位于近坝库段的右岸，指从库区的六沙至坝下游平圩之间的地带，其可能产生水库渗漏的理由及途径主要为：

（1）该地带分布有石炭系及二叠系不纯灰岩，宽0.3～0.5 km，长约7 km，呈带状连通水库上、下游，岩层展布大体与河流平行，产状为N40°～80°W，SW∠30°～55°，该地层属可溶岩类岩层，地表局部可见岩溶发育。

（2）F_2断层贯通水库上、下游。

（3）沿F_2断层有多处泉水出露，呈现串珠状。

为此，在各个阶段的工作和审查中，都把可能沿可溶岩或沿F2断层产生渗漏的问题作为重点研究对象。

3.1.1.2 勘察方法

针对六沙河湾地块产生渗漏的可疑之处，分别采取相应的勘察工作。

（1）为查明岩溶发育情况，对六沙可溶岩出露地带进行了1／5 000的工程水文地质测绘。河湾地块内发育有F_{41}断层，与可溶岩走向近垂直或大角度相交，水平断距近200 m，横切石炭系地层，使有岩溶发育之疑的岩层与辉绿岩相互错接，可溶岩层在空间展布上呈现不连续状（见图3-1）。同时还在可溶岩中结合混凝土骨料布置了200 m的平硐勘探，并对六沙、表深岭、平圩上屯等采石场进行了详细的调查和研究，进一步证实了六沙地段出露的石炭系和二叠系下统灰岩，岩质不纯，其间含硅质结核，并夹有较多的硅质条带。特别是石炭系上、下统和二叠系下统的栖霞阶灰岩，硅质条带占30%～50%或更多；相对较纯的是石炭系中统和二叠系下统的茅口阶灰岩，但其硅质结核和硅质条带的含量也达20%～30%。在六沙地段的采石场及硐探的调查中，均未发现有较大的溶洞，只见到一些零星的溶蚀裂隙和溶坑，不存在岩溶连通的可能。

（2）为了查明F_2断层是否存在渗漏问题，进行了专门勘察。F_2断层为压扭性断层，微切层，破碎带宽7~15 m，胶结程度较好，走向为N50°~60°W，倾向SW，倾角

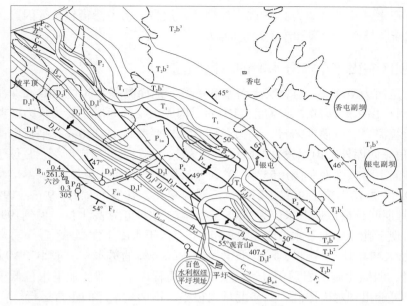

图3-1 六沙河湾地块地质图

60°~74°，发育在二叠系下统地层内，茅口阶和栖霞阶灰岩受到多次错动，并在局部地段出现缺失现象。由于断层带胶结程度较好，不存在库水沿断层带通过7 km长的破碎带产生渗漏的可能；由于可溶岩地层的缺失和空间展布的不连续状，断绝了岩溶沿断层发育形成连续的岩溶裂隙或岩溶管道等渗漏通道的可能性。

（3）为了查明分水岭高程，对所有泉水点进行了调查和测量。对在六沙分水岭上、下游两侧或F_2断层带上出露泉水，高程绝大部分高于正常蓄水位228 m，说明六沙河湾地块的地下水位较高，存在高于228 m地下水分水岭，水库蓄水后不会产生向外渗漏。

3.1.1.3 渗漏评价

六沙河湾地块存在可溶岩，局部岩溶发育，岩层展布大体与河流平行；但由于河湾地块内F_{41}断层的作用，横切石炭系地层，水平断距近200 m，使有岩溶发育的岩层与辉绿岩相互错接，可溶岩层在空间展布上呈现不连续状；另外，在六沙分水岭上、下游两侧泉水出露高程绝大部分高于正常蓄水位228 m。因此，河湾地块六沙地段不存在库水沿可溶岩溶蚀裂隙、岩溶管道向坝下游渗漏的问题。

3.1.2 坝区F_4断层的渗漏问题

F_4断层从库内向坝下游延伸，至乐屯被北东向断层错断，进入河床，全长2.3 km。断层走向为N35°~60°W，倾向SW、倾角55°~65°，为压扭性逆冲断层。破碎带宽16~29 m，主要组成物为全强风化的块状岩、片状岩、糜棱岩、角砾岩及石英脉等，局部夹有断层泥，胶结程度稍差。上下盘影响带宽一般为15~25 m，岩石挤压破碎强烈。由于断层两盘的岩性均以砂泥岩为主，断层带中的颗粒较细，含泥量高，挤压紧密。钻孔压水试验透水率为3～5 Lu，属弱透水层带。考虑渗径较长等因素，不会出现库水沿F₄断层带产生渗漏和渗透稳定问题。

3.1.3 坝区左山梁单薄分水岭的渗漏问题

山梁走向为N60°W，与岩层走向基本一致，地面高程为301～407 m。在正常蓄水位228 m时，山体最薄部位，厚度约320 m。构成山梁的地层主要为华力西期辉绿岩及泥盆系上统泥岩、硅质泥岩等。华力西期辉绿岩厚度116～120 m，平行山梁展布，以55°~60°角倾向库外。山梁发育的断层主要为F₄，无较大的横向断裂。F₄位于山梁的库内侧，倾向下游（南西）倾角55°～60°，与岩层倾角一致。见图3-2。

1998年4月在山梁上布置了ZK254长期观测孔，孔底高程218.9 m。1998年6月至1999年6月期间，最低地下水位为248.82 m，高于水库正常高水位，但到1999年10月以后该孔出现干孔，即地下水位降至218 m以下，低于水库正常高水位。

钻孔ZK254的压水资料显示，弱微风化辉绿岩体的透水率一般小于3 Lu。在左岸山梁部位，弱风化辉绿岩顶面高程均在240 m高程以上，即使地下水位低于水库正常高水位，可能出现水库渗漏，其渗漏量也很小，不影响水库的正常运行。

3.1.4 水库蓄水后渗漏调查

百色水利枢纽于2005年8月底开始下闸蓄水，至2008年初库水位最高曾蓄至正常高水位228 m。从水库运行至2012年，水库未见有绕坝渗漏现象。设计阶段3处可疑的渗漏地段也未见异常，无明显渗漏。

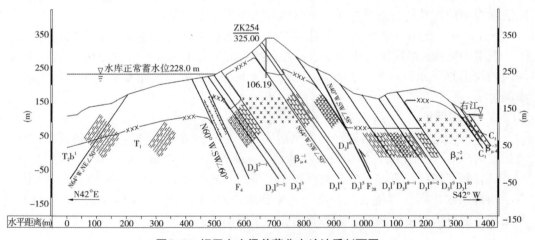

图3-2 坝区左山梁单薄分水岭地质剖面图

3.1.5 小结

对水库可能存在渗漏的六沙河湾地块、坝区F₄断层带、坝区左岸单薄山梁3处进行了地质测绘、钻孔、探硐等勘察手段，查明了3处可能渗漏带岩层的空间展布、地下分水岭高程及岩体渗透性。经综合分析，得出：六沙河湾地块不存在水库渗漏问题；坝区F₄断层带属弱透水，且渗径长，不会出现库水沿F₄断层带产生渗漏和渗透稳定问题；左岸单薄山梁虽然地下水位较低，但岩体属弱透水，不会出现较大的渗漏问题。水库经过多年运行和观测，未出现明显的渗漏现象，说明前期水库渗漏勘察方法有效，分析评价正确。

3.2　库岸稳定

3.2.1　概述

库区地层岩性主要有三叠系中下统砂岩、泥岩，分布面积占60%以上，其次为二叠系、石炭系灰岩、硅质岩和泥岩，以及泥盆系的砂岩、泥岩、硅质岩和华力西期的辉绿岩等。库区两岸为中低山地形，山势不高，河谷多为较开阔的"V"形谷。岸坡坡度一般30°～40°，碳酸盐类岩石组成的岸坡较陡，为60°～80°。岸坡以岩质边坡为主，局部为残坡积的含碎石土质边坡。水库蓄水后部分代表性照片见图3-3。

库区岩层主要呈北西向展布，河流与岩层走向多正交或斜交，故河谷以两岸稳定性较好的横向谷和斜向谷为主，纵向谷较少，且岩层倾角大于山体自然坡角，无较大规模的滑坡和崩塌体。当蓄水位为228 m时，回水线附近绝大部分为岩质岸坡，库岸稳定条件良好。库岸主要为稳定的和基本稳定的，局部较陡的土质岸坡稳定性较差，在蓄水过程中出现过滑坡和岸坡溶洞塌陷，对地质环境有一定的影响。另外，近坝库岸约1 km，岩体风化深厚，岸坡稳定问题一直是多次审查会关注的重点之一。

图3-3　水库照片（2013年8月摄）

3.2.2　水库岸坡稳定性研究方法

水库岸坡稳定性研究方法主要以地面调查为主，定性与定量相结合、面与点相结合；对近坝地段进行全面勘察分析，对远坝地段以点带面，突出重点。

（1）采用常规方法对水库区进行系统的平面地质调查、测绘，对可疑地段进行重点调查和勘察。如在剥隘下游2 km处发现一处小型滑坡体后，对其进行了勘察，通过论证，其滑塌对水库运行无影响。

（2）对近坝库段采用高科技手段进行分析、研究。本工程采用了航片、卫片及侧视雷达图片进行分析研究，如图片解释中发现有局部可疑点，再到现场进行实地勘察，均未发现有较大的滑坡和潜在的不稳定体。

（3）对重点地段进行详细勘察，如上坝址深厚风化岩岸坡的稳定问题。

（4）库岸坍岸预测。研究对象主要是水位变动区的土质岸坡。研究方法主要是野外调查土质岸坡水上、水下及水位变动带稳定坡角，取样进行颗粒分析、自然休止角和水下休止角试验。坍岸预测方法主要采用工程类比法和图解法。

3.2.3 水库岸坡稳定性研究结论

（1）库区两岸为中低山地形，山势不高，河谷多为较开阔的"V"形谷。岸坡坡度一般30°～40°，碳酸盐类岩石组成的岸坡较陡，为60°～80°。岸坡以岩质边坡为主，局部为残坡积的含碎石土质边坡。库区岩层主要呈北西向展布，倾角一般30°～60°。河流与岩层走向多正交或斜交，故河谷以两岸稳定性较好的横向谷和斜向谷为主，纵向谷较少，且岩层倾角大于山体自然坡角，无较大规模的滑坡和崩塌体。当蓄水位为228 m时，回水线附近绝大部分为岩质岸坡，少量为土质岸坡；岩质岸坡主要为稳定的和基本稳定的岸坡，局部较陡的土质岸坡稳定性较差，在蓄水过程可能会出现小规模的库岸失稳现象，对工程及环境影响不大。

（2）关于上坝址深厚风化岩岸坡的稳定问题。

坝址上游1.1 km处是可行性研究阶段的上坝址，在可行性研究阶段做了大量的勘探试验工作。主坝上游0.8～1.4 km段主要为二叠系粉砂质泥岩、泥岩类，全强风化深度较大，一般为50～100 m，岸坡地质条件较复杂，加上右岸自然边坡较陡，为30°～38°，边坡稳定性较差（见图3-4）。

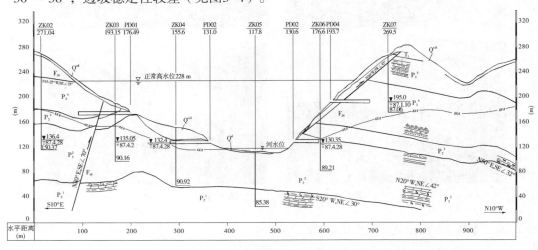

图3-4 近坝库岸地质剖面图

右岸边坡上部有两级山头，两级山头之间有一垭口，在岸坡上下游两侧各发育一条冲沟，沟尾于垭口相会，形成双沟同源现象，很像一个古滑坡。因此，在可行性研究和初步设计阶段都将此作为一个主要地质问题提出，要求进一步分析查明近坝库岸的稳定问题。通过现场平面地质测绘和槽探发现，双沟同源部位覆盖层较薄，并有基岩出露，岩层产状与该部位的总体产状一致，因此可以证明该库岸属正常岸坡，不是古滑坡。

经边坡稳定计算和赤平投影图分析，百色水利枢纽水库蓄水后，近坝库岸岸坡基本稳定，不会出现较大的突发性滑坡；右岸边坡较陡，可能会出现表层土体坍岸现象，对水库及大坝建筑物安全无影响。

（3）水库坍岸问题

库岸阶地不发育，正常回水线附近绝大部分由基岩组成，少量为残坡积岸坡。基岩岸坡稳定性较好，不存在坍岸问题。通过土质岸坡水上、水下及水位变动带稳定坡角，并类比已建的百色澄碧河水库，残坡积土一般不存在较大的坍岸问题，且均为山坡地，即使出现小范围的坍岸，对环境影响不大。可能出现坍岸的是乐里河库尾的汪甸局部地段，岸坡较陡，属冲—洪积层岸坡，其二元结构：上部为粉质黏土，厚度2~4 m，下部为漂卵石层，地面高程220~230 m，均为耕地，处于正常回水线变幅范围内，需进行适当防护。

3.2.4 水库蓄水后环境地质问题调查研究

百色水利枢纽从2005年8月下闸蓄水以来，经历了水位快速上升、持续高水位、水位波动起伏等多种水位运行变化模式。于2013年8月，对水库岸坡稳定状况进行了全面调查，发现16处库岸失稳现象（见图3-5）。其中体积（0.5~1）×$10^4 m^3$的滑坡体3处：百慢屯移民新址右前方滑坡、百敢屯进村公路库岸滑坡及华屯红黏土库岸滑坡；岩溶塌陷1处；体积小于$0.1×10^4 m^3$的小塌滑体10处；水库坍岸2处，均位于云南剥隘镇下游右岸，长度约50 m。对环境影响较大的百慢屯移民新址右前方古滑坡和百敢屯前方岩溶塌陷进行了详细勘察。

3.2.4.1 百慢屯库岸滑坡体工程地质勘察

2006年3月6日，水库蓄水至约175 m高程，百慢屯安置点台地右前方约40 m岸坡出现滑坡（见图3-6）。为了论证滑坡体对百慢屯安置点是否存在影响，专门进行了勘察。勘察方法：1/1 000平面地质测绘、1/1 000剖面地质测绘、多道瞬态面波勘探、高密度电法勘探、浅层地震折射勘探。

1.滑坡体基本地质条件

滑坡体周界明显，已形成贯穿性裂缝，滑坡体后缘高程246.6 m，根据地形推测滑坡体前缘剪出口位于原河道岸边，高程为130 m，滑坡体坡面起伏较大，自然坡度为15°~25°，滑坡体表面拉裂缝较发育，最大拉裂缝宽约0.4 m，错台高差0.2~0.5 m，可见裂缝深约3 m，后缘滑坡壁拉裂缝宽为0.2~0.4 m，错台高差约0.3 m。

滑坡区主要地层有第四系滑坡堆积、残坡积层（Q^{edl}）及二叠系上统地层（P_2）。

二叠系上统地层（P_2）：上部为紫红色、青灰色中厚层状粉砂质泥岩、硅质泥岩，中部为灰黄色薄层状泥岩、硅质泥岩，下部为薄层钙质泥岩、厚层状硅质泥岩。

大坝上游1.1 km右岸土坍岸　　　　　　　　库岸土坍岸

库区华屯红黏土滑坡　　　　　　　　百慢屯移民新址库岸滑坡

库区顺层滑坡　　　　　　　　云南剥隘段坍岸

图3-5　库岸失稳典型照片

滑坡体内未见基岩裸露。根据周围地质测绘，滑坡区岩层呈单斜构造，岩层走向为N62°~80°E，倾向SE，倾角14°~25°，为逆向坡。节理裂隙发育，均以陡倾角为主。

2.多道瞬态面波勘探成果分析

主要根据面波波速值基本划定滑坡滑动界面的深度，同时对面波数据进行反演得到频散曲线，根据频散曲线可以获得地下各地层的面波波速值及各层厚度。

从面波勘探成果看，覆盖层的剪切波速V_s在200~300 m/s，强风化泥岩的剪切波速V_s在300~600 m/s，弱风化泥岩的剪切波速V_s在500~1 500 m/s，层间波速分带较明显。滑动界面上下两侧的面波速度比较大，界面底部岩体面波速度较高。从各剖面面波波速影像分析，覆盖层的厚度在7.5~16 m，滑动面界面深度在15~26 m。

3.高密度电法成果分析

主要从高密度电法拟断面图和视电阻率等值线图划定边坡不稳定周界范围及软弱

面埋深。根据高密度电法成果分析，覆盖层的厚度在7~12 m，滑坡体的滑动界面埋深10 ~ 25 m。

4.浅层地震折射勘探成果分析

滑坡区的岩土结构层大致可分为覆盖层、强风化层、弱风化层及微风化层，这些层位大多具备下部速度高于上部速度，并且有一定厚度及波速比。

从浅层折射波地震勘探成果图分析，工区分为2层波速层，上层强风化岩层下限较深，在9~25 m，纵波波速在350~500 m/s，下层为弱风化岩层，纵波波速在2 000~3 500 m/s。上下两层纵波波速差异明显，推测此界面为滑动面。

5.滑坡体综合分析评价

滑坡体坡面起伏较大，拉裂缝较发育，表面呈阶梯状，属牵引式滑坡；原323国道公路面上有3条拉裂缝，宽为0.2 ~ 0.5 m，错台高差约0.3 m，公路内侧边坡岩石也发现有拉裂缝，说明了部分岩石也滑动，根据原地形估计滑坡体前缘位于公路下方约50 m；根据物探成果分析，初步估计滑坡体厚15 ~ 26 m，滑坡体体积约10万m³。根据原地形分析，该滑坡属古滑体。

该古滑坡复活主要有两个因素：一是库水位升高，古滑坡前缘阻力体饱和，滑动带土体软化，滑动面抗剪强度降低；二是滑坡体上部人类活动，生活用水下渗，滑动

百慢屯右侧滑裂缝　　　　　　　　　　　　　百慢屯左侧滑裂缝

图3-6　百慢屯滑坡裂缝照片

带土体软化，滑动面抗剪强度降低。在两个因素共同作用下，造成古滑坡体复活。

6.滑坡对环境影响评价

从地形、地质及目前滑坡情况分析，库水位升高，对滑坡体稳定有利，但以后库水位骤降对滑坡体稳定不利。即使这样，该滑坡体变形应该是缓慢的，因为该滑坡不具备突然高速下滑的条件。滑坡壁距房屋最小距离约40 m，如滑坡壁高差不大，对房屋无影响，在库水下降过程中只要加强监测即可。

2008年11月库水位已达228.31 m，已超过正常水位228 m，2009年6月降至196.61 m，接近初期运行死水位195 m。经过多年变形观测，目前滑坡体处于稳定状态。

3.2.4.2 百敢屯库岸岩溶塌陷工程地质勘察

2006年5月，当库水位升至220 m左右，百敢屯台地前边坡出现不同程度的裂缝，6月8日在不同高程处出现了3个塌陷土洞，最大直径约8 m，7月7日又出现一个土洞塌陷，并且裂缝继续往台地方向发展（见图3-7）。据村民反映，在夜深人静时听见地下发出咚咚声音。为了查明岩溶塌陷的范围及对自然屯的影响，对场区进行了勘察。

勘察方法有物探、钻探及工程地质测绘。

1.基本地质条件

场地自然坡度为12°～25°，两侧冲沟局部稍陡。残坡积层厚5～8 m，局部超过10 m。植被较发育。

百敢屯岸坡

百敢屯岸坡岩溶塌陷

百敢屯岸坡岩溶塌陷

岩溶塌陷造成房前半平台出现裂缝

图3-7 百敢屯岸坡岩溶塌陷照片

场地下伏基岩为：①二叠系下统栖霞组（P_1q），上部为硅质岩、硅质泥岩，下部硅质灰岩夹硅质岩；②二叠系下统茅口组（P_1m），顶部为砾状灰岩及硅质灰岩，下部为硅质灰岩、灰岩，底部为硅质岩；③二叠系上统（P_2），为粉砂质泥岩、硅质泥岩；④华力西期辉绿岩（$\beta_{\mu4}$）。

岩层产状分别为：靠河边北东侧为N29°W，NE∠52°，出露坡内西南侧为N58°W，SW∠59°，从岩层产状看，场地边坡为顺向坡，但岩层倾角较陡，对场地稳定无多大的影响。

根据野外调查显示，场地内除二叠系下统茅口组（P_1m）灰岩、硅质灰岩岩溶发育外，无大的滑坡体及其他不良地质现象和环境工程地质问题，场地内亦无采空区或有开采价值的矿产资源。

钻孔揭示场地内地下水位埋深为19.2～24.3 m，且随库水位变化而变化。

2.勘察成果分析

根据物探成果，该区灰岩呈东西向条带状分布，宽120～140 m。灰岩中发育有一条破碎带，岩溶主要在破碎带及两侧发育，埋深12～18 m，其平面位置位于百敢屯台地前岸坡上，房屋下面及附近未发现有溶洞。

为了进一步验证物探成果，在物探勘探线异常带及附近布置了5个钻孔进行验证。ZK01、ZK02、ZK05三个钻孔揭露下伏基岩为硅质岩及辉绿岩，没有岩溶发育，不会产生土洞塌陷；ZK03、ZK04两个钻孔揭露下伏基岩为灰岩、硅质灰岩，岩溶发育，ZK03钻孔岩溶裂隙较发育，岩芯中12.5~16.5 m溶蚀发育，但没有遇到溶洞，底部为硅质岩；ZK04钻孔上部岩芯较完整，以柱状为主，在16.9~25.0 m发育了一个高为8.1 m的大溶洞，溶洞内充填了含碎石黏土，局部为碎石土，呈半充填状。

3. 岩溶塌陷原因分析

该台地前斜坡下伏岩性为二叠系下统茅口组（P_1m）灰岩、硅质灰岩，底部为硅质岩。灰岩及硅质灰岩在地下水作用下，形成溶洞或沟槽，连通到原右江河。工程区岩溶主要沿灰岩破碎带及两侧发育，埋深较浅，为12~18 m，溶洞上部岩体较薄，且较破碎，在库水浸泡作用下，溶洞上部土体强度下降，在库水升降作用下，溶洞内形成负压，造成溶洞上部岩体或土体坍塌，这就是村民在夜深人静时听见地下发出咚咚声音的原因，空洞逐渐向地表发展，顶板渐薄，当拱顶板薄到不能支持上部土层的重量时，便突然发生塌落，形成了地面塌陷，土洞的塌落拉裂了周边覆盖层，产生更大范围的地表裂缝。

4. 岩溶塌陷对村民影响分析

根据钻孔揭露及物探成果分析，本规划区内地形地貌较简单，村屯房屋及前后一定范围下伏基岩为辉绿岩及硅质岩，属非岩溶区，岩溶塌陷发育区距离最前排房屋水平距离有18~25 m，因此，岩溶塌陷不会对村屯房屋有明显影响。

经过多年运行，岩溶塌陷没有进一步发展，百敢屯房屋安全无恙。

3.3　水库浸没

3.3.1　水库浸没工程地质勘察内容及方法

南方山区河流一般堆积阶地不发育，即使有也是呈狭窄的长条形，可能存在浸没范围主要出现在河岸边，水库浸没工程地质勘察较为简单。岩溶地区一般存在封闭或半封闭洼地。根据《水利水电工程地质勘察规范》和南方山区河流上已建水库的经验，勘察内容主要有以下几个方面：

（1）河谷阶地、山前洪积扇、洪积裙的分布及形态特征。

（2）岩溶区重点调查与地下水有密切关系的集水洼地的形成条件、分布特点及其发展概况，封闭和半封闭洼地的分布情况。

（3）沟谷及地表水系的分布、水位及其补给、径流和排泄条件。

（4）水库周边矿井、地下建筑物的分布、高程及其形态特征。

（5）潜在浸没区居民建筑物的基础类型和砌置深度，主要农作物的种类、根须层厚度。

（6）对于可能存在浸没区的地段应按规范要求进行工程地质测绘、勘探及有关的试验，查明地层结构、物理力学性质及水文地质条件。通过试验确定土的毛管水上升高度和浸没的地下水临界深度。

（7）建筑物浸没区应测定持力层在天然含水率和饱和含水率状态下的抗剪强度、压缩性及饱和状态下的承载力。

（8）建筑物浸没区和范围较大的农作物浸没区应建立地下水动态观测网；当浸没区地层为双层结构，且上部土层较厚时，应分别观测下部含水层和上部土层内的地下水动态。

3.3.2 水库浸没分析与评价原则

水库浸没分析与评价内容主要有：①确定产生浸没的临界地下水埋深；②预测潜水回水埋深值；③预测浸没区的范围；④预测浸没区的类型。

根据《水利水电工程地质勘察规范》，水库浸没评价主要依据当地浸没临界值与潜水回水位埋深之间的关系确定，当预测的潜水回水位埋深值小于浸没的临界地下水位埋深时，即判定该地区为浸没区。另外，库岸地带有常年流水的溪沟，其水位等于或高于水库设计正常高水位时，判定为不易浸没地区。

当地层为双层结构，且上部黏土层厚度较大时，浸没地下水位的确定应考虑黏土层对承压水头折减的影响。广西老口航运枢纽金光农场浸没区地层上部为红黏土，下部为灰岩，属承压水区，进行了8个钻孔地下水观测，黏土层中的含水带厚度（T）与下伏承压水头（H_0）的比值（折减系数 α 值）为0.09~0.76，平均值为0.43，大值平均值为0.6，最后取折减系数 α 值为0.43。

对于农作物区，浸没临界地下水埋深取地下水位以上土壤毛管水上升高度与根系层厚度之和。大量试验表明，砂性土毛管水上升高度一般为0.5~1.0 m，黏性土毛管水上升高度1.5 m左右，水稻根系层厚度约0.2 m。但通过大量调查，对于水稻，无论是砂性土还是黏性土，只要地面高出水面0.5 m以上，对水稻种植及产量基本没影响。根据《水利水电工程建设征地移民设计规范》的规定，淹没赔偿需考虑水库正常蓄水位以上0.5~1.0 m。所以在南方地区，如果地面高出地下水位0.5 m以上，对有些农作物有浸没影响的，改种水稻即可解决浸没问题。

对于建筑物区，浸没临界地下水埋深主要考虑地下水位以上土壤毛管水上升高度及建筑物基础型式和砌置深度。如果持力土层在饱和状态下承载力仍能满足建筑物要求，可评价为对建筑物结构安全无影响，但可能会造成地面潮湿，一般采取防潮处理即可。

3.3.3 本工程水库浸没分析与评价

3.3.3.1 可能产生浸没的地段工程地质条件

百色水库为峡谷型水库，两岸阶地不发育，岸坡主要由基岩组成。正常蓄水位228 m以上无大片农田。农田浸没主要出现在各支流的库尾局部地段。根据库区调查及实测，可能存在水库浸没的农田，主要位于汪甸、那迷、风洞、板达等地段。

汪甸地段位于广西境内、右江支流乐里河库尾，为汪甸小河与乐里河交汇处的冲、洪积滩地，农田浸没范围主要分三小块，总面积约26亩（1亩=1/15 hm²≈666.7 m²），其中长寨屯9亩，百寨屯9亩，汪甸屯8亩。浸没地段地面高程为228~230 m。覆盖层厚度为2.5~8 m，具二元结构，表部为粉质黏土，厚0.7~4 m；下部为漂卵石，厚1.0~6.0 m。下伏基岩为三叠系中统兰木组砂泥岩。天然状态下地下水位高程223~227 m，埋深2~5 m。

那迷地段位于汪甸乡那迷村那迷小河两侧的一级阶地，农田浸没总面积约10亩。浸没地段地面高程为228 ~ 230 m。覆盖层厚度为2.0 ~ 3.5 m，具二元结构。表部为粉质黏土，厚0.8 ~ 1.2 m，稍密，可塑状态；下部为砂卵砾石，厚1.5 ~ 2.5 m，稍密，无胶结，透水性较好。下伏基岩为三叠系中统兰木组砂泥岩。地下水位与河水位近于持平，埋深1.5~2.5 m。

风洞地段位于云南省境内，那马河支流风洞小河两侧的一级阶地，农田浸没总面积约9.9亩。浸没地段地面高程为228 ~ 230 m。覆盖层厚度为3.0 ~ 6.0 m，具二元结构，表部为粉质黏土、黏土，厚1.0 ~ 3.0 m；下部为漂卵石，厚2.0~4.0 m。下伏基岩为三叠系中统百蓬组砂泥岩。地下水位与河水位近于持平，埋深1.5~2.8 m。

板达地段位于云南省剥隘镇板达村，为山间小河两侧的滩地，农田浸没总面积约16.5亩。浸没地段地面高程为228 ~ 230 m。覆盖层厚度为3.0 ~ 5.0 m，具二元结构。表部为黏土、粉土，厚0.5 ~ 1.5 m，下部为含泥砂卵砾石，厚1.5 ~ 4.0 m。下伏基岩为下二叠统茅口阶角砾状灰岩、硅质灰岩。地下水位与河水位近于持平，埋深1.5~2.5 m。

3.3.3.2 浸没分析与评价

汪甸、那迷、风洞、板达地段主要种植水稻。经调查，水稻的浸没临界地下水埋深为0.5 m。另外，根据《水利水电工程建设征地移民设计规范》的规定，淹没赔偿需考虑水库正常蓄水位以上0.5 ~ 1.0 m，即高出水库正常蓄水位0.5 m以下必须按淹没处理。

百色水利枢纽淹没设计标准：耕地、园地采用5年一遇洪水标准，居民迁移线采用20年一遇洪水回水线，林地、荒地、草地按正常蓄水位，一般专业项目按居民迁移标准。淹没赔偿高程已到229 m高程以上。

因此，百色水利枢纽无需另外考虑水库浸没问题。

3.4 库区淹没防护工程

百色水利枢纽水库淹没防护工程位于右江乐里河支流上，地处乐里河左岸汪甸乡政府前面汪垌片一带，东起汪甸水文站，西至塘房桥头。原设计防护对象为农田，防护区地面高程220~229 m，防护农田总面积约810亩。

3.4.1 工程地质条件

前期勘察阶段沿堤线进行过勘探，勘探点间距约100 m，覆盖层进行了钻孔注水试验。防护区地层由上至下主要分布有冲洪积粉质黏土、含泥漂卵砾石和三叠系泥岩夹砂岩。上部的粉质黏土厚3~5 m，土质较密实，渗透系数为1.25×10^{-5}~6.23×10^{-4} cm/s，大部分属弱透水层，局部粉粒含量较高段为中等透水层；下部漂卵砾石层，一般厚3~6 m，局部厚达8~9 m，漂卵石含量极不均匀，有的细粒土含量高，属中等透水；有的漂卵石含量多，属强透水。下伏砂泥岩属弱透水层。

关于渗透系数问题，按规范要求，应取大值平均值作为地质建议值；对于地质条件变化较大的应加密勘探，并进行分段分析评价。对于本工程，漂卵石含量多的堤基段渗透系数为10^{-2} cm/s量级，细粒土含量高的堤基段大部分渗透系数为10^{-3} cm/s量级，局部达到10^{-4} cm/s量级。

3.4.2 前期设计方案选定

广西水电院曾对全填方案、全防方案及半填半防方案进行过比选。全填方案就是将810亩耕地地面填高到229 m高程，表层0.4 m仍填回原来的耕植土。全防方案就是沿汪甸小河东岸和乐里河北岸修建防护堤，堤顶高程229.5 m，加设一道防浪墙，对含泥漂卵石层埋藏较浅的基础采取开挖截水槽、铺复合土工膜防渗，对含泥漂卵石层埋藏较深的基础采用混凝土防渗墙防渗。半填半防方案是将地势相对较高的西片共470亩耕地地面填高到229 m高程，对地势相对较低的东片共340亩耕地采用防护堤防护，防护堤全长1 182.9 m，堤顶高程229.5 m，加设一道防浪墙。对于堤基防渗问题，原设计防护堤下基础采用混凝土防渗墙防渗。2004年防护设计方案审查确定为半填半防方案。对于堤基防渗问题，审查专家考虑到东区防护堤在含泥漂卵石层造孔作塑性混凝土垂直防渗墙造价高、工期紧、风险大、效果难以保证等因素，且防护堤最大堤高仅9 m左右，最大水头仅8 m，百色水库库满率很低（46%），最高水位出现概率不高，下部含泥漂卵砾石层渗透系数10^{-3} cm/s量级，上部覆盖层粉质黏土厚3～5 m、渗透系数为10^{-5} cm/s量级，为弱透水层，具备作防渗铺盖的条件，要求对堤下塑性混凝土垂直防渗墙与堤后天然粉质黏土层作铺盖防渗方案进行比较，论证取消塑性混凝土垂直防渗墙的可能性，并控制总投资不超过3 300万元。最终报告推荐堤后天然粉质黏土层作铺盖防渗方案，堤后布置排渗减压井，取消了防渗墙。

2005年3月汪甸防护工程动工兴建，2006年2月完成西片填高工程及东片围堤堤身填筑工程。

3.4.3 防护堤运行后出现的主要问题

2005年8月百色水利枢纽下闸蓄水，2006年8月底至9月初库水位达到222 m高程时，防护区东区渗水湿润严重，部分堤内排渗井已出现涌水涌砂，地形较低的地段（高程221 m以下）浸水严重，逐步沼泽化。2006年10月17日，排渗沟的总渗流量为$Q=75.3$ m³/h，其中，39#～52#排渗井段占总渗流量的1/4，15#～31#排渗井段占总渗流量的3/4，1#～14#排渗井段由于井口高程较高，排渗沟无渗水。按照这种趋势发展，库水升至正常高水位228 m时，很可能会出现堤内铺盖被击穿，堤基会出现大面积渗透破坏。另外，防护堤建好后，在堤防区内增建了一个移民点，地面高程224 m，移民人数815人，使汪甸防护堤的防护功能发生了变化。因此，必须对堤基渗控措施进行补强处理。

3.4.4 防护堤堤基加固处理

为了准确测定透水层（含泥漂卵砾石层）的渗透系数，为设计计算提供可靠的地质参数，确保堤坝的稳定及安全，2006年12月19日至2007年1月10日根据当时汪甸防护区东片的浸没情况，在渗漏量较大的堤基内侧布置了二组抽水试验，测定漂卵砾石层渗透系数。试验得出一组抽水试验渗透系数K为1.59×10^{-1} cm/s，另一组渗透系数K

为2.13×10^{-2} cm/s，均属强透水层。另外在渗漏量较大的堤基还进行了多个钻孔注水试验，渗透系数多为10^{-2} cm/s量级，局部为10^{-1} cm/s量级；渗漏量很小的堤基段进行了钻孔注水试验，渗透系数为$10^{-3} \sim 10^{-4}$ cm/s量级。部分地段堤基渗漏量较前期勘察结果高一个量级，可能是堤基不均匀性所致；也有可能是堤基出现渗透破坏，因为排渗井流出了较多的细颗粒。

设计根据新的地质资料对堤基渗控补强方案进行了比选，即防护区内部分填高（即封堵排渗井，并将防护区用黏土填高至高程224～225 m）和堤基帷幕灌浆防渗两种渗控方案。

填高方案具有施工方法简单、后期运行费用较低等优点，但由于填高后减少了防护区内排涝调峰的滞洪容积，加大了山洪对324国道和移民安全的威胁（地面高程均为224 m）。

为了论证堤基帷幕灌浆的可行性，进行了灌浆试验。通过灌浆试验，采用双液灌浆，灌注水泥、水玻璃材料，水玻璃掺量以4%为主，当出现地表冒浆时，加大至7%～10%，并使浆液在灌浆管出口处的流动度为100～160 mm。通过一次成孔、自下而上分段（每次提升高度1 m左右）、利用浆体在注浆管与钻孔环隙内的初凝性实现以浆止浆无塞式灌浆，注入量按水泥750 kg/m控制，双排孔、梅花型布置，孔距2 m，排距1.2 m，分两序施工，灌浆压力0.6～1.0 MPa，可使漂卵砾石层渗透系数降低至小于1×10^{-4} cm/s。

通过专家审查，最后选定堤基帷幕灌浆方案。

堤基帷幕灌浆自2007年8月28日正式大规模开工，至2007年11月4日完成。灌浆后，检查孔渗透系数均达到设计要求的小于1×10^{-4} cm/s的要求。

2008年库水位到达正常高水位228 m高程后，局部地段渗漏量仍然偏大，防护范围内低洼地带渗水现象严重，水位下降后，对渗漏量仍较大的地段进行了防渗帷幕补强处理，并在防护区内低洼地带布置了减压井。处理后至今（2013年9月）库水位均较低，未超过224.5 m高程，实际效果尚有待检验。

3.4.5　小　结

（1）对于存在渗透稳定或渗漏问题的复杂防护堤基，必须加密勘探点间距，防渗轴线孔间距应达到30 m左右。《堤防工程地质勘察规程》（SL 188—2005）规定初步设计阶段勘探孔间距100～500 m仅适用简单地质条件。

（2）对于存在渗透稳定或渗漏问题的防护堤基，渗透系数不均一时，应根据渗透系数进行堤基分段或分层，同一层内应取大值平均值或大值作为地质建议值。

（3）对于水库淹没耕地面积较大需进行防护的，应优先考虑抬田，尽量少采用防护堤。百色水利枢纽汪甸耕地防护曾进行过比较，半填半防方案比全部筑堤防护方案增加400万元，全填方案比全部筑堤防护方案增加约1 800万元，推荐采用半填半防方案。结果在运行过程中出现堤基渗漏问题，对全线堤进行了防渗处理，最终半填半防方案投资比全填方案投资还多。

3.5 水库诱发地震研究

3.5.1 水库诱发地震的一般特点和规律

水库诱发地震是因蓄水引起库盆及其邻近地区原有地震活动性发生明显变化的现象。据资料统计，水库诱发地震是一个小概率事件，即在世界上成千上万座已建的水库中，发生诱发地震的只是极少数。至2003年，全世界坝高大于15 m的水坝约5万座，得到较普遍承认的水库诱发地震约100起，仅占已建坝高在15 m以上大坝总数的2‰。

3.5.1.1 水库诱发地震的活动特点和规律

水库诱发地震是一个十分复杂的自然现象，对它的形成机制和发震条件，尤其是对它的发生时间、地点和强度的预测预报，仍然是一个远未解决的问题。但是经过全世界尤其是中国有关科学技术人员几十年的不断探索研究，人们对水库诱发地震的活动特点和规律已经有了一些基本认识，概括起来有以下几点：

（1）空间分布上主要集中于库盆和距离岸边3~5 km范围内，少有超过10 km者。

（2）主震发震时间和水库蓄水过程密切相关。在水库蓄水的早期阶段，地震活动与库水位升降变化有较好的相关性。较强的地震活动高潮多出现在前几个蓄水期的高水位季节，且有一定的滞后，并与水位的增长速率、高水位的持续时间有一定关系。

（3）水库诱发地震的震级绝大部分是微震和弱震。

（4）震源深度较浅，绝大部分震源深度3~5 km，直至近地表。

（5）由于震源较浅，与天然地震相比，具有较高的地震动频率和地面峰值加速度与震中烈度。但极震区范围很小，烈度衰减快。

（6）随着时间的推移，水库蓄水所引起的内外条件的改变逐步调整而趋于平衡，因而水库诱发地震的频度和强度，随时间的延长呈明显下降趋势，最终趋于平静。根据55个水库的统计，主震在水库蓄水后一年内发生的有37个，占67.3%，2~3年发震的12个，占21.8%；5年发震的2个，占3.6%；5年以上的4个，占7.3%。

3.5.1.2 水库诱发地震的成因类型

水库诱发地震按成因类型一般分为四大类。

（1）构造型。这种类型水库诱发地震强度较高，对工程影响较大，也是世界各国研究最多的主要类型。其发震条件为：①区域性断裂或地区性断裂通过库坝区；②断层有晚更新世以来活动的直接证据；③沿断层带有历史地震记载或仪器记录的地震活动；④断裂带和破碎带有一定的规模与导水能力，与库水相通，并可能渗往深部。

（2）岩溶（喀斯特）型。发生在碳酸盐岩分布区岩溶发育的地段，通常是由于库水升高突然涌入岩溶洞穴，高水压在洞穴中形成气爆、水锤效应及大规模岩溶塌陷等引起的地震活动。

（3）浅表微破裂型。又称浅表卸荷型。现代强烈下切的河谷下部（所谓的卸荷不足区）、坚硬性脆的岩体，可能有利于此种类型发生。

（4）矿震。库水抬升淹没废弃矿井，也可能造成岩体成为"地震"。三峡工程蓄水后所产生的水库诱发地震中，矿震占了很大的一个比例。

3.5.1.3 水库诱发地震强度

一般把$M_S \geq 4.7$级（或震中烈度≥ 6度）的天然地震称为破坏性地震，小于4.7级则称为小震。考虑到水库地震震源较浅、震中烈度偏高等因素，在水库诱发地震研究中，将$M_S \geq 6$级的水库地震称为强烈地震（强震），5.9~4.5级的称为中等强度地震（中强震），4.4~3.0级的称为弱震，小于3.0级的称为微震。有时还将$M_S < 1.0$级（$M_L < 1.8$级）的划分出来，称为极微震。

3.5.2 本工程水库诱发地震条件

（1）右江断裂属活动性断层，在乐里河大邕—汪甸库段长达15 km，宽度一般在300 m，最大达800 m，淹没最大深度为40 m（大邕村）。库段地层岩性主要为砂岩、页岩，局部夹泥灰岩，均为薄层半坚硬岩体，不易积累强应力。具备发生构造型水库诱发地震构造背景。

（2）八桂断层属非活动性断层，香屯副坝—乐里河—里圩库段主要覆盖八桂断层，从香屯副坝到里圩西侧，回水长约22 km，库水向两侧延展较宽，如百达附近库面可达4 km，最大淹没深度约100 m。库段的地层为三叠系中统（T_2），组成北西向的线状褶皱，岩性条件与大邕—汪甸库段相似。不具备诱发中强以上构造型地震构造背景。

（3）坝址区—供屯库段不利条件是可溶岩以及辉绿岩出露；F_4断层被淹没近10 km；坝区水深、域广，与香屯库段连为一体。经试验，F_4断层测年休止时代为Q_2晚中期，未发现有新的活动迹象。断层形态多为压扭性，不易产生向深部渗透的大通道，起隔水作用。不具备诱发中强以上构造型地震构造背景。

（4）阳圩库段周围出露较大面积的石炭系灰岩，从华屯经阳圩到百慢一带，长约8 km。这套岩系中，只在石炭系中统厚层状灰岩中有较大溶洞发育，出露明显的有两层，上层发育在C_2岩层顶部，高程约250 m；下层高程约180 m，更低处零星出露一些小的溶蚀洞穴，顺层面发育，各层间不连接。水库蓄水后，高水位仅淹没下层小溶蚀洞穴。具备发生岩溶型水库诱发地震的条件。

（5）库区地层岩性主要有三叠系中下统砂岩、泥岩，分布面积占60%以上，其次为二叠系、石炭系灰岩、硅质岩和泥岩以及泥盆系的砂岩、泥岩、硅质岩和华力西期的辉绿岩等。库区两岸为中低山地形，山势不高，河谷多为较开阔的"V"形谷。岸坡坡度一般30°～40°，碳酸盐类岩石组成的岸坡较陡，为60°～80°。岸坡以岩质边坡为主，局部为残坡积的含碎石土质边坡。不具备发生浅表微破裂型水库诱发地震的条件。

3.5.3 本工程水库诱发地震预测

3.5.3.1 预测方法

百色水利枢纽水库诱发地震预测方法采用控制地震法（定数法）及相同条件类比法。控制地震法参照我国确定地震基本烈度及进行地震小区划的现行方法和国内外最近发展起来的地震危险性分析方法，并充分考虑到水库诱发地震研究中的最新进展和水库地震自身的特殊规律，使获得的成果能与天然地震危险性评价具有可比性和相近的可信度，从而在坝址地震危险性评价中综合考虑天然地震与水库诱发地震的联合作用。

采用控制地震法（定数法）进行水库诱发地震危险性评价，有如下优点：

（1）结合了工程不同的设计阶段，由浅入深，对不同的设计阶段提出不同的要求。

（2）以定量或半定量的形式来表达结果，便于设计采用。

（3）有很高的安全裕度，能有效地从上限框住水库地震对工程可能造成的极限影响。

（4）估算结果以烈度表示，如果小于该地区的基本烈度，说明水库地震对坝址的影响远小于天然地震，在今后阶段的设计中不需单独考虑；反之，如果估算结果大于或等于基本烈度，则需在下一阶段的设计中做进一步的研究。

3.5.3.2 预测结论

通过对桂西地区的区域地质、地震地质背景和百色水库的具体诱震条件等多方面的分析，得到的初步结论如下：

（1）广西山字形西翼、云南山字形东翼、凭祥—邕宁北东向构造带和北西向红河断裂带等构造带是围限研究区的主要外围构造，它们起屏障、传递大区域应力的作用。上述区域性构造带围限范围内的桂西地区，是一个构造活动性相对较弱的稳定地区。

（2）北西向的乐业—昆仑关褶断带、右江褶断带和那坡—龙州褶断带是桂西地区的主干断裂带，经历过多期构造活动。其中的右江褶断带在喜山运动晚期仍有强烈活动，控制了一系列第三纪断陷盆地的形成。

（3）右江断裂带是一条区域性的盖层大断裂，没有深部错断的背景。对其现代构造活动性进行了资料汇集和多方面的分析研究，认为晚近期以来该带的构造活动明显减弱，以大面积升降为主，差异性断裂活动不明显，工程区内右江断裂带大致自中更新世晚期（25万~35万年前）以来未发生过新的断裂活动。因此，右江断裂带在工程区内虽属于新构造活动断裂带，但不是一条现代活动断层。

（4）八桂断裂是右江大断裂的次级断裂，库坝区F_4等是更次一级的地方性断层，其构造活动性又低于区域性的右江大断裂。从现有资料看，这些断层最迟至中更新世中期（30万~50万年前）已停止活动。它们都不属于现代活动断层。

（5）百色水库地区构造地震活动性背景值极低，有可靠记录的只有两次微震，可以认为基本上属于无震区。

（6）通过对库坝区诱震环境的分区和重点库段诱震条件的分析，并与北西向断裂带上诸多已建水库进行工程类比后可以得出如下结论：百色水库不具备诱发强烈水库地震的条件，诱发弱至中等强度的水库地震的可能性也极小。具体地说，大芭—汪甸库段、坝址区—供屯库段和阳圩库段蓄水后至多发生少量微震（$M_S<3$级），香屯—乐里河—里圩库段由于被淹没的断层线长达22 km，库水深最大可达百米，库面宽度也较大，相对来说，是条件最不利的库段，不排除蓄水后发生个别M_S4级左右弱震的可能性。

（7）考虑到水库诱发地震乃至天然地震的预测问题至今还没有突破性的进展，很多因素有相当大的不确定性，为了便于在可行性研究阶段从上限框算坝区的水库诱发地震危险性，我们按下列极端条件进行了核算：假设自1977年平果地震后，至水库蓄水后15~20年，整个右江断裂带上积累的应变能全部集中在香屯副坝至乐里河一带一次释放（实际上极不可能），可能发生4.8级的地震，这样香屯副坝的地震烈度估计为6度弱，百色坝区的烈度不会超过5度，均远低于国家地震局烈度评审委员会审定的坝区地震基本烈度值（7度），因此无需单独考虑水库诱发地震对坝址的影响。

3.5.4　地震台网设计

水利水电建设史表明，高坝大型水库建成后有可能影响库区及其周边的地震活动性，甚至诱发中等强度以上破坏性地震。许多强度较低的诱发地震虽然不一定会造成水工建筑和发电设施的破坏，但它会影响库区周边社会的安定和引起下游居民的恐慌，进而影响社会稳定、工程施工和安全营运。

考虑到区域构造背景和水库容量为56亿 m^3，水库消落水深达25 m，库岸又有灰岩分布，建设百色水利枢纽遥测地震台网，对水库区地震情况进行监测仍然是十分必要的。

3.5.4.1　台网布设

百色水利枢纽遥测地震台网由5个高灵敏台站、1个信号中继站兼子台和1个台网中心组成，台网采用数字无线遥测方式进行组网，网径东西约22 km，南北约20 km。中继站兼子台设在百林村后山上，台网中心设在百色水利枢纽综合管理大楼内。台网布置见图3-8。

3.5.4.2　地震监测能力

台网在坝区和库首部分库段有效地震监测下限可达M_L0.4级；M_L0.5级地震的监控范围包含了整个拟定的重点监测区；在重点监测区周缘约15 km范围内，有效地震监测下限也可达到0.6 ~ 1.0级；距库区较近的八桂断裂和右江断裂带的地震监控能力可达到0.5 ~ 1.5级。详见图3-9。

3.5.5　地震台网监测成果分析

百色水利枢纽地震台网自2005年1月开始监测至2013年已经持续运行9年，水库水位经历了正常高水位变化（见图3-10），在库区周围10 km范围内共记录地震事件276次（见表3-1）。最大震级M_L3.7，发震时间为2010年10月5日，当时库水库位约215 m，发震地点稍偏库尾的右岸，距库岸约5 km，距主坝坝址直线距离约30 km，震源深度12 km。2007年1月1日于坝下游、距库岸约2.5 km，发生了M_L3.0级地震，震源深度6 km，当时库水位为228 m。库内右江断裂带仅发生一次小于M_L1.0的地震。库内八桂断裂带发生过二次地震，其中一次为2006年12月2日，震级为M_L2.1，震源深度4 km，另一次震级小于M_L1.0。总体与前期水库诱发地震预测结论还是很吻合的。

从地震分布位置看，主要集中在两个区域，一是位于近坝右岸，另一个位于剥隘镇水库两岸（见图3-11）。这两个区域小构造相对比较集中。

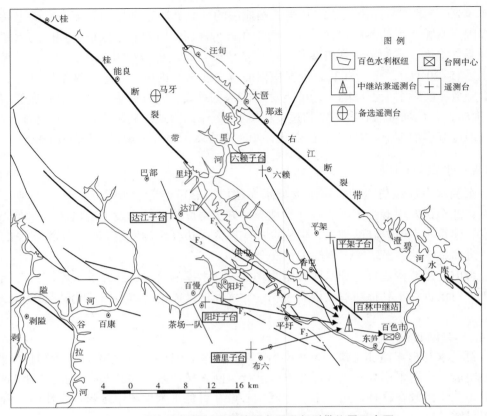

图3-8　百色水利枢纽遥测地震台网及断裂带位置示意图

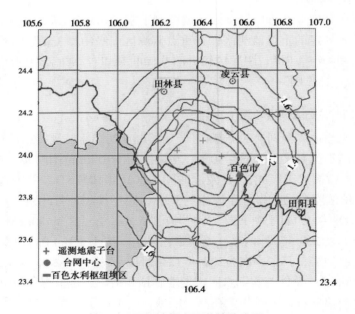

图3-9　百色地震台网监控能力图

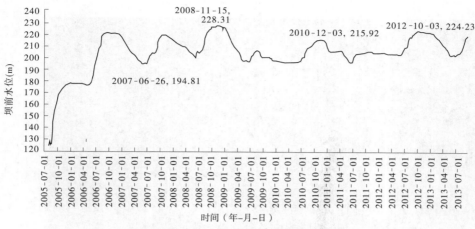

图3-10 百色水利枢纽库水位过程线

表3-1 百色水利枢纽遥测地震台网监测地震频度

统计时段 （年-月）	各震级［M_L］频度 N				频度合计	最大震级
	0.0~0.9	1.0~1.9	2.0~2.9	3.0~3.9		
2005-01 ~ 2005-08	26	50	2	0	78	2.5
2005-09 ~ 2006-06	29	13	0	0	42	1.6
2006-07 ~ 2006-10	17	8	0	0	25	1.9
2006-11 ~ 2007-06	16	16	2	1	35	3.0
2007-07 ~ 2007-10	3	0	0	0	3	0.6
2007-11 ~ 2008-06	6	2	0	0	8	1.3
2008-07 ~ 2008-11	4	1	0	0	5	1.7
2008-12 ~ 2009-06	11	0	0	0	11	0.8
2009-07 ~ 2012-06	27	21	4	1	53	3.7
2012-07 ~ 2012-10	2	3	0	0	5	1.4
2012-11 ~ 2013-05	5	2	0	0	7	1.2
2013-06 ~ 2013-08	0	4	0	0	4	1.3

从地震分布时间看，65%的地震出现在水库蓄水的前两年，之后每年地震次数明显减小。

从地震震源深度（h）看，$0 \leqslant h \leqslant 2$ km的有13次，占4.7%；2 km$< h \leqslant 4$ km的有26次，占9.4%；4 km$< h \leqslant 6$ km的有50次，占18.1%；6 km$< h \leqslant 8$ km的有67次，占24.2%；8 km$< h \leqslant 10$ km的有56次，占20.3%；大于10 km的有64次，占23.2%。

图3-11 百色水利枢纽库区地震震中及震级分布

3.6　水库移民新址工程地质勘察研究

3.6.1　工程概述

百色水利枢纽库区淹没涉及广西、云南两省（区）3个县（区），12个乡（镇），42个村民委，167个自然屯及一个监狱。广西水电院负责广西境内的移民安置工作，珠委设计院负责云南境内的移民安置工作。全库区淹没土地面积20.11万亩，其中，耕地5.95万亩，园地1.03万亩，林地8.81万亩，交通、居民与工矿企业及未利用土地等1.99万亩，水域2.33万亩。库区淹没影响现状调查人口25 657人，至规划水平年需动迁29 080人，需生产安置22 787人。淹没影响的主要集镇有百色市阳圩镇、百色监狱、云南剥隘镇；淹没影响323、324国道62.6 km；淹没影响的主要专项还有通信、输电线路及一批国家测量标志水准点。

经过环境容量分析，库区安置形式主要有县内外迁安置、提高后靠安置、就地生产安置和随镇搬迁安置四种形式。

3.6.2　水库移民选址一般原则

（1）以人为本、合理布局，创造良好居住环境。在符合"原规模、原标准、原功能"原则的基础上，充分考虑居住的需求，根据地形、地貌条件，按功能要求，合理布置建筑物，完善道路系统，合理布置给排水、供电、电信等系统，注重绿化空间和生态环境，满足日照、通风要求，创造良好的居住环境。

（2）因地制宜、统一规划、依山就势、节省投资。山地村镇地势变化大，规划设计应充分利用实际条件，合理规划、布置建筑用地，采取有效手段，避免大挖大填，减少挡护工程，争取更好的经济效益和社会效益。如本工程云南和广西境内各有2个移民村安置新址因场地平整大挖大填而造成边坡失稳。

（3）必须有合适的建设用地容量，并尽可能不占用或少占用耕地。

（4）充分征求地方各级政府及移民的意见，外迁安置点要考虑安置区对当地的影响，在技术可行、经济合理的前提下，统筹兼顾，并合理采纳移民的意见。

（5）在移民迁建城镇选址工作中应重视工程地质勘察的重要作用。新址要尽可能选择地质条件相对较好的场址；若存在环境地质问题的，要从技术和经济条件进行比较确定；一旦环境地质问题过于复杂，技术和经济条件不容许，则规划选址必须以地质条件因素作为决定性条件进行选址。如云南剥隘镇四、七、九片区为顺向坡，地形完整性很差，地下水位较高，在基岩面之上，在前期移民选址阶段，对场址稳定性勘察重视不够，将移民新区布置在上面，结果在库水、暴雨及人类活动等多种因素下造成剥隘镇四、七、九片区出现0.4 km^{2}顺层滑坡，涉及人口约1 000人；为了保证居民生命财产安全，采取了抗滑桩支挡、前缘回填压脚、滑坡体内及侧缘增设地表及地下排水系统等处理措施，还有部分村民进行了二次搬迁，造成了巨大的经济损失。

3.6.3 水库移民新址勘察实践

关于水库移民迁建新址地质勘察工作，在《水利水电工程地质勘察规范》（GB 50487—2008）和《水力发电工程地质勘察规范》（GB 50287—2006）颁布之前没有作任何技术规定，也极少有对移民新址进行过专门工程地质勘察工作。《城市规划工程地质勘察规范》（CJJ 57—94）适用大、中城市规划，而百色水利枢纽水库移民以农村为主，还不能完全按照《城市规划工程地质勘察规范》的要求对新址开展勘察工作。对于生活用水水质，主要依据《生活饮用水水源水质》（CJ 3020—93）标准。

水库移民安置选址是多部门、多专业联合进行的一项工作，首先是当地政府移民部门根据设计院编制的移民安置规划报告，与当地移民一起初步讨论研究提出移民安置去向，然后各专业技术人员对初拟的安置点从地质、建筑、规划各方面对安置点进行土地资源、水源、地质等可行性论证，初步确定安置点。

百色水利枢纽水库移民选址分为总体规划和详细规划两个阶段开展，除规模较大的阳圩镇和百色监狱在可行性研究和初步设计阶段进行了选址外，其他自然屯的选址工作主要在初步设计阶段以后才正式进行。

3.6.3.1 总体规划阶段工程地质勘察

在总体规划阶段，水库移民选址工程地质勘察主要任务是对规划区各场地的稳定性和工程建设适宜性作出评价，为编制总体规划提供工程地质依据。

总体规划阶段工程地质勘察方法主要收集1/200 000地质图、周边已有的勘探资料，进行1/10 000工程地质测绘。地质条件简单的应尽量少布置或不布置勘探工作。地质条件复杂的，布置一定的勘探和试验工作。

在总体规划阶段，移民新址生产和生活用水水源调查也是一项很重要的工作。百色水利枢纽水库移民安置的生产和生活用水水源主要有三种情况：①接已有的自来水；②引山沟水，主要是后靠安置和部分外迁点，其附近的山沟水较多，且地势较高，简单处理后可以自流至新址；③抽河水或库水。

对于生产和生活用水水源是引用山沟水的移民新址，通过调查了解水源及沿途径流环境，通过看、闻、尝的方式初步评价水质情况；水量观测分丰水期和枯水期进行，不少于一个水文年。水源与移民选址关系很大，直接关系到移民新址的投资费用。

3.6.3.2 详细规划阶段工程地质勘察

详细规划实际是一个介于总体规划与建设项目工程设计之间的规划阶段。为满足编制各移民安置点详细规划任务要求而进行的工程地质勘察，其任务主要是在移民新址总体规划的基础上，对规划区内各建筑地段的稳定性作出工程地质评价；并为总平面布置方案和房屋基础设计方案的选择，以及不良地质现象防治方案论证，提供工程地质依据。

详细规划阶段的工程地质勘察方法如下：

（1）工程地质平面测绘，比例尺1/1 000。根据建设区的规划范围图和场地地质条件确定工程地质测绘范围。对查明规划区的地貌单元、地层、地质构造等有重要意义的邻近地段及工程活动引起的不良地质现象的影响范围均进行工程地质测绘。

（2）对存在边坡稳定和库岸稳定的场地应进行工程地质剖面测绘，比例尺 1/1 000，剖面方向垂直边坡或岸坡布置。

（3）勘探：在布置勘探工作前，首先分析已有地质资料和工程地质测绘情况，结合规划布置图的要求，可能存在的主要工程地质问题，然后有针对性地布置勘探剖面，呈网状布置。百色水利枢纽移民搬迁点主要为自然屯，场地范围较小，楼房较矮，一般2～3层，对地基要求低，场地一般属中等复杂场地，勘探线间距75～150 m，勘探点间距40～100 m，每条勘探线上布置2～4个勘探点，勘探深度至少揭穿覆盖层；勘探手段有钻探、手摇钻、井探、坑探等，具体勘探手段是根据各移民安置点的实际情况确定；若场地地质条件简单，表层主要为残坡积层，无不良地质现象时，采用手摇钻或坑探进行勘探；若场地地质条件较复杂，存在软弱土层或不良地质现象时，主要采用钻探或井探进行勘探。

（4）试验：场地地质条件简单，表层主要为残坡积层，建筑地基岩土参数主要采用工程地质类比法提供地质参数；场地地质条件较复杂，存在软弱土层或不良地质现象的应按规范要求取样和试验。对于土质边坡坡高超过5 m的，取原状样进行室内土工试验。对于第三系膨胀性岩土区取样进行常规物理力学试验、膨胀性试验。

（5）水源水文地质工作：百色水利枢纽水库移民的生产和生活用水水源主要有三种情况：①接已有的自来水;②引山沟水;③抽河水或库水。接已有的自来水和抽河水或库水比较简单，关键是引山沟水作为水源勘察难度大。

水量测量：山沟水的水量与位置有关，一般是高程越高水量越小，高程越低水量越大，因此选择合理的量测位置很重要。首先要了解移民点拟建场地的高程，然后选择比拟建场地高30 m左右的水源点位置测量水量，高程测量主要采用GPS定位。水量测量分枯水期、丰水期分别测量，测量时间累计不少于一个水文年。

水质分析：按卫生防疫部门要求进行。

3.6.4 主要工程地质问题简述

百色水利枢纽水库移民新址安置已有8年，绝大部分移民点稳定，但也有少部分安置点出现了一些工程地质问题，主要有：①剥隘镇四、七、九片区滑坡；②场地开挖边坡失稳；③部分新址山沟水源水量变小。

3.6.4.1 剥隘镇四、七、九片区滑坡

剥隘镇四、七、九片区滑坡治理工程位于剥隘镇水厂以下及甲村以上边坡地带。滑坡前缘临江，地面高程205～217 m，后缘至水厂，高程400～415 m。平面上窄下宽，前缘宽约570 m，后缘宽约250 m，滑坡体长约800 m，分布面积约0.4 km²，滑体厚度25～64 m，平均厚度40 m，体积约1 600×10⁴ m³。

剥隘镇四、七、九片区滑坡体上分布有打工村、百松村、百旦村、东楼村、农芽村、甲村与镇供水厂、移民指挥部、博爱大街南段、屠宰厂、中心卫生医院、客运站等多个企事业单位，民房213栋（不含医院、客运站与屠宰厂），建筑面积数万平方米，人口800～1 000人。

2008年10月上旬至11月，受长时间强降雨影响，剥隘镇移民新址九片区和七片区地表发生变形，四片区边坡后缘和地表也产生新的变形，致使位于滑坡体上的居民房屋产生变形和开裂，并经地方有关部门鉴定为危房。滑坡治理前，为了保证当地居民的生命财产安全，政府有关部门对位于滑坡体内的部分居民危房进行了搬迁。通过治理后，滑坡体上部（后缘）居民仍不愿意居住，于是又进行了二次搬迁。

1. 地质条件

冲沟主要有3条，分别为北侧6号冲沟、中部7号冲沟、南侧10号冲沟，冲沟总体走向100°～130°，望江路以上冲沟切深较小，一般为4～7 m，望江路以下地段切深较大，一般10～20 m。7号沟与10号沟之间、七片区前缘以下为斜坡地形，总体坡度为17°，临库一带地形相对较陡，地形坡度为15°～25°。四片区与九片区之间（博爱大街与迎宾路之间）为斜坡地形，地形坡度为20°；甲村前缘临库一带地形相对较陡，坡度为20°～35°。

残坡积层厚度一般为2.5～13.8 m。下伏基岩为三叠系百蓬组极薄—中厚层状粉砂质泥岩，局部夹粉砂岩。局部有基岩出露。

区内褶皱、层间剪切带及裂隙均发育。剥隘镇四、七、九片区位于百峨褶皱群南侧，那律褶皱北侧之间地段，总体为单斜岩层，岩层倾向140°～200°，倾角20°～40°，为顺向坡。据钻孔岩芯资料统计，33个钻孔共38次揭露层间剪切带，质软，多呈土状，厚度几厘米至数十厘米不等，对场地斜坡稳定性分析构成控制性地质层。

场区虽然集水面积不大，但由于下部基岩透水性很小，属相对隔水层，局部低洼地带经常有积水。

2. 滑坡体特征

剥隘镇四、七、九片区滑坡为一多序次大型顺层基岩滑坡。前缘临库地面高程205～217 m（剪出口高程200～215 m）；后缘至水处理厂，高程400～415 m，北侧以6号冲沟为界，南侧以10号冲沟为界。

滑坡平面上窄下宽，前缘宽约570 m，后缘宽约250 m，滑坡体长约800 m。滑坡分布面积约0.4 km²，滑体厚度25～64 m，平均厚度40 m，体积约$1\,600\times10^4$ m³。

滑坡区地形地貌总体表现为斜坡与缓台、斜坡与冲沟相间展布特点：

缓台（地面坡度7°～10°）主要有3个，分别为甲村缓台、七片区缓台、九片区缓台。缓台区均为居民区，房屋密集，分布有多个居民点及企事业单位，民房213栋。

根据地形地貌、物质组成与地质结构等差异，剥隘镇四、七、九片区滑坡可大致分为三个序次：

第一序次滑坡范围为四、七、九片区，以及望江路以下7、10号沟之间斜坡，其滑坡主滑方向约110°，前缘剪出口高程202～215 m。其中第一序次四、九片区滑坡大多又随第二序次解体下滑至甲村一带，现今四、九片区的滑体上保留有明显的滑坡后壁地形特征，滑体厚度也明显变薄，第一序次滑坡残留体积约$1\,060\times10^4$ m³。

第二序次为甲村滑坡，其滑坡主滑方向约85°，前缘临库高程205～212 m（剪出口高程200～212 m），后缘位于博爱大街一带（高程约310 m），北侧以6号冲沟为界，南侧以7号冲沟为界，分布面积约0.1 km²，体积约440×10⁴ m³。

第三序次为发生于甲村滑坡前缘的次生解体，其滑坡主滑方向约85°，后缘高程约260 m，前缘临库高程202~210 m（剪出口高程与第二序次相当），该序次滑坡面积0.04 km²，体积约100×10⁴ m³。

3.成因分析

主要有四个原因：一是地形地质条件不利，为顺向坡，地形坡度与岩层坡度基本一致，都在20°~30°范围，岩性以泥岩为主，且层间泥化夹层发育。二是移民搬迁后分布有多个居民点及企事业单位，民房213栋，增加了斜坡上的荷载。三是2008年10月上旬至11月，受台风影响，出现长时间强降雨，造成残坡积与下部基岩接触带土体及层间泥化夹层软化。四是滑坡前缘临江，地面高程205~217 m，2008年11月，库水位蓄至228 m左右，下部土体泡水软化，强度降低。

以上四个原因综合作用后造成边坡滑坡。

4.滑坡体处理

布置抗滑桩进行支挡，在七号沟及甲村前缘进行了回填压脚，并在滑坡体内及侧缘增设了地表及地下排水系统。经处理后，滑坡整体稳定。

3.6.4.2 场地开挖边坡失稳

部分移民点场地开挖边坡出现失稳，见图3-12。主要有以下几个原因：

边坡滑坡

坡顶水池漏水造成坡顶积水

浆砌石挡墙砂浆很不饱满

土质场地及土质边坡未及时封闭

图3-12 移民村开挖边坡失稳照片

（1）开挖边坡高陡，有的未及时进行支护，有的支护措施不够，有的浆砌石挡墙施工质量差等。

（2）未详细查明坡体岩土物理力学性质。

（3）有的将生活水池布置在开挖边坡上部，管理不善，池水外流，出现边坡土体饱和，强度降低。

（4）坡顶排水天沟质量较差，没有真正起到拦截山坡地表水的作用。

（5）坡顶平台场地没有硬化处理，生活水大量下渗，降低场地土体强度。

3.6.4.3 部分新址山沟水源水量变小

拟定的移民安置点是否可行，主要取决于该点附近是否有水量满足设计要求，水质是否符合《生活饮用水水源水质》标准。对于城镇移民安置点，一般都修建供水系统，生活和生产用水一般不会出问题。而农村移民安置点一般选择山沟溪流作为水源，特殊情况才选择库内抽水。有几个移民点实施几年后出现枯水年或枯水季节水量变小，不满足生产生活用水需求现象。其主要原因有以下两个方面：

（1）水文观测时间短，只对水源点进行了一个水文年的观测，其成果不具代表性，因而不能准确判定枯水年或枯水季节的水量。

（2）植被变化。原来的水源林被破坏严重，造成径流量减小。

为了尽量避免此类问题发生，应进行更长时间的水量观测，对拟选择水源水量必须有足够的安全裕度，并尽可能选定备用水源，以防患于未然。

第4章　RCC主坝工程地质研究

4.1　概　述

百色水利枢纽RCC主坝布置在宽度有限、斜交河床、两侧存在工程地质性状较差的蚀变带、硅质岩、泥岩的辉绿岩体上，而且受河床F_6及两岸F_{15}、F_{16}等近于垂直辉绿岩走向的北东向断层及数组不同方向节理裂隙的切割，不同部位辉绿岩体的风化深度和完整性差异显著。为了科学合理确定坝线位置，评价大坝抗滑稳定、坝基变形及渗透稳定，制定科学的处理措施，在前期勘察设计及施工阶段，针对性地开展了系统的工程地质研究，取得了丰富的成果，为制订处置设计方案提供了完整准确的地质资料。工程运行及变形观测数据表明，所开展的工程地质研究成果正确，据此制定并实施的处置措施科学合理，工程达到了设计目标。

4.2　辉绿岩工程地质特性

4.2.1　地层岩性与空间分布

4.2.1.1　辉绿岩（$\beta_{\mu 4}^{-1}$）

辉绿岩体是坝址出露宽度最大、工程地质性状最好的岩体。河床部位的水平宽度为140~145 m。$\beta_{\mu 4}^{-1}$辉绿岩体侵入泥盆系地层内，与两侧岩层平行展布并同步褶皱。岩墙产状较为稳定，走向N50°~70°W，倾向SW，倾角50°~60°。河床部位岩层走向与河流呈65°交角，倾向下游偏右岸；左岸辉绿岩体延伸方向与河岸基本垂直；右岸则沿着右Ⅳ沟左侧山梁向上游延伸。

辉绿岩主要由斜长石与辉石及其蚀变物绿泥石、黝帘石等矿物组成。其中，斜长石占27%~51%，呈板条状或半自形板条状，粒度（0.01×0.05~0.2×1）mm至（0.5×2.5~1.5×5）mm，颗粒内其裂隙中有绢云母、黑云母、黝帘石、绿帘石等蚀变物；辉石占20%~47%，呈他粒状，粒度0.2~8 mm，多为1~2.5 mm，内部裂纹较发育，有的已蚀变成阳起石、纤闪石、黑云母、绿泥石等；绿泥石、黝帘石等矿物占1%~15%。两岸辉绿岩斜长石与辉石的含量不同，左岸辉绿岩斜长石的含量是辉石的2倍，而右岸辉石的含量较高，约为斜长石的1.5倍。大部分岩石属变余嵌晶含长结构，新鲜岩石也已发生轻微蚀变，但仍有大量辉石、斜长石残留。

坝区辉绿岩的化学成分见表4-1，从表中看出，除Fe_2O_3含量比其他工程偏高，其他成分与国内其他地区的同类岩石基本相同。

表4-1　坝区及国内部分地区辉绿岩的化学成分

样品来源	化学成分（%）									
	Loss	SiO_2	Al_2O_3	Fe_2O_3	CaO	MgO	SO_3	K_2O	Na_2O	TiO_2
本工程	2.00	45.31	14.80	14.62	9.48	6.29	0.14	0.95	2.82	2.51
云南*		47.35	13.42	1.57	9.89	5.97		0.85	3.95	1.60
河南*		50.44	15.17	4.90	9.05	8.16		0.22	4.14	0.95

注：*数据源自《岩石学简明教程》。

4.2.1.2　硅质岩（D_3l^3、D_3l^4）

硅质岩处在辉绿岩的上下两侧。辉绿岩下伏岩层为泥盆系上统榴江组D_3l^3硅质岩层，此层厚度20~23 m，为灰黑色薄—中厚层状含黄铁矿硅质岩，强风化岩体内小孔洞发育。其下为D_3l^{2-2}薄层—中厚层状含黄铁矿晶体硅质泥岩，强—弱风化岩体孔洞发育（左岸较右岸发育），沿层面呈串珠状分布。

辉绿岩上覆岩层为泥盆系上统榴江组D_3l^4硅质岩层，此层呈灰黑色薄—中厚层状，含黄铁矿。强风化岩体内黄铁矿风化形成的小孔洞发育。此层风化强烈，深度较大。

4.2.1.3　接触蚀变带（S_1、S_2）

辉绿岩与上下硅质岩接触面蚀变严重，风化强烈，岩体破碎，形成具有一定规模的软弱层带。按所在位置，分别称为上游（下）接触蚀变带（S_1）和下游（上）接触蚀变带（S_2）。各接触蚀变带又可细分为内蚀变带、接触带和外蚀变带。

S_1：内蚀变带宽度一般0.5~3 m，局部4~6 m，岩石颜色变浅、大理岩化，为变余辉绿结构或他形粒状结构，矿物成分以方解石为主，占74%~79%；接触带一般表现为裂隙状或挤压带状，宽度一般1~5 cm，局部10~20 cm，充填泥夹岩屑或石英脉；外蚀变带主要表现在硅质岩的矽卡岩化，经热液变质作用后，硅质岩的层厚增加，整体性状变好。

S_2：具有微切层现象，内蚀变带明显，其特征与S_1基本相同，外蚀变带不明显。在110 m高程以上和向岸里延伸200 m范围内，全强风化内蚀变带宽度一般为0.5~6 m。

接触蚀变带的宽度及性状随着高程的降低和向岸里的延伸逐渐减小和变好。

各主要岩层的空间关系见图4-1。

4.2.2　岩体构造特性

坝址位于坡平顶背斜南西翼和F_4断层上盘，岩层产状较为稳定，为N50°~70°W，SW∠38°~60°，走向与河流呈55°~65°交角，倾向下游偏右岸。

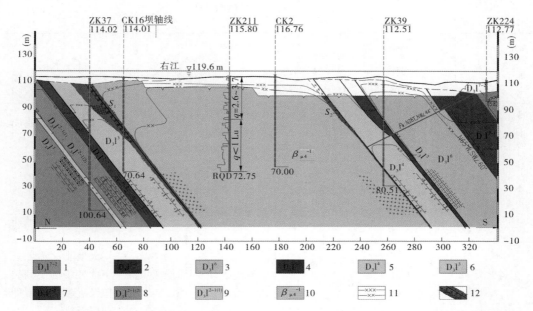

1—泥岩,局部为钙质泥岩；2—泥岩与含铁锰泥岩互层；3—泥质灰岩；4—硅质岩；5—含黄铁矿硅质岩；

6—含黄铁矿硅质岩；7—含黄铁矿晶体硅质岩；8—含黄铁矿晶体硅质泥岩；9—硅质岩；10—辉绿岩；

11—上.强风化下限,下.弱风化下限；12—接触蚀变带

图4-1 河床地质纵剖面

4.2.2.1 坝基岩体结构面分级

根据坝基断层、裂隙及构造蚀变发育情况及其对坝基岩体的影响程度,可把坝基岩体结构面分成4级,各级结构面的工程特性及其影响见表4-2。

4.2.2.2 坝基断层发育特点

坝基共发育大小断层10条,其特征见表4-3。

从表4-2可以看出,坝基绝大部分断层为北东走向,倾向北西、南东的各占50%,均以中陡倾角为主。这些断层中,只有F_6断层贯穿整条辉绿岩墙,其余断层切入辉绿岩的宽度占辉绿岩宽度的1/2~1/3。F_{28-1}、F_{28-2}属于坝址上游F_4断层的次级断裂,为微切层断层,其产状与外侧沉积岩产状接近,属岩层褶曲所致。

规模较大的几条断层、蚀变带特征如下:

(1)构造蚀变带f_{S5}:斜穿整个1A#坝基(从1A#的上游中部斜穿至左下角),产状为N20°~40°E,NW∠62°~85°,蚀变带宽3.6~7.0 m,总体为上下游窄,中间宽,蚀变带内岩石呈肉红色、深灰色及灰白色,岩石强度一般,局部锤击声哑。裂隙面多锈染,局部充填方解石,胶结较好。

(2)F_7断层:斜穿整个2A#坝基,产状为N35°~45°E,SE∠75°~85°,蚀变带宽0.3~3.0 m,总体为上游侧窄,下游侧宽,蚀变带内主要发育一组产状为N25°~35°E,NW∠85°~90°裂隙,裂隙间距0.05~0.2 m,裂面起伏粗糙,长3~8 m,裂隙充填物主要为方解石,呈细脉状,局部为透镜状。蚀变带内岩石呈浅灰绿色,强度较辉绿岩稍

表4-2　坝基岩体结构面分级

级别	名称	规模				结构面工程特性及处理原则	主要断裂
		长度（m）	宽度（m）	夹泥（m）	影响带（m）		
Ⅰ	贯穿性断层	>200	0.5～2	0.1～0.3	3～5	贯穿性好，构成坝基岩体力学作用边界，此类结构面需要专门研究和重点处理	上、下接触蚀变带，F_6断层
Ⅱ	一般断层	数十米	0.1～0.4	0.01～0.1	0.3～3.5	宽度较小，荷载作用下变形量不大，工程上需进行深挖回填混凝土，锚固或灌浆等处理	F_{15}、F_{16}、F_{45}、F_{46}、F_{47}等
Ⅲ	小断层或大裂隙	数米至数十米	0.01～0.1	<0.01	<0.5	规模小，局部深挖回填混凝土处理	大型蚀变裂隙、近下蚀变带的反倾裂隙及近上蚀变带的似层面裂隙
Ⅳ	细小裂隙	<10	<0.01	—	—	随机分布的各组硬性结构面，其影响岩体的质量，一般无需专门处理	

低，裂隙面多渲染呈黄褐色，局部有溶蚀现象。

（3）F_{46}断层：位于4B#坝块上游部分靠近5#坝块，产状为N25°～30°E，SE∠55°～65°，为构造蚀变带，即往下伸入5#坝块，上游段蚀变带较宽，为2～4 m，下游段较窄，为0.2～0.5 m，蚀变带内岩石呈浅灰绿色，强度较低，蚀变带内裂隙面多渲染呈黄褐色，充填全强风化岩屑及泥质。

（4）F_6断层：位于6A#坝块内，产状为N14°～20°E，SE∠70°～85°，从上游至下游贯穿整个坝基，带宽3.7～5 m，断层带起伏弯曲，为褐黄色、浅灰色蚀变辉绿岩，强度低，透水性为弱。两侧影响带岩体较破碎。

4.2.2.3　坝基岩体裂隙发育特点

坝区辉绿岩岩体裂隙一般短小而相对密集，按节理走向和倾向可分为四组，其中第Ⅱ组和第Ⅳ组按倾角大小又分两个亚组，见表4-4。节理极点投影图和等密度图如图4-2和图4-3所示。

坝基裂隙量测结果显示，坝基辉绿岩各个方位的裂隙均有发育，裂隙发育具有明显的不均一性和相对集中性，不同部位裂隙发育程度不同，同一组裂隙有的部位发育，有的部位不发育，且产状也不太稳定。靠近上游接触蚀变带20～30 m范围内以第Ⅳ组裂隙为主，靠近下游接触蚀变带20～30 m范围内以第Ⅰ组裂隙为主，其余部位第Ⅰ、Ⅱ、Ⅲ组裂隙较发育。

表4-3 坝基主要断层特征

断层编号	产状	破碎(蚀变)带宽(m)	影响带宽(m)	断层性质	充填物特征
F_6	N14°~20°E,SE∠70°~85°	2~4		张扭	辉绿岩部位钻孔岩芯为灰白色粉状砂粒状岩屑及岩块,个别钻孔有棕褐色断层泥。岩矿鉴定表明,灰白色砂粒状物质为斜黝帘石
F_7	N40°E,SE∠80°	0.8		张扭	辉绿岩破碎角砾,方解石脉网状充填,沿断层带局部有孔洞发育
F_{15}	N38°E,NW∠60°~70°	0.2~0.25	0.3~0.4	张	充填铁质淋滤透镜体、角砾碎块和铁锰质风化物、泥膜等。影响带宽0.3~0.4 m,低速带宽9.5 m,$V_p=3\,360$ m/s(两侧$V_p=4\,657~5\,700$ m/s)
F_{16}	N40°E,NW∠85°	0.1~0.4	3.5	张	充填围岩碎屑及褐黄色黏土,影响带宽3.5m,$V_p=1\,800$ m/s(两侧$V_p=4\,770~5\,930$ m/s)
F_{28-1}	N38°~40°W,SW∠57°~63°	0.5~1.0	1~3	压扭	断层糜棱状角砾夹硅质岩或辉绿岩碎块及断层泥、黄色砂质黏土,岩石强烈风化,F_{28-2}交于F_{28-1}
F_{28-2}	N50°W,SW∠62°	0.5~0.6			
F_{45}	N25°~30°E,NW∠75°~85°	0.2~0.35	2.0	张扭	破碎角砾、糜棱岩、褐黄色泥质、铁锰质等,胶结差,易崩解。影响带宽2.0 m,$V_p=2\,000$ m/s(两侧岩体$V_p=3\,230~5\,450$ m/s)
F_{46}	N25°~30°E,SE∠55°~65°	0.5~4.0		张扭	主要为蚀变辉绿岩,呈黄色、灰白色,强度极低,下游段大部分充填方解石脉,方解石脉与两侧灰绿岩之间夹灰白色蚀变辉绿岩
F_{47}	N30°E, SE∠80°	0.35		张扭	糜棱岩、含少量泥
F_{55}	N20°~40°E,NW∠62°~85°	3.6~7.0		构造蚀变	见下文

4.2.3 辉绿岩风化特性

4.2.3.1 一般特点

辉绿岩风化受构造、地下水和地形控制,具有以下几个特点:

(1)一般地形较缓部位岩体风化深,如右岸地形坡度20°,强风带埋深7~36 m;

表4-4 坝基辉绿岩裂隙特征

组别		产状	长度（m）	间距（m）	结构面及充填物特征
I		N60°~75°W，SW∠45°~65°	一般5~8 m，少数12~15 m	0.2~0.6	与两侧沉积岩产状基本一致，规模较大，但多被走向为NE的裂隙切割，裂面平直粗糙，多数充填1~2 mm厚的岩屑与解石
II	II₁	N50°~70°W，NW∠45°~85°	一般8~10 m，少数15~20 m	0.4~1.0	裂面平直粗糙，有近水平向擦痕，多数充填方解石脉及全蚀变石榴石矽卡岩，多数充填岩屑
	II₂	N30°~60°W，NW∠15°~30°	一般3~5 m，少数8~15 m		裂面平直粗糙，多数充填方解石脉或闭合无充填，少数充填岩屑和辉绿岩
III		N0°~30°W，SE∠50°~85°	一般3~5 m，少数8~15 m	0.1~0.6	裂面平直粗糙，有近水平向擦痕，多数充填方解石脉及全蚀变石榴石矽卡岩，少充填岩屑
IV	IV₁	N30°~60°W，NE∠35°~60°	一般3~5 m，少数8~10 m	0.2~0.6	裂面平直粗糙，多数充填方解石脉、岩屑，少数充填1~2 mm厚的绿泥石、绿帘石
	IV₂	N30°~60°W，NE∠15°~30°	一般3~5 m，少数10~20 m		裂面平直粗糙，多数充填方解石脉或闭合无充填，少数充填岩屑和辉绿岩

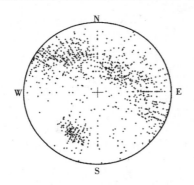

图4-2 节理极点投影图

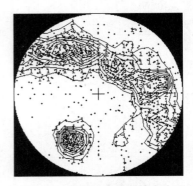

图4-3 节理极点投影等密度图

地形较陡部位岩体风化浅，如左岸地形坡度24°~38°，强风化带埋深2~11 m。

（2）构造蚀变风化较为普遍、深度较大。如断层F_6、F_{15}、F_{16}、F_{45}等断层破碎带及影响带的风化深度远远大于两侧未受断层影响的岩体；裂隙密集带的风化也较两侧岩体强烈。

（3）受热液蚀变、构造挤压、地下水等因素作用，上、下盘沉积岩的接触蚀变部位的岩体风化深度较大。

4.2.3.2 辉绿岩风化特性

1.风化带的划分

坝区辉绿岩风化特征明显，各风化带界线清晰。坝区辉绿岩各风化带及地质特征见表4-5。

表4-5 辉绿岩风化带的地质特征

风化带	主要地质特征	风化岩与新鲜岩纵波速之比
全风化	①全部变色,光泽消失 ②岩石的组织结构完全破坏,大部分已崩解和分解成松散的土状或砂状,仍残留有原始结构痕迹,局部风化球核心保持原有颜色 ③除石英颗粒外,其余矿物大部分风化蚀变为次生矿物 ④锤击有松软感,出现凹坑,矿物手可捏碎,用锹可以挖动	<0.33
强风化	①岩石表面大部分变色,大岩块核部保持原有颜色 ②岩石组织结构基本清晰,但大多数裂隙已风化,裂隙壁风化剧烈,宽一般5~10 cm,大者可达数十厘米,有时含大量次生夹泥 ③锤击哑声,岩石大部分变酥,大岩块核心部分较坚硬完整 ④上部可用勾机开挖,下部需用爆破	0.33~0.57
弱风化	①岩石表面或裂隙面大部分变色,断口色泽新鲜 ②岩石原始组织结构清楚完整,沿部分裂隙风化,裂隙壁风化较剧烈,宽一般1~3 cm ③沿裂隙铁镁矿物氧化锈蚀,长石变得浑浊、模糊不清 ④锤击发音较清脆,开挖需用爆破	0.57~0.73
微风化	①岩石表面或裂隙面有轻微褪色 ②岩石组织结构无变化,保持原始完整结构 ③大部分裂隙闭合或为钙质薄膜充填,仅沿大裂隙、断层有风化蚀变现象,或有锈膜浸染 ④锤击发音清脆,反弹强烈,开挖需用爆破	0.73~0.9
新鲜	①保持新鲜色泽,仅大的裂隙面偶见轻微褪色 ②裂隙面紧密,完整或焊接状充填,仅个别裂隙面有锈膜浸染或轻微蚀变 ③锤击发音清脆,开挖需用爆破	>0.9

2.风化带的波速特征

利用勘探平硐、钻孔对辉绿岩岩体进行了系统的声波、地震波测试。测试成果基本反映了各类风化岩体的宏观地质特征,得出坝基岩体风化带与纵波速度的关系,见表4-6。

3.坝基岩体的风化深度

左岸地形较陡,岩体风化深度较小,全、强、弱风化带厚度分别为1~8 m、2~11 m、6~22 m;右岸地形较缓,岩体风化深度较大,全、强、弱风化带厚度分别为2~19 m、7~36 m、10~53 m;河床断层发育区域岩体风化深度较大,其余区域风化深度较小,无全风化岩体,强、弱风化带厚度分别为2~7 m、3~21 m。

表4-6 辉绿岩风化带与纵波速度对比关系

风化状态	岩体纵波速度 V_p(m/s)	新鲜岩块纵波速度 V_p(m/s)	风化岩与新鲜岩纵波速之比	岩体完整性系数
全风化	<2 000		<0.33	<0.11
强风化上部	2 000~2 500		0.33~0.41	0.11~0.17
强风化下部	2 500~3 500	6 100	0.41~0.57	0.17~0.33
弱风化	3 500~4 500		0.57~0.73	0.33~0.53
微风化	4 500~5 500		0.73~0.90	0.53~0.81
新鲜	>5 500		>0.90	>0.81

4.2.4 辉绿岩物理力学特性

4.2.4.1 岩石物理力学性质及强度特性

1.辉绿岩的物理力学性质

辉绿岩的物理力学性质试验成果见表4-7。

表4-7 主要岩石物理力学性质试验成果汇总

岩性	物理性质				抗压强度(MPa)				抗剪断强度		
	组数	容重(g/cm³)	比重(g/cm³)	吸水量(%)	组数	干燥	饱和	软化系数	岩/岩		
									组数	f'	C'(MPa)
辉绿岩(微风化)	14	2.94~3.06	3.02~3.12	0.03~0.37	9	165~256	94~199	0.57~0.99	4	1.44~1.48	2.8~3.67
辉绿岩(弱风化)	8	2.96~3.03	3.0~3.14	0.05~0.36	4	84~241	63~228	0.73~0.95	2	1.41~1.46	2.4~2.9

2.辉绿岩岩体的抗剪强度特性

（1）岩体和结构面的强度特征。岩体的抗剪断试验部位属碎裂结构岩体，共进行了2组，一组在右岸平硐内，一组在开挖后的坝基建基面上，后者受开挖爆破影响及制样扰动，试验结果已不能反映坝基岩体的真实强度。岩体及结构面的抗剪试验结果如表4-8、表4-9所示。

表4-8 碎裂结构辉绿岩抗剪试验成果

试验位置	抗剪断强度		抗剪强度	
	f'	C'(MPa)	f	C(MPa)
右岸平硐	1.05	0.45	0.93	0.37
坝基			0.79	0.7

表4-9　辉绿岩结构面抗剪试验成果

结构面特征		抗剪强度	
产状	充填物	f	C(MPa)
N55°W,NE∠34°	面光滑,充填墨绿色绿泥石、绿帘石,厚0.5~1.5 cm	0.23~0.28	0.08~0.10
N50°~75°W,SW∠50°~58°	充填方解石脉,裂面有绿泥石膜	0.51	0.14
N10°~50°E,SE 或 NW∠56°~87°	裂隙宽0.05~3 cm,充填物主要为矽卡岩,裂面有蚀变绿泥石膜	0.52	0.18

（2）混凝土与岩体抗剪断强度。混凝土/辉绿岩的抗剪断试验共9组，均在坝基的 $\beta_{\mu4}^{-1}$ 辉绿岩体内，成果列于表4-10。试验地点分布于左岸PD11#、PD21#、PD206#硐和右岸PD19#、PD18#、PD202#硐，在高程上分属130~140 m和170~180 m两层。试验采用的混凝土为200#（下同），与大坝垫层相同。试验岩体的风化状态分弱风化和微风化，但试验得出的成果基本一致，主要是岩石（体）强度高于混凝土强度，试验岩体（坝区岩体）中的裂隙又为硬性结构面，倾角中、陡，与试验水平推力交角较大，因此裂隙稍有张开和壁面风化物厚度的变化（数毫米至数厘米），对试验成果值影响不大或不明显。

采用算术平均法、图解法和优定斜率法三种分析方法对混凝土与辉绿岩抗剪强度进行了统计分析，摩擦系数（f'）相差不大,在1.15~1.23；但黏聚力（C'）相差较大，在0.9~1.3，其中优定斜率法最小，详见表4-10。考虑到百色水利枢纽坝基辉绿岩岩体以镶嵌结构为主，并根据水利部水利水电规划设计总院地质专家的建议，最终采用优定斜率法确定混凝土与辉绿岩岩体抗剪强度标准值；按照优定斜率法的取值原则，硬质岩体的黏聚力标准值宜取下限值，软质岩体的黏聚力标准值可在下限值与平均值之间选取。由于辉绿岩为坚硬岩石，黏聚力标准值取下限值，即取$f'=1.19$，$C'=0.9$ MPa作为混凝土与辉绿岩岩体抗剪强度标准值。

3.辉绿岩的变形特性

在可行性研究阶段和初步设计前期，辉绿岩变形试验的施力方向均为铅直向，试点只分风化状态，未分岩体结构类型。初步设计后期在PD206#平硐内，对同属微风化状态下的辉绿岩，按不同结构类型进行试验。即分碎裂结构、镶嵌结构和次块状结构，分别进行试验。坝基开挖至建基面后，为了复核河段坝段不同岩体结构类型的变形模量，又布置了14点承压板变形试验。在辉绿岩体中一共进行了28点承压板变形试验，成果见表4-11。

E_{H-7}与E_{H-8}是在常压3.5 MPa后继续加压到15 MPa的高应力静弹试验点，为研究在围岩15 MPa切向应力时的变形情况而设置的。对位于镶嵌—次块状结构岩体上E_{H-7}点，在$P=3.5$ MPa以前，岩体变形较小，模量较大，说明岩体本身的结构力具有抵抗一定外荷的能力，随着压力升高，模量值急剧降低，外荷克服其结构力后，岩体发生较大变形（包括裂隙压密），以后才趋稳定，当压力$P>3.5$ MPa后，岩体承受外荷的能力才真正发挥出来，模量有缓慢渐增的趋势。而对于E_{H-8}点，由于在碎裂结构岩体上，岩体本身的结构力很低，难于抵抗初始外荷，因此低压力时就有较大的变形量，当压力$P>3.5$ MPa后，岩体压密后才有模量值逐渐增加的情况。

表4-10　辉绿岩野外抗剪断试验成果汇总

序号	编号	试验位置		风化程度		抗剪断		抗剪峰	
		岸别	硐号及深度	状态	试段硐壁波速 V_p（km/s）	f'	C'（MPa）	f	C（MPa）
1	τ_{A-2}	左岸	PD11#11.2～16.6 m	弱风化	4.0～4.3	1.12	1.3	0.96	1.15
2	τ_{A-1}		PD11#19～24.5 m	微风化	4.5～5.6	1.15	1.00	1.00	0.90
3	τ_{A-3}		PD21#8.3～23.3 m		4.5～5.2	1.20	1.65*	1.03	1.25*
4	τ_{VI}	右岸	PD206#37 m 处的试硐	弱风化	3.09～3.38	1.12	1.25	0.91	0.94
5	τ_{A-5}		PD19#26～38 m		2.8～4.1	1.23	0.95	0.91	0.85
6	τ_{A-6}		PD19#80.5～87 m	微风化	5.1	1.31	1.05	1.05	1.05
7	τ_{b-4}		PD202#7 m 处试硐	弱风化	3.5～4.5	1.33	1.30	0.95	0.91
8	τ_{b-3}		PD202#14 m 处试硐		3.5～4.5	1.35	1.20	0.99	1.10
9	τ_{A-4}		PD18#58～68 m		1.4～5.8	1.28	1.80*	1.09	1.40*
算术平均法		平均值				1.23	1.15	0.99	0.96
		小值平均值				1.15	1.00	0.93	0.90
图解法		平均值				1.19	1.30	1.00	1.00
		小值平均值				1.15	1.10	0.93	0.95
优定斜率法		下限值				1.19	0.90	1.00	0.71

注：带"*"者不参加平均值计算。

表4-11　辉绿岩承压板变形试验成果汇总

序号	试点编号	风化程度	波速（km/s）	岩体结构	变形模量（GPa）	弹性模量（GPa）	试验位置
1	E_{A-16}	强风化	1.3		0.94	1.91	PD18#硐48.5 m
2	E_{-5}	微风化	2.8	碎裂结构	1.38	3	PD206#里侧支硐11.8 m
3	E_{-4}	微风化		碎裂结构	1.95	4.17	PD206#里侧支硐4.6 m
4	E_{H-8}	微风化	4.17	碎裂结构	4.49	6.79	PD206#里侧支硐4.0 m
5	E_{3-7}	微风化		碎裂结构	1.77	3.02	6A坝基、F6断层旁
6	E_{3-6}	微风化	3.2～4.3	镶嵌结构	2.79	5.86	7B坝基
7	E_{3-8}	微风化		镶嵌结构	3.94	6.39	6A坝基、F6断层旁
8	E_{3-3}	微风化	2.9～4.1	镶嵌结构	4.63	6.85	6B坝基
9	E_{3-2}	微风化	3.4～4.5	镶嵌结构	4.73	11.26	6B坝基

续表 4-11

序号	试点编号	风化程度	波速（km/s）	岩体结构	变形模量（GPa）	弹性模量（GPa）	试验位置
10	$E_{3-4'}$	微风化	3.2~4.5	镶嵌结构	4.88	8.31	7A 坝基
11	E_{3-5}	微风化	3.4~3.7	镶嵌结构	8.28	20.3	6B 坝基
12	$E_{3-3'}$	微风化	2.9~4.1	镶嵌结构	5.06	8.26	6B 坝基
13	E_{3-1}	微风化	3.8~4.5	镶嵌结构	6.0	8.66	7A 坝基
14	$E_{3-1'}$	微风化	3.8~4.5	镶嵌结构	5.03	16.89	7A 坝基
15	$E_{3-2'}$	微风化	3.4~4.5	镶嵌结构	5.32	13.9	6B 坝基
16	E_3-4	微风化	3.2~4.5	镶嵌结构	5.96	12.2	7A 坝基
6~16 项平均值					5.14	10.8	
17	E_{A-14}	弱风化	3.5	镶嵌结构	5.8	13.46	PD11# 硐 10 m
18	E_{A-15}	微风化	3.5	镶嵌结构	7.76	13.46	PD11# 硐 12 m
19	E_{A-13}	微风化	4.5	镶嵌结构	7.16	13.81	PD11# 硐 25 m
20	E_{-6}	微风化		镶嵌结构	9.3	16.31	PD206# 里侧支硐 12.0 m
18~20 项平均值					8.07	14.5	
21	E_{3-9}	微风化	2.0~3.7	次块状	5.86	7.96	4B 坝基
22	E_{3-10}	微风化	2.5~3.5	次块状	8.04	9.34	4B 坝基
21~22 项平均值					6.95	8.65	
23	E_{-3}	微风化	3.6	次块状	14.79	19.38	PD206# 里侧支硐 26.6 m
24	E_{H-7}	微风化	4.8	次块状	13.27	26.34	PD206# 硐 142.9 m
25	E_{-1}	微风化	4.5	次块状	18.4	38.38	PD206# 外侧支硐 9.0 m
23~25 项平均值					15.49	28.03	
26	E_{04}	微新	5.1	次块状	21.3	52.04	PD18# 硐 94.3 m
27	E_{A-17}	微新	4.8~5.7	次块状	28.51	38.85	PD18# 硐 70 m
28	E_{A-21}	微新	5.1~5.7	次块状	29.86	64.12	PD19# 硐 77.5 m
26~28 项平均值					26.56	51.67	

为了解深部未扰动辉绿岩变形模量情况，在招标设计阶段，结合消力池勘探进行了25点钻孔旁压试验。成果见表4-12。

根据辉绿岩变形试验成果统计分析，可以得出以下结论：

（1）岩体扰动程度对岩体变形模量影响很大。按岩体的扰动程度划分，钻孔属微扰动，勘探平硐属弱扰动，坝基开挖后的建基面属强扰动。钻孔辉绿岩纵波速度大部分为4 500~5 500 m/s，其变形模量也较大，平均值为12.9 GPa；勘探平硐辉绿岩纵波速度大部分为3 500～4 500 m/s，镶嵌结构辉绿岩变形模量平均值为8.07 GPa；坝基开挖后，浅层辉绿岩纵波速度大部分为3 000～3 500 m/s，同样的镶嵌碎裂结构辉绿岩变形模量平均值降低为5.14 GPa。

表4-12　辉绿岩孔内变形试验成果表

序号	测孔编号	测点深度（m）	声波速度（km/s）	模量值（GPa）		风化状态
				变形模量	弹性模量	
1	ZK280	21.75	5.20	6.59	11.20	微风化
2	ZK280	24.75	5.90	18.41	19.72	微风化
3	ZK280	27.75	5.78	16.35	17.22	微风化
4	ZK280	30.75	5.24	9.44	15.06	微风化
5	ZK280	33.75	5.32	7.53	12.54	微风化
6	ZK281	36.25	4.21	6.55	10.90	微风化
7	ZK281	41.04	5.35	11.51	14.93	微风化
8	ZK281	47.74	5.58	10.01	15.20	微风化
9	ZK285	13.70	4.93	18.15	18.97	微风化
10	ZK285	14.70	4.43	25.26	27.95	微风化
11	ZK285	18.70	4.6	12.43	18.97	微风化
12	ZK285	24.20	4.04	18.30	18.83	微风化
13	ZK285	25.20	4.55	12.04	18.38	微风化
14	ZK286	32.57	5.60	17.99	25.06	微风化
15	ZK286	37.57	5.60	11.35	15.80	微风化
16	ZK286	42.57	4.80	11.35	14.18	微风化
17	ZK288	16.30	5.00	12.39	19.76	微风化
18	ZK288	19.90	5.56	9.30	16.60	微风化
19	ZK288	26.00	4.76	12.07	18.05	微风化
20	ZK288	30.00	5.80	7.71	18.36	微风化
21	ZK289	41.00	6.03	16.55	17.23	微风化
22	ZK289	44.90	5.88	17.49	20.69	微风化
23	ZK289	47.90	4.66	16.85	17.44	微风化
24	ZK289	50.90	5.96	9.13	12.15	微风化
25	ZK289	53.40	4.65	7.82	14.42	微风化
平均值				12.9	17.2	

（2）相同风化状态，不同岩体结构类型（岩体完整性）具有不同的岩体纵波速度和不同的变形模量，岩体越完整，其岩体纵波速度越高，变形模量也越大。

（3）相同岩体不同埋深，具有不同的变形模量。随着坝基岩体埋深增加，其变形模量也应有所增加。

基于以上结论，百色水利枢纽坝基按坝基埋深分别提供岩体的变形模量。从目前运行后大坝变形观测资料可以看出，按坝基埋深分别提供岩体的变形模量是合理的。

4.3　辉绿岩接触蚀变带工程地质研究

4.3.1　概述

坝基辉绿岩接触面两侧一定范围内岩体蚀变明显，风化较强烈，岩体较破碎，形成了具有一定规模的软弱层带。下盘（上游）接触蚀变带和外侧岩硅质岩的地表出露线与坝线近于平行，相距25~40 m，以55°角插入坝基，于坝踵处的埋深40~60 m。为了查明辉绿岩接触蚀变带工程地质特性，在接触蚀变带出露的不同部位、不同高程布置了钻孔或平硐及弹性波测试，并在两岸平硐内对接触蚀变带进行了承压板变形试验和抗剪强度试验；通过对钻孔、平硐、弹性波及试验资料分析统计，并绘制不同高程平切面图和地质剖面图等手段，查明了接触蚀变带空间分布及工程地质特性；为了了解接触蚀变带的可灌性、灌浆工艺、灌浆材料及灌浆效果，招标设计阶段，在勘探平硐内进行了灌浆试验。提出了详细的工程地质评价和处理建议，为坝基稳定计算和处理提供了详细的地质资料。

4.3.2　接触蚀变带基本特征

坝基辉绿岩与两侧岩体的接触面是坝址区Ⅱ级结构面，属于坝址区不同工程地质特性岩体的分界面。接触面两侧一定范围内岩体蚀变明显，风化较强烈，岩体较破碎，形成了具有一定规模的软弱层带，简称接触蚀变带。接触蚀变带可细分为内蚀变带、接触带和外蚀变带。与主坝关系密切的接触蚀变带有2条，即S_1、S_2。

S_1：即$\beta_{\mu 4}^{-1}$辉绿岩下盘（上游）接触蚀变带，位于$\beta_{\mu 4}^{-1}$辉绿岩的底边界。内蚀变带宽一般为0.5~3 m，局部4~6 m，岩石颜色变浅、大理岩化，为变余辉绿结构或他形粒状结构，矿物成分以方解石为主，占74%~79%；接触带一般表现为裂隙状或挤压带，宽一般为1~5 cm，局部10~20 cm，充填物为泥夹岩屑或石英脉；外蚀变带主要表现在硅质岩的矽卡岩化，经热液变质作用后，整体性状变好。

坝区钻孔、探硐揭露蚀变带S_1在不同位置、高程的特征见表4-13。从表中可以看出，随着蚀变带所处位置高程的降低或埋深的增加，其性状逐渐变好。

S_2：即$\beta_{\mu 4}^{-1}$辉绿岩上盘（下游）接触蚀变带，位于$\beta_{\mu 4}^{-1}$辉绿岩的顶边界。S_2具有微切层现象，内蚀变带明显，其特征与S_1基本相同，外蚀变带不明显。S_2内蚀变带风化较强烈，在110 m高程以上和距岸边200 m范围内全强风化带宽度一般0.5~6 m。随着高程的降低或埋深的增加，其性状逐渐变好。坝区钻孔、探硐揭露的S_2的性状见表4-14。

表 4-13　辉绿岩上游接触蚀变带钻孔、平硐资料汇总

部位	钻孔、平硐编号	接触带 埋深(m)/高程(m)	内蚀变带 厚度(m)	内蚀变带 纵波速度 V_p(km/s)	内蚀变带 透水率 q(Lu)	内蚀变带 风化程度	接触带 厚度(m)	接触带 风化程度	接触带 组成物	外蚀变重结晶带 厚度(m)	外蚀变重结晶带 纵波速度 V_p(km/s)	外蚀变重结晶带 透水率 q(Lu)	外蚀变重结晶带 风化程度	外蚀变低速带 厚度(m)	外蚀变低速带 纵波速度 V_p(km/s)	外蚀变低速带 透水率 q(Lu)	外蚀变低速带 风化程度
左岸	PD21支1	32.8/181.7	1	2.86		弱	0.1	弱	石英脉	1	4.4		弱	>3.0	1		弱
	PD21	63/181.7	0.5	5.7		微	0.5	微	石英脉	6.5	3.2~4.9		弱	8	2.8		强
	PD206	98/141.8	0.2~0.5	5		微	0.13~0.16	微	石英脉	6	4.1		微		1.6~2.1		强
	ZK236	66/147.1	0.4		2.3	微		微		4.5		0.6	弱	4		15	强
	PD11	48.5/131.6	0.5	4.4~5.1		弱、微	0.1~0.2	弱、微	泥夹岩石碎块	0.5~1			强	10	0.83		强
	PD11支1	28/131.9	0.5	1	120	全、强		全、强		5	1.0~1.3		强				
	ZK202	202/119	1.2	3.5~4.5	0.9	弱		弱		2.5	3~4	4	弱微				
	ZK227	35/129	3			全、强		全、强									
	CK25	72/63	0.7			全、强		全、强		1.35	0.83	120	强	1.3		120	弱
河床	ZK239	45.5/75.7	1.7	2.5~3	3	强		强		6.3	3.5~4.5	10	弱				
	CK16	37.7/76.3	0.8		9	全、强		全、强									
	ZK203	68.2/44.7	16	2.5~4.5	1	全、强		全、强		6	4.5~5.0		微				
	CK31	100.2/11					29.3		全强风化岩及角砾岩								
	ZK228	62/52.8	3.5	2.5		强		强	全风化								
	ZK35	68.6/63.7	1		35	全、强	0.2	全、强									

续表 4-13

部位	钻孔、平洞编号	接触带 埋深(m)/高程(m)	内蚀变带 厚度(m)	内蚀变带 纵波速度 Vp(km/s)	内蚀变带 透水率 q(Lu)	内蚀变带 风化程度	接触带 厚度(m)	接触带 组成物	外蚀变重结晶带 厚度(m)	外蚀变重结晶带 纵波速度 Vp(km/s)	外蚀变重结晶带 透水率 q(Lu)	外蚀变重结晶带 风化程度	外蚀变低速带 厚度(m)	外蚀变低速带 纵波速度 Vp(km/s)	外蚀变低速带 透水率 q(Lu)	外蚀变低速带 风化程度
河床	ZK204	72/48.5	0.4		<1	弱							12		36	弱
	CK32	82.9/50.4	22		14~78	全	2.7	全风化	8.2			全、强				
	ZK34	46.5/74.4	不明显						7	3.7	45	弱	9	1.7		
	ZK205	74.4/46.4	0.7	3	0.3	弱			5	4	1.2	弱微				
	ZK206	94.7/59.6	0.6	3~4	<1	弱										
	ZK207	61.3/108.4	0.7	3.3	2.5	弱			1.5	2~3.5	2~3	弱				
	PD19	35.6/134.4	0.5	5		弱微	0.02	泥夹岩屑	2.5	2.8		弱	8	0.13		强
	导流洞	58/120~134	不明显	3			0.05~0.2	碎裂状辉绿岩	不明显				不明显			弱
右岸	ZK246	58/125.6	2.3	3	5	强										
	ZK43	48/168	1.4		3	弱										
	PD18	47/172	0.02~0.5	0.6		强、全	0.01~0.05	泥	1	3.8		弱	2.5	1.2		强
	ZK208	52/177.7	1.5	2~2.5	6	强	0.5	岩块夹泥	2.7	2~2.5	6	强				
	PD201	30.2/205	0.5~1	1		强							10	0.4~1		强
	ZK01	70.8/181.2							5.2	3.1	3	弱	2.1	2.2		弱

表4-14　辉绿岩下游接触蚀变带钻孔、平硐资料汇总

部位	钻孔、平硐编号	接触带 埋深(m)/高程(m)	上部硅质岩 纵波速度Vp(km/s)	上部硅质岩 透水率q(Lu)	上部硅质岩 风化程度	蚀变带 厚度(m)	蚀变带 纵波速度Vp(km/s)	蚀变带 透水率q(Lu)	蚀变带 组成物	蚀变带 风化程度	下部辉绿岩 纵波速度Vp(km/s)	下部辉绿岩 透水率q(Lu)	下部辉绿岩 风化程度
左岸	ZK30	54.5/120.8		2~12 最大158	强	0.47		7.5		弱	5.7	<1	微
左岸	ZK265	59.3/156.1			强	6	3			强	3~4.5	1~2	弱微
左岸	PD206	10/141.8	0.34~2.2			6	1.2~1.7			全			
左岸	PD23	57/138.1	4.2~5.5	2~5	强	2.2	2			强	4.9	1~3	微
河床	ZK40	72/47.7			微	2	4.2	1.6	浅色辉绿岩	弱	4.2~5.4	1~3	微
河床	ZK214	64.2/67.7			弱	0.1				弱			弱
河床	ZK39	65/47.5		45~68	弱	1.2		3~5		弱		1~5	弱
河床	ZK38	55.3/66.9		2~4 最大24	弱	4.4		42		弱	3.7~5.4	1~2	微
河床	ZK209	25/97.4			弱	2.3		97			4~5.4	0.5~1	微
河床	CK18	30.6/92.6			全	6.4				全		<1	微
河床	导流洞	4~18/120~134			强	0.2~0.5				全			微
右岸	ZK36	85.4/61.7	3.8~5.0	1.5~20	弱	0.78	4.8	1.5		微	4.8	1.5	微
右岸	ZK277	25.2/105.2	1.5	21.4	强	6.4	1.8~2.1	21.4	黄色辉绿岩	全	1.8~2.5	2.3	强
右岸	ZK278	70.1/76	2~3		弱	0.2	4	1	浅色辉绿岩	微	5~5.5	1	微

4.3.3　接触蚀变带变性特性

坝区对接触蚀变带一共进行了9点变形试验，其中接触带（全强风化辉绿岩）3点，内蚀变带（弱微风化辉绿岩）3点，外蚀变带3点。试验成果见表4-15。

4.3.4　主要力学参数

采用试验与工程类比相结合的方法，得出辉绿岩接触蚀变带的主要物理力学参数，见表4-16。

4.3.5　辉绿岩接触蚀变带灌浆试验

灌浆试验区位于左岸PD11#硐55～70 m，3A#坝块帷幕线上。试验区原始地面高程131.5 m，上覆岩体厚35～45 m。灌浆孔9个，物探测试孔和检查孔各2个，孔深46～52 m，总进尺为644.6 m。灌浆孔分两排，排距和孔距分别为1.8 m和2.5～3.0 m。钻孔排列方向与岩层走向和帷幕线的方向近于平行，倾向上游，倾角75°。灌浆采用改良的"GIN"法，自上而下，段长5 m。灌浆压力为3.5~4.5 MPa，水灰比为0.8∶1和1∶1。材料为525普通硅酸盐水泥。

接触蚀变带高程为105～108 m，厚0～1.5 m，岩体纵波速为3 000～4 000 m/s，该部位蚀变带岩体为BⅣ类；硅质岩为BⅣ类；硅质泥岩仍有少量洞穴发育，充填物主要为原岩风化的松软泥质物，为弱风化岩体，属CⅣ类岩体。

试验显示，接触蚀变带平均单位注入量150 kg/m，灌前岩体波速均值4 530 m/s，透水率均值8.2 Lu，灌后岩体波速均值提高到5 259 m/s，透水率均值降为5 Lu。弱风化硅质岩平均单位注入量141 kg/m，灌前岩体波速均值4 459 m/s，透水率均值60 Lu，灌后岩体波速均值提高到4 814 m/s，透水率均值降为10.9 Lu。弱风化含洞穴硅质泥岩灌前岩体透水率均值105 Lu，灌后岩体透水率均值降为40.3 Lu。

试验结果表明，通过对接触蚀变带进行灌浆处理，提高岩体的纵波速度和减少岩体的透水性效果较为明显。

4.3.6　工程地质评价

按照坝基辉绿岩的空间展布和确定的坝轴线位置及设计建基面，坝基开挖后，下盘（上游）接触蚀变带和外侧岩硅质岩的地表出露线与坝线近于平行，相距25~40 m，以55°角插入坝基，于坝踵处的埋深40~60 m。各坝块坝高及对应上下游接触蚀变带的埋深及性状不同，其对大坝稳定的影响程度也有所不同，见表4-17。

（1）根据大坝与外围软弱岩体的空间位置分析，呈强风化状的上游接触蚀变带和外侧岩硅质岩对2B#~8#坝块的稳定影响较大，对其他坝块的稳定影响较小。建议对2B#~8#坝块接触蚀变带和外侧硅质岩采用多排深孔高压固结灌浆处理，固结深度伸入弱风化岩体5 m左右，以提高岩体的完整性和承载能力，减少岩体的透水性。

（2）4#~7#坝块坝高为105～130 m。开挖后的下游接触蚀变带出露线与消力池斜交，与坝趾的距离为10～50 m，外侧硅质岩强风化带下限埋深10～30 m，对大坝和

表4-15 蚀变带的变形试验汇总表

岩石名称	风化程度	试点编号	试点位置	变形模量 E_0 (GPa) σ(MPa) 0.7	1.4	2.1	2.8	3.5	平均值 (MPa)	弹性模量 E (GPa) σ(MPa) 0.7	1.4	2.1	2.8	3.5	平均值 (MPa)
接触带	全强风化	E_{A-1}	PD23# 硐 151.2 m	0.5/0.05	1.0/0.04				0.045	0.5/0.10	1.0/0.13				0.115
		E_{A-12}	PD11# 硐左支 I 硐 22.5 m	0.4/0.5	0.8/0.63	1.2/0.68	1.6/0.74	2.0/0.73	0.66	0.4/0.74	0.8/1.04	1.2/1.21	1.6/1.38	2.0/1.31	1.14
		E_{A-18}	PD18# 硐 115.8 m	0.4/0.57	0.8/0.61	1.2/0.68	1.6/0.74	2.0/0.64	0.62	0.4/0.76	0.8/0.87	1.2/0.93	1.6/0.92	2.0/0.95	0.87
			平均值	0.37	0.43	0.66	0.68	0.69	0.57	0.53	0.68	1.07	1.15	1.13	0.91
内蚀变带	弱微风化	E_{A-24}	PD21# 硐左支 I 硐 26.7 m	2.84	2.97	3.15	3.34	3.56	3.17	4.81	4.81	4.61	4.99	5.34	4.91
		E_{0-3}	PD11# 硐 96 m	9.50	7.06	6.65	6.38	6.61	7.24	44.60*	15.77	14.86	11.56	11.56	13.31
		E_{A-22}	PD19# 硐 123 m	12.98	9.39	8.11	7.98	7.68	9.23	21.63	17.30	13.35	12.98	11.90	15.43
			平均值	8.44	6.48	5.97	5.9	5.95	6.55	13.22	12.63	10.94	9.84	9.6	11.25
外蚀变低速带	弱风化	E_{A-19}	PD18# 硐 118 m	0.5/0.88	1.0/0.88	1.5/0.94	2.0/0.99	2.5/1.04	0.95	0.5/1.52	1.0/1.57	1.5/1.62	2.0/1.74	2.5/1.89	1.67
		E_{A-23}	PD19# 硐 130 m	1.17	1.30	1.29	1.31	1.34	1.28	1.48	1.91	1.93	1.93	2.01	1.85
		E_{A-25}	PD21# 硐左支 I 硐 32.0 m	1.16	1.21	1.23	1.28	1.30	1.24	1.73	1.94	2.14	2.21	2.33	2.07
			平均值	1.07	1.13	1.15	1.19	1.23	1.15	1.58	1.81	1.9	1.96	2.08	1.87

注:带"——"者上为压力值，下为变模或弹模值。

表4-16　辉绿岩接触蚀变带岩石（岩体）物理学参数建议表

序号	蚀变带	风化程度	密度 γ(g/cm³)	泊松比 μ	静弹模量 E(GPa)	变形模量 E_0(GPa)	饱和抗压强度 R_b(MPa)	软化系数 K_R	抗剪强度 抗剪(混凝土/岩) f	C(MPa)	抗剪断(混凝土/岩) f'	C'(MPa)	抗剪(岩/岩) f	C(MPa)	抗剪断(岩/岩) f'	C'(MPa)
1	外蚀变低变速带	强风化	2.2	0.4	1~3	0.5~1.5									0.4~0.5	0.1~0.2
		弱风化速带	2.4	0.32	2~4	1.5~2	30				0.5~0.55	0.1~0.2	0.5		0.5	0.1~0.2
2	外蚀变重结晶带	强风化	2.2	0.4	1~3	0.5~1.5					0.5~0.55	0.1~0.2			0.4~0.5	0.1~0.2
		弱风化重结晶带	2.5	0.3~0.32	4~7	2.5~5							0.65		0.65~0.7	0.4~0.6
		微风化带			12~16	6~8							0.9		0.9	0.8~1.0
3	内蚀变带	强风化		0.4	0.13	0.04							0.25~0.3			
		弱风化		0.35	6~13	4~6					0.6~0.7	0.4	0.4			
		微风化	2.4~2.6	0.28	12~14	6~8	80				0.7~0.8	0.6	0.8		0.8~0.85	0.8~1.0
4	断层及节理密集带,D_3l^{2-10}		2.0~2.6	0.38~0.4	1~4	0.5~2.0	2~10	0.2					0.4~0.45		0.4~0.45	0.05~0.1

消力池的稳定都有一定的影响，应作适当的处理，如深挖回填混凝土或固结灌浆处理等。

表4-17　各坝块辉绿岩接触蚀变带特征

蚀变带	坝块			
	1#~2A#	2B#~3#	4#~8#	9#~12#
下盘（上游）接触蚀变带及外侧岩体	接触带为0.1~0.5 m厚的石英脉，脉体完整，与两侧岩体结合紧密、咬合好。内蚀变带、接触带和外蚀变重结晶带岩体的强风化带下限埋深20~30 m，透水率为10~30 Lu。外蚀变带性状与外侧硅质基本一致，岩体较破碎，强风化岩体埋深50~70 m，岩体透水率为10~30 Lu，纵波速度1.0~2.5 km/s。弱风化硅质岩体的透水率5~10 Lu，纵波速度2.5~3.5 km/s	接触蚀变带呈强风化状，发育淋滤洞穴，宽度为2~10 m。强风化带下限埋深40~60 m，岩体透水率60~100 Lu，纵纵波速度1.0~2.5 km/s。以下岩体透水率1~10Lu，纵波速度3.0~4.5km/s。外侧硅质岩强风化带的埋深为50~70 m，透水率10~40 Lu。弱风化岩体纵波速度2.5~3.5 km/s，透水率10~15 Lu	接触蚀变带呈强风化状的宽度为0.6~1.5 m，局部有小洞穴，透水率10~45 Lu。4#、7#、8#坝块强风化带下限埋深为50~60 m，5#、6#坝块强风化带下限埋深为70~80 m。其下部弱风化岩体透水率5~10 Lu。外侧硅质岩强风化岩体纵波速度1.5~2.5 km/s，透水率15~34 Lu，其下限埋深约80 m。下部弱风化硅质岩体的纵波速度2.8~4.8 km/s，透水率5~10 Lu	接触带为裂隙状，宽1~5 cm，充填泥或泥夹岩屑；内蚀变带颜色变浅，岩石强度比内侧辉绿岩稍低；外蚀变带与外侧硅质岩基本一致。9#~12#坝块外蚀变带与外侧硅质岩强风化带埋深50~60 m，透水率10~15 Lu。弱风化岩体透水率2~4 Lu
	1#~3#	4#~7#	8#~12#	
上盘（下游）接触蚀变带及外侧岩体	接触蚀变带距大坝较远，对大坝的稳定无影响	接触蚀变带强风化带下限埋深约50 m，宽度一般为1.5~5 m。外侧硅质岩强风化带下限埋深约30 m。接触蚀变带及外侧强风化硅质岩体的纵波速度1.5~2.5 km/s	该段大坝下游为深切的右Ⅳ沟，下游蚀变带位于沟底。因此，下游蚀变带和外侧岩体对大坝的稳定不起控制作用	

4.3.7　接触蚀变带处理

设计对河床坝段上、下盘蚀变带均采用固结灌浆处理（见图4-4、图4-5），灌浆孔深20 m，孔、排距为3 m×3 m，孔位布置成梅花形。灌浆压力在不抬动基础岩石的原则下，取0.6~1.0 MPa。固结灌浆采用孔口封闭孔内循环灌浆法，灌浆水灰比采用

3：1、2：1、1：1、0.6：1四个比级。

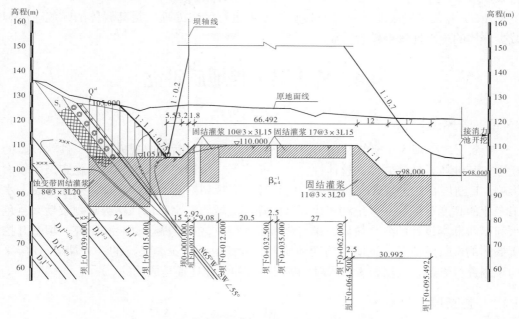

图4-4 溢流坝段基础固结灌浆处理剖面

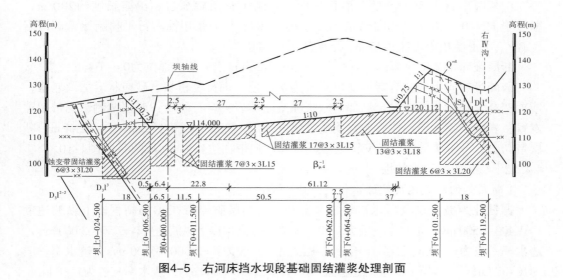

图4-5 右河床挡水坝段基础固结灌浆处理剖面

4.3.8 小结

（1）坝基辉绿岩与两侧岩体的接触面是坝址区Ⅱ级结构面，属于坝址区不同工程地质特性岩体的分界面。接触面两侧一定范围内岩体蚀变明显，风化较强烈，岩体较破碎，形成了具有一定规模的软弱层带。下盘（上游）接触蚀变带和外侧岩硅质岩的地表出露线与坝线近于平行，相距25~40 m，以55°角插入坝基，于坝踵处的埋深40~60 m，对坝基变形有一定影响。地质建议对河床坝段上、下盘蚀变带和外侧硅质岩采用多排深孔高压固结灌浆处理，并得到了设计采纳。

（2）灌浆试验表明，通过对接触蚀变带进行灌浆处理，提高岩体的纵波速度和减少岩体的透水性效果较为明显。

4.4 F_6 断层工程地质研究

4.4.1 概述

F_6 断层属于坝区 I 级结构面，是切割坝基的北东向断层中规模最大、性状较差的断层，其破坏了坝基岩体的整体性，对坝基变形、渗透稳定及大坝抗滑稳定产生较大影响。F_6 断层在20世纪50年代末进行的百色水库规划勘察时就被发现并引起地质、水工专业的高度重视。20世纪80年代开展的珠江流域西江水系郁江梯级规划及后来百色水利枢纽勘察设计的各个阶段，都对 F_6 断层进行了重点勘察、试验和研究。坝基开挖所揭露的 F_6 断层情况，证明了前期地质勘察和研究的结论是正确的；大坝运行8年来的观测资料表明，大坝施工阶段对 F_6 断层进行的工程处置是成功的。

4.4.2 F_6 断层的性状

4.4.2.1 断层的性质及特征

F_6 断层出露于河床，呈深槽状延伸，切断了整条辉绿岩，出露长度约200 m；断层走向N10°~20°E，倾向南东，倾角70°~80°；F_6 为张扭性右行平移断层，辉绿岩（ $\beta^{-1}_{\mu4}$ ）上游边界被错位12 m，下游边界被错位7~8 m。

断层破碎带宽度：辉绿岩体中上游部位为2~4 m，中下游部位为0.6~1.4 m。

破碎带物质组成：辉绿岩部位主要为灰白色、褐黄色粉状、砂粒状岩屑及岩块，或蚀变全、强风化辉绿岩，局部为断层泥或糜棱岩夹岩石碎块；断层两侧影响带裂隙发育，岩体破碎，局部地段夹有蚀变风化岩条带，宽度一般为1~2 m，局部2~4 m。断层带与上、下游接触蚀变带交汇处破碎带和影响带宽达4~8 m。见图4-6~图4-10。

4.4.2.2 F_6 断层的工程特性

1.断层带的纵波速度及透水性

据钻孔声波测试及压水试验成果分析，F_6 断层破碎带在80 m高程以上纵波速度 V_p=1 400~2 500 m/s，透水率一般为5~10 Lu；在80 m高程以下纵波速度 V_p=2 500~3 000 m/s，透水率一般为1~5 Lu。上盘影响带的纵波速度一般为 V_p=2 500~3 500 m/s，透水率一般为10~37 Lu；下盘影响带的纵波速度一般为 V_p=3 000~4 000 m/s，透水率一般为1~10 Lu。

2.断层带的力学特性

根据 F_6 断层破碎带的性状和岩体纵波速度，对照坝区岩石（体）试验成果和工程类比，建议断层破碎带的主要力学参数如下：

变形模量：80 m高程以上 E_0=0.5~1.0 GPa，80 m高程以下 E_0=1.5~2.0 GPa。

抗剪强度：f' =0.4~0.45，C =0.05~0.1 MPa。

3.断层泥的渗透稳定性

断层带主要由灰、黄色断层泥、蚀变辉绿岩、糜棱岩夹辉绿岩岩块组成。开挖后

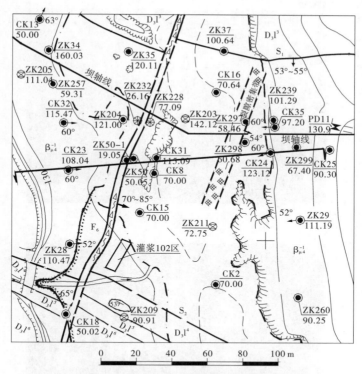

图4-6 F$_6$断层勘探点及灌浆试验布置

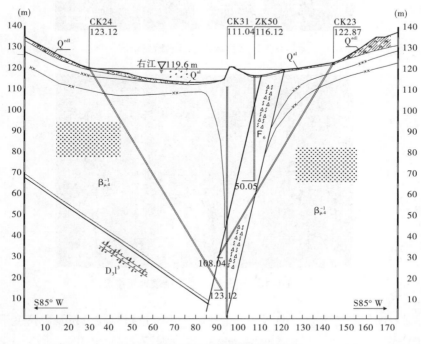

图4-7 F$_6$断层斜孔勘探地质剖面

图4-8　F₆断层坝基全景

图4-9　F₆断层坝基上游段地质情况

图4-10　F₆断层坝基下游段地质情况

在坝基辉绿岩断层带的上游、中间、下游各取一组样进行颗粒分析及渗透变形试验。

颗分显示：断层带土样砾粒（>2 mm）含量为27.7%～66.0%，砂粒（2～0.075 mm）含量为24.9%～37.2%，细粒（<0.075 mm）含量为9.1%～35.1%。

渗透变形试验采用水头饱和法，三组试验样均为流土破坏，破坏比降6.19 ~ 11.0。按规范得出的允许渗透比降（安全系数取2.5）为2.5 ~ 4.4。

4.4.3 F_6断层处理试验研究

F_6断层带较破碎且局部夹泥，具有较低的变形模量和低的允许渗透比降，如不进行处理，坝基不但存在不均匀变形，且水库蓄水后还存在坝基渗透稳定问题。因此，须对其处理，以改善断层位置坝基岩体的整体性和抗渗能力。在初步设计阶段对F_6断层开展了固结灌浆和帷幕灌浆试验研究。

4.4.3.1 试验场地

灌浆试验场地选在河床右侧、右Ⅳ沟出口的滩地上，地面高程为120.5 ~ 121.8 m。试验之前通过分析钻孔资料确定了断层的产状、不同高程断层带位置及宽度等地下断层的基本情况，通过天然露头及大型机械揭露的人工露头，准确地界定了断层在地表上的位置。根据拟定的试验方案及深度确定试验平台的具体位置（见图4-6）。

4.4.3.2 试验布置

根据断层的产状及场地条件，灌浆孔布置在断层的上盘（左侧），排列方向与断层走向基本平行。采用"一"字形布置，共两排，第一排孔口、孔底与F_6的水平距离分别为7 ~ 8 m和2 ~ 3 m，第二排为9 ~ 10 m和2 ~ 2.5 m。因此，从总体上看，灌浆部位都属F_6断层的影响范围。灌浆孔遇到断层的深度，第一排为24.5 ~ 32.8 m（高程96 ~ 89 m），第二排为32 ~ 45.2 m（高程88.5 ~ 76.5 m）。断层破碎带在孔内的垂直厚度为5 ~ 10 m，组成物主要为灰、黄色断层泥、蚀变辉绿岩、糜棱岩夹辉绿岩岩块，泥质胶结。由于灌区表部有1 ~ 3 m砂卵砾石层覆盖，下伏的辉绿岩又有2 ~ 7 m厚的强风化岩带，因此灌浆起始深度为地面以下6 ~ 8 m。

4.4.3.3 试验工艺参数

分两排布置灌浆孔9个，排距和孔距分别为1.8 m和2.5 ~ 3.0 m，物探测试孔和检查孔各2个，孔深为52 ~ 56 m，总进尺为731.3 m。灌浆采用孔口封闭法，自上而下，段长5 m。灌浆压力，第一段和第二段分别为1.0 MPa和2.0 MPa，第三段以下为3.5 ~ 4.0 MPa。灌浆材料，第一排为525普通硅酸盐水泥，第二排为上述水泥加工而成的磨细水泥。水灰比从5：1开始，1：1或0.8：1终止。

4.4.3.4 试验结果

灌浆成果见表4-18。

4.4.3.5 试验效果分析

试验成果表明，F_6断层两侧影响带的可灌性较好，F_6断层带的可灌性较差。之所以出现上述现象，是因为F_6断层带在高的灌浆压力作用下已被破坏，浆液已进入两侧影响带。上盘影响带灌前岩体纵波速度为2 534 ~ 4 735 m/s，透水率为8.7 ~ 37 Lu；灌后岩体纵波速度提高到4 115 ~ 5 000 m/s，透水率降为0.9 ~ 1.3 Lu，最大值也只有3.08 Lu。断层带（高程78~83 m）灌前岩体纵波速度平均值为3 311 m/s，透水率平均值为4.1 Lu；灌后岩体纵波速度平均值提高到3 589 m/s，透水率平均值降为0.9 Lu。下盘影响带灌前岩体纵波速度为4 714 ~ 5 355 m/s，透水率为2 ~ 3 Lu；灌后岩体纵波速度提

表4-18 F₆断层带（102区）灌浆试验成果汇总

断层分带	平均深度（m）	高程（m）	风化程度	结构类型	岩体工程地质分类	灌浆段长 第一排	灌浆段长 第二排	灌浆压力（MPa）	单位注入量（kg/m）平均值（最大值） 第一排	单位注入量（kg/m）平均值（最大值） 第二排	岩体纵波速（m/s）平均值 灌前	岩体纵波速（m/s）平均值 灌后	增加（%）	透水率（Lu）平均值（最大值） 灌前	透水率（Lu）平均值（最大值） 灌后	减少（%）
上盘影响带	7~12	113~108	强	碎裂	CⅣ	6	2	1.0	166(380)	47(72)	2 534	4 115	62	33.5(37)	0.9(1.3)	97
上盘影响带	12~24	108~96	弱	碎裂	AⅢ₂	8	6	3.5~4.0	217(419)	355(641)	4 358	4 964	14	19.4(35)	0.9(1.96)	95
上盘影响带	24~30	96~90	微	镶嵌碎裂	AⅢ₁	6	11	3.5~4.0	189(269)	113(641)	4 735	5 000	6	11.6(15)	1.3(3.08)	89
上盘影响带	30~37	90~83	微	碎裂	AⅢ₂	5	4	3.5~4.0	394(566)	86(205)	4 458	5 000	12	8.7(12)	1.0(1.59)	88
断层破碎带	37~42	83~78	强	散体	V	6	7	3.5~4.0	238(419)	56(460)	3 311	3 589	8	4.1(5.4)	0.9(1.6)	79
下盘影响带	42~45	78~75	微	镶嵌碎裂	AⅢ₁	5	4	3.5~4.0	325(591)	85(244)	4 714	5 250	11	3.0(3.75)	1.2(2.0)	60
下盘影响带	45~57	75~63	微	次块状	AⅡ	9	7	3.5~4.0	84(327)	57(118)	5 355	5 826	9	2.0(3.75)	0.6(0.72)	70

注：第一排孔的灌浆材料为普通硅酸盐水泥，第二排孔的灌浆材料为磨细水泥。

高到5 250～5 826 m/s，透水率降为0.6～1.2 Lu。

F_6断层带灌浆后耐久性压水试验表明，在2.5 MPa稳压下，60 h内，流量始终维持在15～16 L/min（相当于岩体透水率为0.1 Lu），说明灌后能形成有效的防渗帷幕，足以承受2倍水库水头压力而不发生破坏。

4.4.4　F_6断层处理及效果

4.4.4.1　结构处理

F_6断层顺河流向斜交通过6A#坝段，宽2～4 m，倾角较陡，其影响带宽4～8 m，用混凝土塞加固处理，塞深8 m；帷幕部位再下挖3 m。混凝土两侧开挖边坡取1：0.5。混凝土塞延伸至坝体上下游边界线以外12 m。混凝土塞底部及周边铺设钢筋网，并进行固结灌浆。

4.4.4.2　地基处理

固结灌浆孔孔排距均为2.5 m，孔深入岩20 m，分为两序施工。最大灌浆压力2.5 MPa。开孔孔口高程126.00 m，盖重混凝土厚度约为30 m。固结灌浆质量标准透水率不大于3 Lu。

为加强坝基防渗，在6A#及6B#坝段F_6断层部位灌浆帷幕前又布设3排帷幕灌浆孔，孔距2.5 m，排距2.0 m，孔深入岩65 m。最大灌浆压力3.5 MPa，采用孔口封闭灌浆法施工。灌浆质量标准透水率不大于6 Lu。

4.4.4.3　处理效果分析

固结灌浆和帷幕灌浆情况见表4-19。

从表4-19可以看出：①断层与蚀变带交汇部位耗浆量较大，平均355.9 kg/m，而断层带不论是固结灌浆还是帷幕灌浆，耗浆均较小，且随着深度的增加呈减小的趋势；②当灌浆产生的劈裂压力不足以破坏岩体时，灌浆压力增加并不一定能够灌入更多的水泥浆。

表4-19　F_6断层固结灌浆及加强帷幕灌浆施工和检查结果一览表

部位	孔数（个）	钻孔进尺（m）	灌浆长度（m）	水泥注入量（kg/m）	单位注入量（kg/m）				压水试验检查			
					平均	I序	II序	III序	孔数（个）	段数（段）	合格段（段）	合格率（%）
坝基内	302	13 902	6 185	497 833	80.5	76.7	84.1		16	64	64	100
蚀变带	50	1 882	1 000	355 930	355.9	452.5	259.0		3	12	12	100
帷幕	57	5 125	3 749	215 157	57.4	74.6	64.4	45.7	6	67	67	100

4.4.5 小结

（1）F_6断层是坝基北东向系列断层中规模最大、性状最差的断层，也是唯一贯穿坝基的断层，它的存在破坏了坝基岩体的整体性。经过不同阶段系统的勘察、试验和研究，对其性质、工程性状及其对大坝存在的影响有了准确的判断和深刻的认识，采取了较为系统完善的工程处理措施，获得了预期的效果。

（2）坝基开挖过程中，发现F_6断层上盘原灌浆试验区域岩体破裂非常严重，与非试验区域相同部位的岩体存在明显差异。原因分析认为是灌浆试验采用的灌浆压力偏大，F_6断层两侧岩石受构造和蚀变影响，强度较低，灌浆压力超过了岩石强度，致使岩体破裂。在后来的坝基固结灌浆和帷幕灌浆中，适当减小了灌浆压力，并尽量采用有盖重灌浆，既要确保不破坏岩体又要保证灌浆质量。

（3）根据前期的灌浆试验、工程实施阶段的帷幕灌浆结果，采用普通硅酸盐水泥对F_6断层带进行灌浆，其可灌性较差，耗浆量及波速提高值均不如影响带，固结及帷幕灌浆对断层带抗渗性能的改善作用有限；采用细水泥灌浆后，效果明显改善。F_6断层带灌浆后耐久性压水试验表明，在2.5 MPa稳压下，60 h内，流量始终维持在15～16 L/min（相当于岩体透水率为0.1 Lu），说明灌后能形成有效的防渗帷幕，足以承受2倍水库水头压力，而不发生破坏。通过多年运行的考验，达到了预期效果。

4.5 坝线选择

为了使RCC大坝完全坐落在辉绿岩体上，且大坝抗滑稳定、应力变形及渗透稳定满足规范要求，开展了河床坝段物理模型和二维、三维有限元计算分析。根据研究结果，在平面布置上，大坝顺辉绿岩体展布呈三段折线式布置：左岸坡坝段192 m及左河床坝段88 m垂直河道流向，呈东西向布置；右河床坝段长105 m，向上游转折25°角，避开下游蚀变带，转折处楔形坝体可增加该坝段的稳定性；右岸坡挡水坝段长315 m，再向上游转折15°角，增加坝基稳定性，节省工程量。

在纵面上，尽管因辉绿岩宽度有限，坝线选择余地较小，在设计中还是对三条坝轴线进行二维有限元分析以资比较，上坝线坝踵接近上游蚀变带边缘，中坝线坝踵与坝趾均与上下游蚀变带有一定距离，下坝线坝趾接近下游蚀变带边缘，上、下坝线的距离约30 m。计算成果列于表4-20、表4-21。

从表4-20及表4-21所列的计算成果可以看出：

三条坝轴线的位移及应力虽有大小之差，但皆在允许范围之内。上坝线过于接近上游蚀变带，对上游蚀变带处理的要求较高，坝踵区辉绿岩体单薄，在施工开挖时可能且发生局部破坏。辉绿岩为微弱透水体，而蚀变带和硅质岩为中等透水体，以55°角斜插入坝基，在硅质岩内设置防渗帷幕不仅工程量较大，而且防渗效果也难以保证。下坝线的大坝坝趾接近下游蚀变带，对坝基应力传递扩散不利，可能导致坝趾岩体局部被破坏，即使在蚀变带表部做混凝土塞，下部进行固结灌浆处理，但由于下游的硅质岩及泥岩软弱，其效果也不会很好。中坝线大坝的坝踵、坝趾离蚀变带均有一定的距离，大坝基坑开挖施工不会受到距蚀变带太近的限制，对加快工程施工进度有利；坝踵底部有一定厚度的辉绿岩体，库水从蚀变带沿着岩体的反倾角裂隙渗入坝基的途径尚有一定的长度，也便于设置防渗帷幕，只要坝基排水系统按常规做好，大坝的稳定安全是有保证的。

表4-20　坝线方案坝顶及坝踵位移

坝轴线	计算工况	坝顶位移（cm）		坝踵位移（cm）	
		X	Y	X	Y
上	正常	1.61	-1.48	0.77	-1.08
	库空	-6.31	-5.03	-1.61	-4.23
中	正常	2.22	-1.11	0.91	-0.72
	库空	-5.20	-4.53	-1.38	-3.58
下	正常	2.90	-0.88	1.12	-0.51
	库空	-3.89	-3.38	-1.14	-2.51

注：X向以顺水流方向为正向，Y向以铅直向上为正向。

表4-21　坝线方案坝踵及坝趾部分应力

坝轴线	计算工况	坝踵应力（MPa）		坝趾应力（MPa）	
		σ_1	σ_y	σ_2	σ_y
上	正常	0.060	-0.810	-0.720	-1.760
	库空	-1.130	-3.480	1.180	0.330
中	正常	0.260	-0.350	-0.400	-1.440
	库空	-1.326	-3.557	-0.085	-0.079
下	正常	1.050	-0.030	-0.380	-1.200
	库空	-1.590	-4.460	0.090	-0.160

注：应力以拉为正，压为负。

经综合分析比较，中坝线优点较多，故选用中坝线。整个大坝都坐落在辉绿岩上，在平面上坝轴线大致沿岩层的走向布置，同时满足溢流坝段垂直河道流向、工程量省及坝体稳定的要求。

4.6　坝基岩体工程地质分类

现在工程岩体分类发展的趋势一是多因素和定量化，其中交通、铁路、城建、兵工等行业，在新修编行业规范时，大都基于国家标准《工程岩体分级标准》，基本形成了适用于各自行业的、大同小异的岩体质量或洞室围岩分级标准。而水利水电行业，因其地质勘察、试验、研究工作通常都做得深入、细致，特别是对岩体风化、结构、完整性及强度、变形等工程特性指标研究比较充分，容易建立起能够反映岩体真实状态与力学特性的各类指标的相关关系，方便设计部门理解和应用。

百色水利枢纽主坝坝基岩体工程地质分类方法主要依据是《水利水电工程地质勘察规范》。

4.6.1 坝基岩体工程地质分类的方法步骤

岩体结构制约着岩体的变形、破坏方式和规模。工程实践表明,水工建筑物地基在荷载作用下破坏,主要是结构体沿断裂面剪切、滑移、拉裂的累进破坏过程。因此,研究坝基岩体工程地质类别的首要任务,就是划分岩体结构类型。

本工程利用左、右岸不同高程的3层平硐、竖井及坝区钻孔,进行平硐钻孔编录,测试洞壁岩体地震波速度和钻孔声波速度,划分岩体风化带,统计岩石质量指标RQD值、完整性系数等岩体结构特性指标。根据节理间距和节理性状确定岩体结构类型。

在岩体结构类型基本确定后,再针对不同类型岩体及地质研究和工程设计的需要,进行岩体/岩体、混凝土/岩体及结构面等原位抗剪试验,岩体的变形及试点两侧钻孔声波CT测试等试验。通过原位试验及钻孔压水试验,获得了表征岩体的结构特性、力学特性、渗透特性等指标,最终建立岩体类别与岩体结构、力学、渗透等特性相匹配的坝基岩体工程地质分类参数表,作为坝基可利用岩体研究和设计建基面确定及岩体改良的重要依据和基础资料。

4.6.2 坝基岩体工程地质分类主要指标分析

4.6.2.1 岩石强度等级

从表4-7可以看出,微风化辉绿岩和弱风化辉绿岩的岩石饱和抗压强度相差不大,均属坚硬岩石;主要原因是弱风化辉绿岩节理较微风化发育,节理面风化较微风化严重,但对岩体强度起控制作用的绝大部分岩石本身与微风化相差并不大。因此,微风化辉绿岩和弱风化辉绿岩均定为A类坚硬岩石。强风化辉绿岩由于绝大部分已风化,夹泥现象严重,只有小部分或岩块核心部未风化,但这小部分未风化岩石对岩体强度不能起控制作用。因此,将强风化辉绿岩定为C类软岩。

4.6.2.2 岩体结构类型

目前水利水电工程用于工程岩体结构类型划分的标准,主要依据是《水利水电工程地质勘察规范》,见表4-22。

表4-22 成岩岩体结构分类

类型	亚类	岩体结构特征	
块状结构	整体状结构	岩体完整,呈巨块状,结构面不发育,间距大于100 cm	
	块状结构	岩体较完整,呈块状,结构面较发育,间距一般100~50 cm	
	次块状结构	岩体较完整,呈次块状,结构面较发育,间距一般50~30 cm	
镶嵌结构	镶嵌结构	岩体完整性差,岩块镶嵌紧密—较紧密,结构面较发育到很发育,间距一般30~10 cm	

续表4-22

类型	亚类	岩体结构特征
碎裂结构	块裂结构	岩体完整性差,岩块间有岩屑和泥质物充填,嵌合中等紧密—较松弛,结构面发育到很发育,间距一般30~10 cm
	碎裂结构	岩体较破碎,岩块间有岩屑和泥质物充填,嵌合较松弛—松弛,结构面发育,间距一般小于10 cm
散体结构	碎块状结构	岩体破碎,岩块夹岩屑或泥质物,嵌合松弛
	碎屑状结构	岩体极破碎,岩屑或泥质物夹岩块,嵌合松弛

在前期勘察阶段,主要在勘探平硐内采用拉皮尺法测量结构面间距。据微风化岩体平硐段统计,小于10 cm间距的占16.34%,10~30 cm间距的占48.25%,30~50 cm间距的占27.16%,50~100 cm间距的占8.25%。按照表4-22给出的标准,得出不同岩体结构类型的比例:块状结构占8.25%,次块状结构占27.16%,镶嵌结构占48.25%,碎裂结构占16.34%。

4.6.2.3 RQD值

RQD值是评价岩石质量好坏的重要指标,也是坝基岩体质量分类和洞室围岩分类的一个重要指标。RQD值与岩石质量的关系见表4-23。

表4-23 RQD值与岩石质量关系

RQD 值	0~25	25~50	50~75	75~90	90~100
岩石质量	很坏	坏	一般	好	很好

目前国内常用计算RQD值的方法主要有三种:

第一种是根据钻孔岩芯统计:长度大于或等于10 cm岩芯的累计长度与钻探进尺深度比值的百分数。

第二种是在勘探平硐的洞壁拉线(或皮尺)统计:沿线节理间距大于10 cm的累计长度与洞壁统计长度比值的百分数。为避免偶然性误差,可以量测不同位置的数条线,求平均的RQD值。

第三种是根据岩体纵波速度计算:测试原位岩体的纵波速度V_{pm}及室内岩石试件的纵波速度V_{pr},取岩体完整性系数的百分数为RQD值,即$(V_{pm}/V_{pr})^2 \times 100$。

上述几种方法,在条件允许时,可选用两种或三种方法进行对比校核,以便取得较为可靠的RQD值。

本工程同时采用了以上三种方法对RQD值进行了统计,不同方法统计的RQD值分布区间详见表4-24。

从表4-24中可以看出,钻孔岩芯统计法有71.31%的RQD值小于50,勘探平硐的洞壁拉线法与岩体纵波速度计算法较为接近,RQD值小于50的分别为23.1%和27.74%。主要原因是坝基辉绿岩脉较单薄,受构造挤压后微细裂隙发育,但闭合很好,钻孔扰动后,岩体破裂,所以存在钻孔RQD值较低而岩体纵波速度较高的特点。对于未扰动或微扰动岩体，采用岩体纵波速度计算法确定RQD值较合理。

表4-24　不同方法统计的RQD值汇总　　　　　　　　（%）

RQD 区间值	0～25	25～50	50～75	75～90	90～100
钻孔岩芯统计法	26.96	44.35	20.43	6.96	1.3
勘探平硐洞壁拉线统计法	2.7	20.4	37.7	30.9	8.3
岩体纵波速度计算法	1.5	26.24	50.29	18.17	3.8

4.6.2.4　岩体完整性系数K_v

1.硐测V_p

采用地震法对硐壁进行了全面的弹性波测试，获得岩体的纵波速度，其分布情况见图4-11。

2.钻孔测V_p

根据钻孔岩体声波纵波速度统计，其区间分布情况见图4-12。

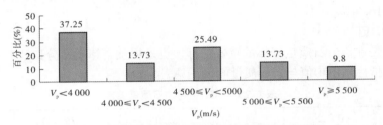

图4-11　平硐内岩体纵波速度V_p统计值的分布情况

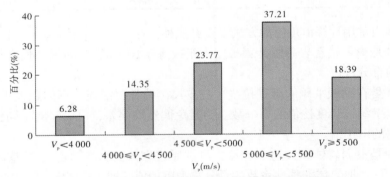

图4-12　岩体钻孔声波纵波速度V_p统计值的分布情况

比较图4-11和图4-12，可以看出，平硐（地震波）和钻孔（声波测井）统计得到的岩体的纵波速度在V_p=4 000~5 000 m/s范围内非常接近，主要差别是孔内V_p=5 000~5 500 m/s的岩体所占比例较大，而平硐则是V_p<4 000 m/s的比例偏高。这主要与岩体扰动程度和测试方法有关。钻孔扰动程度比平硐弱，地震法测得的纵波速度一般要比声波法纵波速度低。所以，钻孔波速比平硐波速稍高。

3.岩体完整性系数K_v

岩体的完整性系数K_v值由岩体和岩石的纵波速度计算得到。根据孔内岩体纵波速度，计算得到的岩体完整性系数分布情况见图4-13。从图上看出，完整性系数$K_v>0.35$的岩体占96.41%，$K_v>0.55$的占67.26%。

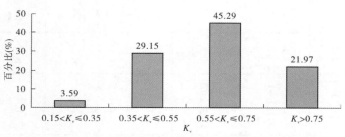

图4-13 岩体完整性系数K_v统计值的分布情况

4.6.2.5 岩体透水率q

与K_v一样，岩体透水率也是体现岩体完整情况的一个重要参数，只是目前尚未被纳入规范而已，事实上，很多工程已经将其作为一个重要指标进行岩体结构划分和质量评价。透水率指标可以起到校验岩体完整性系数的作用。统计工程区223段压水试验结果显示（见图4-14），近2/3孔段岩体的透水率$q\leqslant1$ Lu，与钻孔纵波速度$V_p\geqslant4\,500$ m/s孔段的比例相当，这证明了两者在表征未被扰动岩体完整性方面具有相同的分布特征。

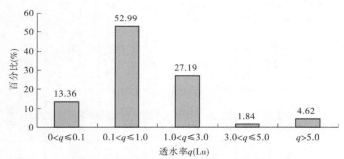

图4-14 岩体透水率q统计值的分布情况

4.6.3 坝基岩体工程地质分类

岩体工程地质分类的基本原则：①分类采用《水利水电工程地质勘察规范》中的岩体结构分类表及相应标准。②分类指标采用岩石饱和抗压强度、结构面间距、RQD、完整性系数和透水率等5个定量指标。其中以岩石饱和抗压强度和完整性系数为主要指标，结构面间距为次要指标；以透水率作为完整性系数的辅助指标，以RQD作为结构面间距的辅助指标。

按照上述原则，在系统统计分析岩体结构特性指标的基础上，结合坝基工程地质条件和试验研究成果，建立了如表4-25所示的坝基岩体工程地质分类及岩体工程特性参数表。

表 4-25 坝基辉绿岩工程地质分类及岩体工程特性参数

类别	风化程度	岩体结构类型	饱和抗压强度 R_b(MPa)	岩体纵波速度 V_p(m/s)	岩体完整系数 K_v	岩石质量指标 RQD(%)	结构面发育程度	透水率(Lu)	抗剪断(混凝土/岩) f'	C'(MPa)	变形模量 E_0(GPa)
AⅡ	微风化	块状、次块状	120~180	>5 200	>0.73	90~75	结构面较发育,间距1.0~0.3 m,软弱面分布不均,不存在影响基础稳定的楔体或较弱体	<1.0	1.2(1.10)	1.0	16~22
AⅢ₁	微风化	镶嵌结构	80~120	4 800~5 200	0.62~0.73	75~50	结构面较发育,同距0.3~0.1 m,主要为中、陡倾角,陡倾硬性结构面,缓倾弱面不发育,岩块间嵌合好		1.1(1.0)	0.9	8~14
AⅢ₂	微风化	镶嵌结构	80~100	4 500~4 800	0.54~0.62	50~25	结构面发育,间距0.3~0.1 m,延展性差,多闭合,岩块间嵌合较好	1.0~10	1.05(1.0)	0.8	7~8
AⅣ₁	弱风化	块裂结构	60~80	3 500~4 500	0.33~0.54	50~25	结构面发育—很发育,间距0.3~0.1 m,岩块间有岩屑和泥质物充填,岩块间嵌合力中等—较松弛		0.9	0.7	5~7
CⅣ	强风化下部	碎裂结构	15~30	3 000~3 500	0.24~0.33	<25	结构面很发育,有夹泥软弱结构面	10~100	0.7	0.45	2~3
V	强风化上部	碎裂—散体		2 500~3 000	0.17~0.24		很发育,间距0.1~0.05 m,多张开,夹碎屑和泥		0.7	0.35	1.5~2.0
	构造带			<2 500	<0.17		结构面密集,组数多,岩块小,泥或泥包岩块,具连续介质特征	>100	0.5	0.2	0.8~2.0

注:括号内的数值是初步设计阶段的指标。

4.7　RCC坝基建基岩体利用研究

4.7.1　坝基岩体利用研究思路及方法

（1）坝基岩体利用应满足《混凝土重力坝设计规范》的要求。规范规定："混凝土重力坝的建基面应根据大坝稳定、坝基应力、岩体物理力学性质、岩体类别、基础变形和稳定、上部结构对基础的要求、基础加固处理效果及施工工艺、工期和费用等经济技术经济比较确定。原则上应在考虑基础加固处理后，在满足坝的强度和稳定的基础上，减少开挖量。"同时还规定："坝高超过100 m时，可建在新鲜、微风化或弱风化下部基岩上；坝高100～50 m时，可建在微风化至弱风化中部基岩上；坝高小于50 m时，可建在弱风化中部—上部基岩上。两岸地形较高部位的坝段，可适当放宽。"

（2）根据不同坝段挡水高度、坝体断面，按照规范要求的安全系数，得出相应坝基岩体需要满足的抗剪强度及变形模量。

（3）根据已建立的坝基岩体工程地质分类与力学参数对照表，确定岩体需要达到的类别及声波纵波速度值、RQD等岩体结构特性指标。为简便起见，我们以岩体的声波速度值作为坝基可利用岩体的定量判断指标，并以此确定可直接利用岩体及需要进行加固处置的范围。

（4）经大坝稳定计算，坝高大于70 m的坝块，必须建在微风化岩体上，相应坝基岩体纵波速度应大于4 500 m/s；坝高30～70 m的坝块，应建在微风化至弱风化中部基岩上，坝基岩体纵波速度应大于4 000 m/s；坝高小于30 m的坝块，可建在弱风化上部至强风化下部基岩上，坝基岩体纵波速度应大于3 000 m/s。对于局部风化破碎地段或构造蚀变带不能满足上述要求的，需进行处理，如深挖回填混凝土、固结灌浆等。

（4）分析坝基钻孔声波速度值及平硐地震波速值，按设计确定的不同坝高的波速值选择对应坝段的建基面，并通过绘制对应高程平切面图及汇总表将岩体类型及相关参数表示出来，提供给设计使用。

（5）坝基开挖后，根据基坑地质编录、坝基岩体声波检测和坝基现场试验取得的资料，进一步复核、细化坝基岩体各项结构特性指标，采用加权平均方法确定每一坝块不同类型岩体的比例，并据此调整抗剪强度及变形模量指标，提供给设计复核验算及完善坝基处理方案。

4.7.2　坝基岩体利用研究成果

4.7.2.1　初步设计阶段

以建立的坝基岩体工程地质分类与工程特性参数表（见表4-25）为基础，根据不同坝段坝高初步确定建基面高程，再通过绘制平切面图，统计钻孔RQD值及声波纵波速度，确定初拟建基面岩体工程地质类型，最后参照坝基岩体工程地质分类与工程特性参数表，确定研究坝块的力学参数。各坝块的岩体工程地质分类及力学参数见表4-26。

表4-26 各坝块岩体工程地质分类及地质参数建议表

坝块		建基面高程（m）	地质条件	岩体工程地质分类	参数建议值（混凝土/岩）
1	1A	208～234 m	弱风化辉绿岩中上部、强风化岩体中下部，RQD < 20%，V_p = 3.0～4.0 km/s	AIV$_1$～CIV	f' = 0.7～0.9 C' = 0.45～0.7 MPa E_0 = 2～7.0 GPa
	1B	192～209.5 m	弱风化辉绿岩中上部，RQD = 20%～30%，V_p = 3.5～4.0 km/s	AIV$_1$	f' = 0.9 C' = 0.7 MPa E_0 = 5～7 GPa
2	2A	177～196 m	弱、微风化辉绿岩，RQD = 30%～40%，V_p = 4.0～5.0 km/s	AⅢ$_1$	f' = 1.0 C' = 0.9 MPa E_0 = 8～14 GPa
	2B	162～181.5 m			
3	3A	147～169 m	以微风化辉绿岩为主，局部为弱风化辉绿岩，RQD = 30%～40%，V_p = 4.5～5.5 km/s	AⅡ	f' = 1.1 C' = 1.0 MPa E_0 = 16～22 GPa
	3B	129～156 m	微风化辉绿岩中上部，RQD = 40%～60%，V_p = 5～5.5 km/s	AⅡ	f' = 1.1 C' = 1.0 MPa E_0 = 16～22 GPa
4	4A	110～129 m	以微风化辉绿岩为主，局部为弱风化辉绿岩，RQD = 30%～60%，V_p = 4.5～5.5 km/s	AⅡ	f' = 1.1 C' = 1.0 MPa E_0 = 16～22 GPa
	4B	107～110 m			
5		104 m	弱、微风化辉绿岩，RQD=17%～15%，V_p=3.8～5.5 km/s。6A坝块中的F$_6$断层宽带3～5m，V_p=1.5～2.0km/s	AⅢ$_2$ F$_6$断层带为V	f' = 1.0 C' = 0.8 MPa E_0 = 7～8 GPa F$_6$断层带： f' = 0.5 C' = 0.2 MPa E_0 = 1.0 GPa
6	6A	104～115.5 m			
	6B	110～115.5 m	微风化辉绿岩的上部，RQD = 41%～64%，V_p = 4～5.5 km/s	AⅡ～AⅢ$_1$	f' = 1.0～1.1 C' = 0.9～1.0 MPa E_0 = 8～22 GPa
7	7A	110～116 m	微风化辉绿岩的上部，RQD = 34%～56%，V_p = 4.0～5.0 km/s	AⅢ$_1$	f' = 1.0 C' = 0.9 MPa E_0 = 8～14 GPa
	7B				
8	8A	114～128 m	弱、微风化辉绿岩，RQD = 35%～50%，V_p = 4.0～5.0 km/s	AⅢ$_1$	f' = 1.0 C' = 0.9 MPa E_0 = 8～14 GPa
	8B	123～144.5 m			

续表 4-26

坝块		建基面高程（m）	地质条件	岩体工程地质分类	参数建议值（混凝土/岩）
9	9A	132～150.5 m	弱、微风化辉绿岩，RQD = 25%～50%，V_p = 4.0～5.0 km/s	AⅢ₁	f' = 1.0 C' = 0.9 MPa E_0 = 8～14 GPa
	9B	141.5～157.5 m			
10	10A	151～164.5 m	弱风化辉绿岩的下部，RQD = 25%～50%，V_p = 4.0～4.5 km/s	AⅢ₂	f' = 1.0 C' = 0.8 MPa E_0 = 7～8 GPa
	10B	157～169.5 m			
11	11A	163～182.5 m	弱、微风化辉绿岩，RQD = 20%～80%，V_p = 4.0～5.5 km/s	AⅡ～AⅢ₂	f' = 1.0～1.1 C' = 0.8～1.0 MPa E_0 = 7～22 GPa
	11B	176～194.5 m			
12	12A	192～202 m	强、弱风化辉绿岩，RQD < 25%，V_p = 3.0～4.0 km/s	CⅣ₁	f' = 0.7 C' = 0.45 MPa E_0 = 2～3 GPa
	12B	200～222 m			

4.7.2.2 施工图设计阶段

初步设计后期，即招标设计阶段，在消力池辉绿岩区域补充了钻孔变形试验。施工详图阶段，在坝基开展了声波检测及补充剪切、变形试验，获得了更多更加丰富的试验数据，同时，通过基坑地质编录，进一步获得了详细准确的构造、风化、蚀变等地质资料。分析研究所有资料后，对大坝每个坝块地基岩体的类型及力学参数进行了全面复核，并根据复核结果对各坝块力学参数建议值进行微调。其中调整的主要方法和原则如下：

（1）以混凝土／辉绿岩野外抗剪断试验成果的优定斜率法下限值作为混凝土／岩石的抗剪断强度标准值，修正坝基岩体工程地质分类及岩体工程特性参数表（主要调高了f'值）。

（2）每个坝块上作2～3条垂直坝轴线的工程地质剖面图（比例尺1∶500），根据每个坝块及周围附近的勘探孔和平硐资料，按已建立的坝基岩体工程地质分类标准，对不同风化状态辉绿岩体或相同风化状态而不同结构类型的辉绿岩体进行了更细致的工程地质分类，并将岩体工程地质类别、RQD值、岩体纵波速度V_p值以及岩体透水率等指标标注在工程地质剖面图上（见图4-15），供设计选择合理的大坝建基面。

（3）每个坝块设计建基面力学参数地质建议值主要根据每个坝块建基面上不同岩体质量类别的面积比例，采用算术加权平均确定。

（4）坝基辉绿岩体变形模量的选取。

坝基开挖后，在4B#、5#、6B#、7A#坝段的建基面上补充进行了14点现场变形试验，测得镶嵌结构岩体平均变形模量为5.14 GPa，次块状结构岩体平均变形模量为6.95 GPa。均比勘探平硐内镶嵌结构岩体变形模量平均值8.07 GPa和钻孔内岩体变形模量平均值12.9 GPa低。说明岩体变形模量与岩体被扰动程度、岩体初始应力状态有

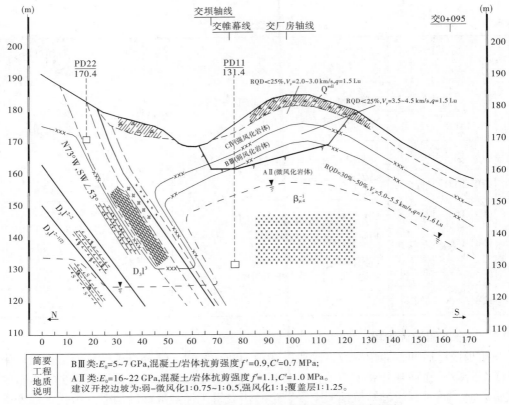

简要工程地质说明

BⅢ类：E_0=5~7 GPa，混凝土/岩体抗剪强度f'=0.9，C'=0.7 MPa；
AⅡ类：E_0=16~22 GPa，混凝土/岩体抗剪强度f'=1.1，C'=1.0 MPa。
建议开挖边坡为：弱-微风化1:0.75~1:0.5，强风化1:1；覆盖层1:1.25。

图 4-15 坝基利用岩体综合研究成果图（2B/3A断面）

很大的关系。通过对这一现象的深入分析研究，提出了反映岩体应力环境的分层模量值，即坝基埋深0~10 m变形模量为5 GPa，坝基埋深10~30 m变形模量为8 GPa，坝基埋深大于30 m变形模量为12 GPa。这样一来，很好地解决了河床坝段岩体因采用5 GPa单一模量出现大坝变形偏大不满足规范要求的情况。

总体来说，施工详图阶段各坝块的坝基岩体工程地质类别与原地质判断的基本一致或好于原地质划分的类别。

4.8 坝基岩体松弛与改良研究

4.8.1 概述

水利水电工程建设中，大坝坝基岩体受开挖爆破和卸荷影响，建基面岩体均会受到不同程度的损伤。一般情况下，不论岩体受损伤程度的强弱如何，其工程地质性状均会受到一定程度的弱化，力学指标均会有不同程度的降低，开挖后可能出现建基面岩体质量低于设计要求的情况。对此，通常采取优化爆破工艺、控制爆破参数、预留保护层等措施来减轻这种影响，而且大都获得较好的效果。但对特殊地应力区和岩体结构比较复杂的地区，除了采取有效的爆破控制措施，尽可能减轻其对岩体的损伤程度，更需要重视建基岩体质量的重新评价和加固改良的作用。

4.8.2 坝基开挖与岩体质量检测

4.8.2.1 坝基开挖爆破工艺及参数

坝基开挖从2002年1月开始，至2003年1月结束，共完成石方开挖109.2万m³。开挖采用预裂爆破分梯段进行，预裂爆破先于梯段爆破至少100 ms；对坡比陡于1:1的节理密集部位，在主炮孔和光面爆破之间设置缓冲爆破孔，其单孔装药量减半；使用CM351高风压潜孔钻车、KLQ-100B潜孔钻和手风钻钻孔，2#硝铵炸药或乳化防水炸药进行爆破，预裂爆破参数见表4-27。根据基岩特点和开挖坡面形状，预留1.8~3.0 m厚的保护层，保护层按常规方法进行钻爆，建基面预留0.2~0.3 m用人工撬挖。

表4-27 坝基开挖预裂爆破参数

序号	项目	左岸		右岸
1	钻头直径(mm)	40	105	76
2	钻孔深(m)	≤3	10~20	5~12
3	钻孔间距(cm)	50	110	75~80
4	药卷直径(mm)	20	32	32
5	不偶合系数	2.5	3.44	2.38
6	线装药密度(g/m)	380	350	200~220
7	装药结构	等间隔平均装药		
8	孔底装药结构	1 m 760 g	0.8 m 300 g	0.6 m 连续装药
9	孔口封堵长度(m)	0.4	1.2	1.0~1.2

注：①采用电雷管分段起爆。②最大单响药量不大于30 kg。

4.8.2.2 坝基岩体质量检测

1.检测方法

坝基建基面岩体质量检测方法主要采用地震波法、声波测井和声波跨孔测试三种方法同时进行。

地震波法反映表部水平方向岩体的变化情况，该方法无需借助钻孔，测线网遍及建基面，因此能从整体上宏观控制建基面表部岩体的质量；声波测井反映局部垂直方向岩体的变化情况，有针对性地微观控制建基面特殊部位的岩体质量；声波跨孔测试反映两个测试孔之间垂直方向岩体的变化情况，能更全面地检测建基面以下岩体质量。三种方法并用，能全面检测建基面岩体质量。

地震波法测线布置原则：在较平坦的坝基上垂直坝轴线方向布线，线距3 m左右，检波距3 m左右，以坝块为单位形成测试网络。

地震波法测试时，把检波器牢固地粘贴在基岩面上，以3 m左右点距用启动锤敲击基岩面，与检波器相连的地震仪便可接收到检波器记录的波动信号，以检波器得到的初至时间和检波距就可求得此段岩体的弹性波纵波速度（V_p）。需要注意的是，地震波法测得的波速值均为建基面表部受爆破、裂隙、卸荷、风化、结构面等因素影响的岩体综合速度值，一般情况下，该速度值要小于未受扰动和表部以下的岩体波速值。

声波测井分两步进行，第一步：原则上沿坝轴线方向，每隔15 m左右布置一条垂直坝轴线方向的测试剖面；两岸坝段，每条测试剖面布置2对钻孔，每对钻孔间距5 m左右，分别布置在坝趾和坝踵部位；河床坝段，每条测试剖面布置3对钻孔，分别布置在坝趾、坝基中部和坝踵部位。具体钻孔位置由地质人员根据坝基地质情况和现场条件有针对性地布孔。第二步：在坝基固结灌浆时，利用一序孔进行，测试数量为一序孔的5%，以弥补第一步测试数量不足的缺陷，同时又可以为固结灌浆效果检查提供资料。

声波跨孔测试主要利用声波测井钻孔进行，跨孔距离一般为5 m左右，点距为0.5 m。

2.检测结果分析

评价岩体质量除应用纵波速度外，同时还利用岩体完整系数（K_v）进一步评价建基面岩体的完整性。根据完整岩石测试，坝基辉绿岩岩块或完整岩体的地震波波速 V_{pm}为5 500 m/s，声波波速V_{pr}为6 100 m/s。岩体完整系数的分类参见表4-28。

表4-28 岩体完整性程度分类

岩体完整性程度	破碎	完整性差	较完整	完整
地震波V_{pm}（m/s）	<2 460	2 460~3 690	3 690~4 764	4 764~5 500
声波 V_{pr}（m/s）	<2 728	2 728~4 092	4 092~5 283	5 283~6 100
$K_v:(V_{pm}/V_{pr})^2$	<0.2	0.2~0.45	0.45~0.75	0.75~1.0

（1）地震波V_{pm}特征值。

地震波V_{pm}反映的主要是浅部岩体的波速，由于受开挖爆破影响，岩体波速较低。经统计，平均波速V_{pm}<2 000 m/s的坝块有2个：3A、4B~5；平均波速V_{pm}>3 000 m/s的坝块有5个：6B₂~7B₁、8A₁、8A₂、8B₁、12A；大部分坝块平均波速在2 000~3 000 m/s。也就是说，建基面浅部岩体以破碎岩体和完整性差岩体为主，较完整岩体和完整岩体占的比例很小。

（2）声波测井V_{pr}特征值。

除表层2 m以内波速较低，下部波速普遍较高。平均波速V_{pr}<4 500 m/s的坝块有1个：13坝块；平均波速V_{pr}>5 500 m/s的坝块有5个：4B、8A₁、8B₁、8B₂、11A；大部分坝块平均波速在4 500~5 500 m/s，说明坝基岩体质量普遍较好。

（3）声波跨孔测试V_p特征值。

声波跨孔测试V_p值反映的情况和声波测井情况相似，只是该波速值比声波测井的波速值略低，这是由于声波跨孔测试反映的是两个测试孔之间垂直方向岩体的变化情况，它对孔间的裂隙反应更灵敏。

（4）坝基开挖爆破或卸荷带影响深度。

根据地震波测试、声波测井、声波穿透资料分析，表层 0~2.5 m内坝基岩体声波纵波速度一般为2 500～4 500 m/s，2.5 m以下坝基岩体声波纵波速度一般大于5 000 m/s。表层低速带主要是开挖爆破或卸荷所致。其代表性曲线见图4-16。

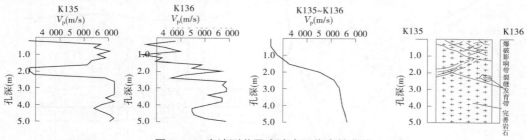

图4-16　声波测井及声波穿透代表性曲线

（5）岩体松弛原因分析。

建基面岩体出现的松弛现象，既有辉绿岩自身原因，如辉绿岩脉宽度不大，历史上受构造作用强烈，隐微裂隙发育，抗扰动能力弱等；同时也有爆破松动、卸荷等外部原因。从坝基开挖的效果看，不同的爆破参数对建基面岩体的扰动程度不同，诸多参数中起控制作用的是钻头直径、钻孔间距、药卷直径及装药密度。如钻头直径40 mm、孔间距50 cm、药卷直径20 mm的爆破效果最好，爆破对岩体的损伤最小，预裂面最为平整；而钻头直径105 mm、孔间距110 cm的爆破效果最差，爆破对岩体的损伤最大，在残留的孔壁上常见爆破产生的长大张开裂隙，预裂面也起伏不平。本区虽然地应力水平不高，但由于最大主应力呈水平向，建基面上部岩体挖出后，其浅表部最大最小应力差达到最大，当失去垂直方向的约束时，则向临空面产生变形，从而加剧岩体松弛。

4.8.3　松弛岩体工程特性研究

坝基开挖后，建基面浅表部岩体出现的松弛现象引起了各方的高度关注，为此专门召开了坝基变形与大坝稳定的专题咨询会。专家们在对岩体松弛成因进行深入分析后，认为百色坝基辉绿岩脉具有宽度小、历史上受构造作用强烈、隐微裂隙发育、抗扰动能力弱等特点，爆破、卸荷对辉绿岩体松弛的影响用继续深挖的办法已经不能从根本上解决，应开展松弛岩体的变形特性和抗剪强度的试验研究，在此基础上，复核大坝稳定和坝基应力与变形，改进施工工艺和加强固结灌浆。

4.8.3.1　变形试验

变形试验布置在4#～7#坝基（见图4-17），共10个试验点位，获得14测点的模量值，其中6B#～7A#坝基的4个试点因岩体较破碎，在同一部位分表层和深1.5 m分别进行了两次试验。试验采用圆形刚性承压板法，承压板面积2 000 cm²，最大压力为3.5 MPa，按等分五级反力架施加。试点岩体大部分属碎裂—镶嵌碎裂结构，$V_p=$ 2 043～4 478 m/s，变形模量$E_0=1.77～8.28$ GPa，平均5.0 GPa，较原地质建议的8 GPa降低3 GPa，降低37.5%。

4.8.3.2　抗剪断试验

试验布置在6B#坝块，在建基面采用小爆破开挖一条长约14.0 m、宽约1.5 m、深1.0 m的试坑，所有试点均布置于坑内。混凝土/岩体直剪试验1组计5个试体。试

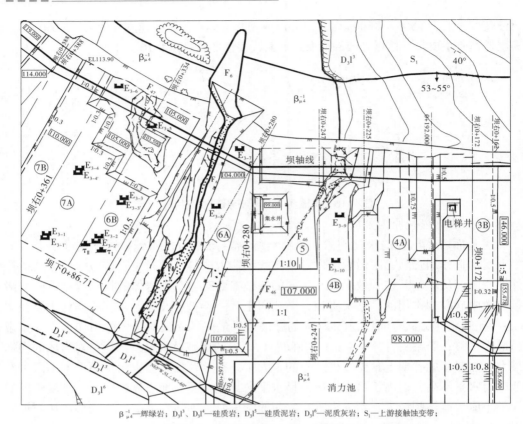

β$_{μ4}^{-1}$—辉绿岩；D$_3$l^3、D$_3$l^4—硅质岩；D$_3$l^5—硅质泥岩；D$_3$l^6—泥质灰岩；S$_1$—上游接触蚀变带；

F$_6$—断层蚀变带；▆—抗剪试验点；▆—变形试验点；4A—坝块编号

图4-17 坝基开挖后现场试验点位分布图

块面积2 500 cm^2，起伏差0.5~1.0 cm。试验最大正应力为3.0 MPa，铅直向反力架施加，水平推力方向同设计剪应力方向即208°。混凝土为准三级级配，配合比为0.55：1：2.8：7.8，水泥采用湖南石门525中微膨胀水泥，砂、碎石为大坝用辉绿岩人工砂石。

岩体直剪试验1组计7个试件。在已开挖的试坑内清除松动岩块，确定每个试体位置后，表面大致凿平，然后浇一层水泥砂浆抹平整，待一定强度后在砂浆面上画线布置排孔，用风钻打孔，孔深约30 cm。而后用小切割机和手工将试体四周岩块剥离清除，留出面积2 000~2 500 cm^{2}的岩柱体，顶面和四周用铅丝网捆扎，四周同时立模板浇注高强度水泥砂浆保护壳，保护壳与剪切线留有2 cm的间隙，以便试验时形成自由剪切面，待保护壳砂浆一定强度后即进行试验。试验加力方向与混凝土/岩体直剪试验相同，因岩体破碎，最大正应力取值稍低。

混凝土/岩体抗剪强度f'=1.38，C'=1.64 MPa，大于前期两岸平硐中的试验值。岩体直剪试验，因岩体破碎，制样时试样已被扰动，试验值只能代表碎裂结构岩体的抗剪强度，f=0.79，C=0.70 MPa；τⅡ-7试件岩体较完整，初次剪断后进行了单点法抗剪试验，其f=1.19，C=1.34 MPa；本次坝基岩体直剪强度与前期探硐中同类岩体抗剪强度基本相当，满足设计要求。

104

根据坝基变形、抗剪试验结果，复核调整了地质参数并重新进行了大坝稳定验算，结果表明坝基应力、变形、稳定仍满足设计要求。

4.8.4 坝基岩体改良

　　已有工程经验表明，固结灌浆对提高岩体波速和变形模量有显著作用，可有效地改善坝基岩体的整体性。碾压混凝土坝不同常态混凝土坝，可以采取跳仓浇筑、穿插进行基础固结灌浆。因此，在一般情况下，为减少对直线工期的影响，通常采取无盖重固结灌浆，不能进行无盖重固结灌浆时则考虑在浇筑垫层混凝土后或高温季节碾压混凝土停浇时进行基础固结灌浆。百色大坝河床坝段坝基固结灌浆就是在2003年高温季节碾压混凝土停浇时进行的。此前为争取低温碾压混凝土的宝贵时间，停浇时河床$4^{\#} \sim 7^{\#}$坝段的碾压厚度已达15～29 m。厚盖重碾压混凝土为基础松弛层岩体的固结灌浆设计优化和固结效果创造了条件。

4.8.4.1 生产性固结灌浆试验

　　根据建基面岩体质量及弹性波检测结果，分别在7A$^{\#}$和8A$^{\#}$坝块选择$V_p<4\,000$ m/s和$V_p=4\,000 \sim 4\,500$ m/s的两个区域开展坝基生产性固结灌浆试验。试验主要是选择合适的浆液水灰比和灌浆压力等工艺参数。试验过程中，采用自动记录仪对灌浆压力、注入率等参数进行记录。鉴于混凝土盖重较大，试验采用了较浓的开灌浆液和较高的压力。浆液水灰比采用2∶1、1∶1和0.6∶1三个比级；灌浆压力采用0.3~1.0 MPa。灌后声波检测波速平均提高3.42%~5.67%，建基面浅表部松弛层低波速点都有较大提高，波速低于4 000 m/s的区域基本消灭。

4.8.4.2 坝基固结灌浆

　　为了提高坝基岩体的整体性，解决坝基开挖后建基面浅层低速带问题，对整个坝基进行了全面固结灌浆处理。其中溢流坝段和右河床挡水坝段坝踵部位岩体灌浆段深度为15 m，其余坝段为12 m；坝趾部位的岩体固结灌浆深度为8 m，坝基中部岩体固结灌浆深度均为5 m。固结灌浆孔、排距为3 m×3 m，孔位布置成正方形。根据生产性灌浆试验的效果，在提高灌浆压力和缩短第一灌浆段长度等设计优化的基础上实施。灌浆分二序施工，灌浆材料为425号的普通硅酸盐水泥（F_6、F_{46}构造蚀变带用超细水泥），灌浆浆液水灰比采用2∶1、1∶1、0.6∶1三个比级，灌浆压力第一段0.8～1.2 MPa，第二段1.5～2.0 MPa，第三段以下2.0～2.5 MPa。不同灌浆深度的第一段段长均为2 m，灌浆塞塞在建基面上0.5 m处；以下各段灌浆根据灌浆段长度，采用自上而下或自下而上分段灌浆法或孔口封闭灌浆法。

　　$4^{\#}$坝基内完成灌浆孔数612个，单位注入量64.8 kg/m；$5^{\#}$坝基内完成灌浆孔数493个，单位注入量19.96 kg/m；$6^{\#}$坝基内完成灌浆孔数387个，单位注入量61.05 kg/m；$7^{\#}$坝基内完成灌浆孔数584个，单位注入量85.6 kg/m。灌后对每个坝块按灌浆孔数的5%进行了声波和压水检查，所有检查孔压水检查均合格；从声波检查统计资料看（见表4-29），$4^{\#} \sim 7^{\#}$坝块坝基0～2.0 m范围的平均波速均超过4 500 m/s，达到了AⅢ类岩体标准，满足设计要求。可以看出，固结灌浆的效果十分显著，岩体波速提高2.1%～15.48%,特别是较破碎的岩体，其固结效果更为明显，波速提高幅度更大。

表4-29　坝基岩体在不同条件下浅表部岩体的纵波速度统计情况

坝块	坝基开挖后的 V_p（m/s）	有坝体压重的 V_p（m/s）	固结灌浆后的 V_p（m/s）	压重引起波速升高（%）	灌浆引起波速提高（%）	坝体浇筑厚度（m）
4#	3 707	4 567	5 274	23.2	15.48	16 ~ 18.6
5#	3 517	4 596	5 274	30.68	14.75	18
6#	3 985	5 331	5 443	15.31	2.1	15
7#	4 938	4 923	5 356	0.3	8.8	19 ~ 20

图4-18是8A#坝块灌前与灌后V_p频态分布图（虚线代表灌前，实线代表灌后）。灌前孔低于4 500 m/s的波速点占11.37%，灌后检查孔低于4 500 m/s的波速点占1.5%，且建基面2 m内岩体波速有大幅度提升，没有连续的低速点，说明坝基岩体纵波速度满足验收要求。对比整个坝基各坝块灌与灌后V_p频态分布图，灌后检查孔低于坝基岩体验收标准波速值的波速点大幅度降低甚至完全消除。同时建基面2 m内的爆破影响深度，大部分坝块固结灌浆后波速平均值均有不同程度地提高，提高率最大可达37.31%。

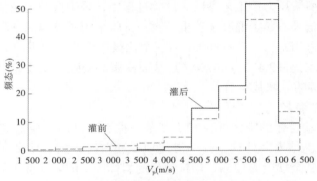

图4-18　8A#坝块灌前与灌后V_p频态分布

4.8.4.3　讨论

坝基开挖后，为鉴定岩体质量，对整个坝基进行了系统的弹性波测试，其中仅在4# ~ 7#坝基就布置了72个孔进行单孔和跨孔穿透声波测试，坝体碾压到一定厚度后，又利用固结灌浆孔147个进行声波测试。对比坝基开挖后与灌浆前测得的波速值，发现混凝土压重对坝基岩体具明显的"压密"作用，这种压密使岩体的波速最大提高30.68%，坝基浅表部岩体未浇混凝土前的纵波速度V_p=3 707 ~ 4 938 m/s，当浇15 ~ 20 m厚混凝土盖重时，灌前波速V_p=4 567 ~ 5 331 m/s,较无盖重时最大提高1 346 m/s。

一般情况下，岩土体在一定围压作用下会产生一定程度的压缩，压缩的幅度取决于岩土体的性质和围压的大小。百色RCC混凝土盖重的"压密"效应如此显著，除了与坝区中等水平应力场和辉绿岩隐微裂隙发育等因素有关外，坝体15 ~ 20 m厚混凝土压重应是主要因素，压重引起的垂直荷载达到了400 ~ 500 kN，超过了坝基开挖前上覆岩体的重量。

4.8.5 小结

（1）百色大坝坝基辉绿岩岩体宽度狭窄，隐微裂隙发育，受开挖爆破松动和卸荷影响，在建基面浅表部形成了厚度0.5～1.6 m、局部2～5 m的低波速松弛层，岩体破碎、波速降低，岩体质量达不到设计要求。

（2）考虑到辉绿岩属"硬、脆"岩体，隐微裂隙发育，继续深挖对改善岩体质量已无实际效果的情况，通过现场变形、抗剪试验，研究松弛层岩体的工程地质特性，及时调整优化固结灌浆参数，加强对松弛破碎岩体的处理。

（3）混凝土压重除为固结灌浆提供侧限条件、增强固结效果外，压重对松弛层岩体具有一定的"压密"作用。

（4）经过固结灌浆处理，使松弛破碎岩体的纵波速度得到较大提高，整体性得到明显改善，达到设计标准要求。

4.9 坝基深层抗滑稳定工程地质研究

坝基辉绿岩体较单薄，上、下盘均存在性状很差的接触蚀变带。在河床段，上盘蚀变带距坝趾仅10 m左右，深切的右Ⅳ沟位于右坝肩下游，使坝基处于三面临空的状态。坝基辉绿岩体存在缓倾角节理是构成坝基向下游临空面产生深层滑动的控制性边界条件。

由于辉绿岩体中的缓倾角节理随机分布，规模不大，且闭合，要查明它的分布位置、规模、性状、连通性及滑动模式，难度非常大，在国内外尚无成功解决的先例。

4.9.1 缓倾角结构面的勘察

4.9.1.1 前期勘察阶段对缓倾角结构面的研究与基本结论

影响深层抗滑稳定的决定性条件是缓倾角结构的存在，因此对坝基辉绿岩缓倾角裂隙的调查和研究从未间断。可行性研究阶段勘察方法主要有基岩露头统计、勘探平硐、钻孔和竖井。初步设计阶段为了进一步查清缓倾角裂隙的发育特征，在左右两岸及河床布置了8个钻孔彩色电视录像和一些钻孔、平硐、试验等。招标阶段又对钻孔和平硐缓倾角裂隙发育情况进行了复核，同时在右岸导流洞辉绿岩洞段也进行了缓倾角节理统计。

左岸有3个勘探平硐，即PD11、PD206、PD21，分别布置在130 m、140 m、180 m高程，其中辉绿岩洞段总长度为605 m。调查结果显示，倾角小于30°缓倾角裂隙不发育，贯穿三壁、延伸长度大于8 m的裂隙只有6条，其中有4条产状为：N40°～60°W，NE∠20°～30°，有2条产状为：N50°～60°E，NW∠20°～30°，主要分布在距上盘接触蚀变带20 m范围内。其余段洞段延伸长度基本上小于5 m。

右岸有5个勘探平硐，即PD19、PD202、PD24、PD18、PD201，分别布置在132.7 m、136.9 m、165.5 m、170.4 m、203.5 m高程，其中辉绿岩洞段总长度为435 m。据统计，缓倾角裂隙较左岸发育。贯穿三壁、延伸长度大于8 m的裂隙有40条，其中有35条产状为：N30°～60°W，NE∠20°～32°，有5条产状为：N40°～50°E，

NW∠20°～30°，主要分布在距上、下盘接触蚀变带20～30 m范围内。其余段洞段延伸长度基本上小于5 m。

据施工开挖完毕的右岸导流隧洞统计，延伸长度15～20 m的缓倾角裂隙有5条，其中有2条分布在距上盘接触蚀变带30 m范围内，产状为：N40°～50°W，NE∠25°～30°，有3条分布在距下盘接触蚀变带20 m范围内，产状为：N60°W，NE∠20°。延伸长度8～15 m的缓倾角裂隙有8条，分布在距上游接触蚀变带30 m范围内，产状为：N50°～70°W，NE∠25°～30°。其余部位缓倾角裂隙不太发育，且延伸长度基本上小于5 m。

钻孔彩色电视录像有8个，其中两岸各2个，河床4个，除左岸钻孔ZK203裂隙倾角在40°～60°变化外，其余7个钻孔裂隙倾角主要在45°～60°变化，未发现倾角小于30°的裂隙。而在钻孔岩芯统计中，这8个彩色电视录孔只有1个未发现有缓倾角裂隙，其余7个均有缓倾角裂隙，且较发育。这说明缓倾角裂隙主要以隐微裂隙或闭合的形式出现，且延伸长度较短，与勘探平硐统计结果基本一致。

根据以上统计资料分析，得出以下结论：

（1）坝基辉绿岩缓倾角裂隙具有明显的不均一性和相对集中性，有的部位较发育，裂隙间距0.1～0.3 m，有的部位数米不见一条。相比较，河床和右岸较左岸发育，辉绿岩上、下盘接触蚀变带20～30 m范围内较其他部位发育。

缓倾角裂隙延伸长度，除辉绿岩上、下盘接触蚀变带20～30 m范围内较长，一般5～8 m，极少数15～20 m，其余部位延伸长度较短，一般小于5 m。

（2）坝基辉绿岩缓倾角裂隙的优势产状有两组，一组为N30°～50°W，NE∠15°～30°，另一组为N30°～60°E，NW∠15°～30°，其中以前一组为主。这两组缓倾角裂隙与水流向交角较小，与其他裂隙组合对坝基稳定不利。

（3）弱—微风化辉绿岩缓倾角裂隙主要充填1～5 mm厚的方解石或闭合无充填，少数充填1～2 mm厚的岩屑和绿泥石。裂面以平直粗糙为主，少数起伏粗糙。根据现场结构面抗剪试验资料分析，缓倾角结构面抗剪强度f=0.5、C=0.15 MPa。

（4）根据对钻孔、平硐和导流隧洞缓倾角裂隙的统计，经综合分析得出坝基缓倾角裂隙连通率为35%～45%。

4.9.1.2　施工期对缓倾角结构面的勘察分析

在坝基开挖过程及坝基开挖完成后，对节理（重点是缓倾角节理）进行了统计，统计节理数近1 000条。在坝基平面上用拉线法进行统计，拉线方向为平行坝轴线、垂直坝轴线或者与节理裂隙走向基本垂直，不但统计节理的产状、充填物特性，还对每组节理分别统计节理间距。其主要目的是想采用蒙特卡洛法原理，生成与实际节理面具有相同统计特征的节理面网络，并由此计算沿不同剪切方向上的节理连通率；然后，根据节理连通率计算辉绿岩的总的抗剪断强度指标，进行坝基稳定分析。

4.9.2　坝基稳定性分析

4.9.2.1　非线性有限元法

由于基础及前后岩体变模相差较大而且坝基岩石普遍存在裂隙，因此用非线性有限元计算方法，考虑超载和强储相结合，分析坝体和坝基失稳破坏过程、破坏形态和破坏机制，寻找坝基可能的滑动路径，计算坝基深层最小抗滑安全系数，评价其抗滑稳定安全性。

1.研究内容

（1）对河床右侧挡水坝段6A#、6B#坝段建立三维有限元计算模型，对河床溢流坝段4B#、右岸坡坝段下游临空的典型坝段9B#建立二维有限元计算模型，模型考虑辉绿岩上下游蚀变带、F₆等断层及不同出现概率的各组视层面和反倾向节理，考虑渗透场作用。采用非线性有限元分析坝体和坝基的位移、应力状态，坝基变形协调情况，以及可能的坝基失稳区域和失稳机制，提出超载和综合安全系数。就正常工况，采用三维刚体弹簧元法，对可能的滑移路径进行危险滑块搜索，提出各种滑动组合的安全系数，确定最不利的滑移路径。

（2）采用三维刚性弹簧元反应谱法，研究河床右侧挡水坝段6A#、6B#及右岸坝段9B#坝基的抗震安全度。

（3）对9B#、4B#和6A#、6B#坝段坝体的变形及应力状态开展参数敏感性分析，重点研究不同变模组合、不同渗压计算方法对坝体变形和应力分布的影响程度，并与国内外已建成同类型坝的变形开展对比研究。

2.地质参数选取

辉绿岩裂隙特征值及计算采用值见表4-30。坝基变位敏感性分析基岩变形模量组合见表4-31。采用的基础岩石力学指标见表4-32。

表4-30　辉绿岩 β$_μ^1$裂隙特征值

位置		A 区		B 区		C 区		裂隙发育方向取用值
		靠近上游接触蚀变带 20~30 m 范围内		除 A、C 区外的辉绿岩		靠近下游接触蚀变带 20~30 m 范围内		
		勘测值	取用值	勘测值	取用值	勘测值	取用值	
连通率	I	20%	20%	60%	60%	80%	80%	N67.5°W/SW∠55.0°
	II₁	30% ~ 40%	35%	80%	80%	30% ~ 40%	35%	N60.0°E/NW∠65.0°
	II₂			10%	10%			N45.0°E/NW∠22.5°
	III	30% ~40%	35%	80%	80%	30% ~40%	35%	N15.0°E/SE∠67.5°
	IV₁	80%	80%	30% ~ 40%	35%	20%	20%	N45.0°W/NE∠47.5°
	IV₂							N45.0°W/NE∠22.5°

3.计算工况及荷载组合

计算工况：完建工况、正常工况、校核工况、地震工况四种。

水库正常蓄水位228 m，下游最低水位118.6 m，下游正常水位121.65 m，水库校核洪水位231.49 m，下游校核水位136.5 m，地震设计烈度8度。

完建工况荷载组合:库空+坝体自重；

正常工况荷载组合A:正常蓄水位+淤沙+坝体自重（不计渗透体力）；

正常工况荷载组合B:正常蓄水位+淤沙+坝体自重+渗透体力；

校核工况荷载组合:校核洪水位+淤沙+坝体自重+渗透体力;

地震工况荷载组合:正常蓄水位+淤沙+坝体自重+渗透体力+地震效应。

表4-31　坝基变位敏感性分析基岩变形模量组合

岩层	组合一 (2002年3月参数)	组合二 (2002年11月参数)	组合三 (1996年2月参数)	组合四
$\beta_{\mu 4}^{-1}$	12.0 GPa	6.5 GPa (∇110 m以上) 12.0 GPa (∇80~∇110 m) 14.0 GPa (∇60~∇80 m) 16.0 GPa (∇0~∇60 m) 18.0 GPa (∇0 m以下)	7.5 GPa (∇110 m以上) 23.0 GPa (∇110 m以下)	6.5 GPa (∇110 m以上) 12.0 GPa (∇80~∇110 m) 14.0 GPa (∇60~∇80 m) 16.0 GPa (∇0~∇60 m) 18.0 GPa (∇0 m以下)
$D_3 l^3$	0.53 GPa	1.5 GPa (∇80~∇110 m) 2.5 GPa (∇80 m以下)	1.5 GPa (∇80~∇110 m) 2.5 GPa (∇80 m以下)	1.5 GPa (∇80~∇110 m) 8.0 GPa (∇80 m以下)

表4-32　线性有限元法采用的坝基岩体物理力学参数

序号	岩体代号	风化程度	变模 E_0 (GPa)	泊松比 μ	容重 (t/m³)	抗剪断强度		残余强度		备注
						f'	C' (MPa)	f	C (MPa)	
1	坝混凝土		26.0	0.167	2.5	1.1	0.9			
2	$D_2 l^2$	微	8.0	0.28	2.7	0.85	0.6			
3	$D_3 l^1$	微	2.50	0.35	2.4	0.6	0.25			∇80 m以下
4		弱	1.50	0.40	2.2	0.5	0.2			∇80 m以上
5	$D_3 l^{2-1}$	微	3.0	0.30	2.5	0.65	0.3			
6		弱	0.7	0.32	2.4	0.55	0.2			
7	$D_3 l^{2-3}$	微	1.5	0.30	2.3	0.6	0.25			
8		弱	0.65	0.35	1.9	0.5	0.15			
9	$D_3 l^3$	微	6.0	0.28	2.6	0.75	0.6			
10		弱	3.0	0.32	2.5	0.75	0.3			
11	外蚀变带	强弱	1.25	0.36	2.3	0.45	0.15			

续表 4-32

序号	岩体代号	风化程度	变模 E_0（GPa）	泊松比 μ	容重（t/m³）	抗剪断强度 f'	抗剪断强度 C'（MPa）	残余强度 f	残余强度 C（MPa）	备注
12	$\beta_{\mu4}^{-1}$	微	12.0	0.26	2.9	1.10	0.8	0.8	0.7	▽80～▽110 m
		微	14.0	0.26	2.9	1.10	0.8	0.8	0.7	▽60～▽80 m
		微	16.0	0.26	2.9	1.10	0.8	0.8	0.7	▽0～▽60 m
		微	18.0	0.26	2.9	1.10	0.8	0.8	0.7	▽0 以下
13		弱	6.5	0.28	2.5	0.9	0.6	0.8	0.5	
14		强	2.0	0.32	2.1	0.45	0.4			
15	内蚀变带	弱微	6.0	0.30	2.4	0.9	0.9			
16		强	0.1	0.35	2.1	0.4	0.1			
17	D_3l^4	微	6.0	0.28	2.6	0.75	0.6			▽50 m 以下
18		弱	3.0	0.32	2.5	0.75	0.3			▽50～65 m
19		强	0.3	0.35	2.1	0.50	0.17			▽65 m 以上
20	D_3l^5	弱	1.5	0.32	2.4	0.6	0.2			
21		强	0.3	0.40	1.7	0.4	0.1			
22	D_3l^6	微	5.5	0.28	2.6	0.8	0.5			
23		弱	2.4	0.32	2.4	0.6	0.35			
24	D_3l^{7-1}	微	3.0	0.3	2.4	0.7	0.3			
25		弱	1.5	0.35	2.3	0.55	0.2			
26		强	0.3	0.4	1.7	0.45	0.1			
27	D_3l^{7-2}	微	3.5	0.3	2.5	0.7	0.3			
28		弱	1.5	0.35	2.5	0.55	0.2			
29		强	0.3	0.4	1.7	0.45	0.1			
30	D_3l^{8-1}	微	3.0	0.3	2.4	0.7	0.3			
31		弱	1.5	0.35	2.3	0.55	0.2			
32		强	0.3	0.4	1.7	0.45	0.1			
33	D_3l^{8-2}	微	3.0	0.3	2.5	0.7	0.3			
34		弱	1.5	0.35	2.5	0.55	0.2			
35		强	0.3	0.4	1.7	0.45	0.1			

续表 4-32

序号	岩体代号	风化程度	变模 E_0（GPa）	泊松比 μ	容重（t/m³）	抗剪断强度		残余强度		备注
						f'	C'（MPa）	f	C（MPa）	
36	D_3l^9	微	2.5	0.32	2.4	0.6	0.3			
37		弱	1.0	0.38	2.3	0.5	0.2			
38		强	0.3	0.4	1.7	0.3	0.1			
39	D_3l^{10}	微	7.0	0.26	2.6	0.8	0.9			
40		弱	4.0	0.32	2.5	0.75	0.4			
41		强	0.5	0.35	2.1	0.5	0.1			
42	$\beta_{\mu4}^{-2}$	微	12.0	0.26	2.9	1.15	1.0			
43		弱	6.5	0.28	2.4	0.8	0.9			
44	混凝土塞		26.0	0.167	2.4	1.10	0.9			
45	断层					0.425	0.03			F_6,F_7,F_8 等
46	坝/岩接触面					1.05	0.80			6#、4#坝
47						1.04	0.85			9#坝
	Q^{al}		0.5	0.4	1.5	0.8	0.05			覆盖层
48	$\beta_{\mu4}^{-1}$ 裂隙面					0.51	0.17			
49	$\beta_{\mu4}^{-1}$ 岩桥					1.3	1.8			

4.主要研究结果

坝基强储整体抗滑稳定计算结果表明，正常工况下坝基整体抗滑稳定安全系数均大于3，校核工况下坝基整体抗滑稳定安全系数均大于2.5，地震工况下坝基整体抗滑稳定安全系数均大于2.3，大坝基础整体稳定安全。

4.9.2.2 蒙特卡洛法

岩体结构面实际上是地质发展历史时期岩体中形成的具有一定方向、一定规模、一定形态和特性的地质界面。结构面在空间的分布具有成组出现性、随机性与统计规律性。对于规模较大的结构面，由于其在某一工程地区中发育的程度有限，可以用确定性的方法去研究；而那些延伸短、分布广的结构面（通常称为Ⅳ、Ⅴ级结构面），破坏了岩体的完整性，直接影响着岩体的力学性质和应力分布状态，而且很大程度上影响了岩体的破坏方式。但因其发育的广泛性和分布的无确定性，很难用定量的方法逐条进行描述与模拟。

20世纪70年代末至80年代初，Hudson和Priest等建立了野外统计节理面几何参数的测线法，确定节理面的倾向、倾角、间距和迹长的概率分布形式和相应的统计参数。大量的实际工作经验表明，节理面的倾向和倾角大多符合均匀或正态分布规律，而迹长和间距则大多符合指数或对数正态分布规律。这是应用蒙特卡洛法建立节理岩体模拟网络的原理。

1.蒙特卡洛法岩体节理网络模拟及连通率计算原理

岩体受剪切发生破坏时，滑裂面一部分通过节理面，一部分通过节理面之间的完整岩石——通常称为岩桥。确定沿由节理和岩桥共同构成的滑裂面所提供的综合抗剪断强度，是进行岩体稳定性评价首先要解决的问题。

应用蒙特卡洛法进行节理的网络模拟，就是根据现场量测结构面的统计分布（包括结构面的产状、间距和迹长）的概型及相应的统计参数，推求服从这些分布规律的节理岩体网络几何图形。首先，要求出在这个网络图形中沿某一剪切方向发生剪切破坏所形成的破坏路径（若干）中节理面所占的比例。即

$$k = \frac{\sum JL}{\sum JL + \sum RBR}$$

其中k为连通率，JL和RBR分别为剪切破坏路径上节理面和岩桥在剪切方向上的投影长度。其次，要计算出沿这些破坏路径的综合抗剪断强度。最后，应用动态规划原理搜索出综合抗剪断强度最小的破坏路径。这是沿这一剪切方向上最可能的破坏路径。

2.百色水利枢纽坝基结构面统计分析及岩体节理连通率的计算

根据节理统计成果，对坝基岩体结构面进行了整理统计分析，结构面网络模拟成果如图4-19、图4-20所示。

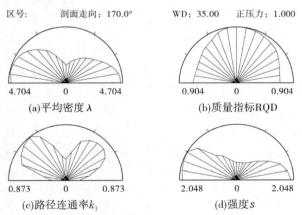

图4-19 右岸非溢流坝段坝基岩体结构面网络模拟成果

根据岩体结构面几何参数的统计分析结果，采用中国水利水电科学研究院开发的PERC程序，对坝址区节理岩体连通率进行了分析计算，结果见表4-33、表4-34。

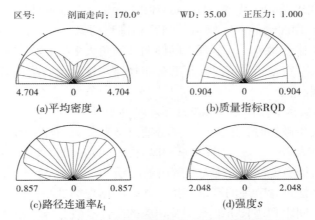

区号：　　　剖面走向：170.0°　　　WD：35.00　　　正压力：1.000

(a)平均密度 λ　　　(b)质量指标RQD

(c)路径连通率k_1　　　(d)强度s

图4-20　溢流坝段坝基岩体结构面网络模拟成果

表4-33　右岸非溢流坝段基岩体连通率计算成果

剪切方向 (°)	连通率（%）		剪切方向 (°)	连通率（%）	
	均值	标准差		均值	标准差
5	27.25	6.24	95	33.36	7.04
10	36.46	6.54	100	38.63	6.42
15	45.24	5.77	105	45.75	4.56
20	55.25	5.53	110	58.91	5.42
25	63.15	5.33	115	70.18	4.79
30	69.08	4.79	120	79.67	4.62
35	73.60	4.76	125	85.44	4.30
40	76.68	4.41	130	87.28	3.11
45	77.14	4.27	135	86.37	3.76
50	76.57	3.60	140	84.33	3.75
55	75.17	4.26	145	81.57	3.60
60	72.98	4.66	150	79.31	4.49
65	68.00	5.73	155	77.32	4.75
70	64.29	7.16	160	71.74	6.30
75	56.32	7.86	165	57.76	8.79
80	44.66	9.42	170	36.25	10.63
85	33.24	7.98	175	22.06	9.45
90	33.13	7.25	180	20.35	6.9

表4-34 溢流坝段坝基岩体连通率计算成果

剪切方向(°)	连通率(%)		剪切方向(°)	连通率(%)	
	均值	标准差		均值	标准差
5	37.77	5.23	95	57.57	8.66
10	44.93	5.33	100	59.47	8.99
15	53.42	4.55	105	60.46	7.90
20	62.62	4.48	110	62.58	6.70
25	68.30	4.25	115	66.37	5.68
30	73.85	5.08	120	72.11	5.13
35	76.33	4.62	125	80.17	5.19
40	79.29	4.52	130	84.79	3.82
45	79.90	4.18	135	86.24	3.88
50	79.23	4.90	140	85.67	3.99
55	77.37	4.72	145	85.00	3.59
60	75.86	5.58	150	83.55	4.22
65	72.66	5.80	155	82.92	4.43
70	67.81	7.21	160	79.09	4.79
75	63.34	8.04	165	70.43	6.79
80	59.28	9.07	170	56.53	8.10
85	57.63	10.06	175	41.11	8.79
90	57.43	8.77	180	34.56	6.91

3.岩体抗剪断强度指标的确定

以岩桥和结构面强度的试验结果，利用连通率随机模拟成果得到的在相应连通率下的岩体总的抗剪断强度指标。辉绿岩块的抗剪断强度为$f'=1.44$、$C'=3.67$ MPa，辉绿岩结构面的抗剪强度算术平均值$f=0.62$、$C=0.29$ MPa，根据下列公式，可得到不同连通率下岩石的总的抗剪断强度参数值，如表4-35所示。$f'=kf_j+(1-k)f'_r$，$C'=kC_j+(1-k)C'_r$。式中：k为连通率；f_j、C_j为节理的抗剪强度；f'_r、C'_r为岩桥的抗剪断强度。

4.坝基深层滑动模式

为了确定最可能的深层滑动模式，需要在发育节理的产状范围内调整上下游滑裂面的滑动角度，并取相应角度下的连通率进行试算，计算不同上下游滑裂面组合下的安全系数，并搜索最优的下游滑裂面。右岸挡水坝段的滑动模式如图4-21所示；左岸泄水坝段的滑动模式如图4-22所示。

表4-35 不同连通率下岩石抗剪断强度参数值

连通率 k	f'	φ'	$C'(\text{t}/\text{m}^2)$
0.95	0.661	33.46	45.9
0.90	0.702	35.07	62.8
0.85	0.743	36.61	79.7
0.80	0.784	38.10	96.6
0.75	0.825	39.52	113.5
0.70	0.866	40.89	130.4
0.65	0.907	42.21	147.3
0.60	0.948	43.47	164.2
0.55	0.989	44.68	181.1
0.50	1.030	45.85	198.0

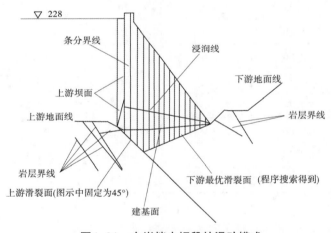

图4-21 右岸挡水坝段的滑动模式

5.计算结果分析

（1）右岸坝块。

右岸存在横贯坝体基岩的F_6断层，该断层处于11#、12#断面之间，接近12#断面。故F_6断层将右岸挡水坝段岩基分为两部分，即F_6断层-11#断面，24#断面-16#断面-F_6断层。综合考虑坝体分缝与F_6断层影响，对于右岸的三维抗滑稳定考虑12#～16#、12#～24#、11#～12#三种情况。如图4-23所示。

在正常蓄水位工况下，12#断面的安全系数最低，为3.077；考虑三维整体抗滑效应但忽略三维滑裂体的侧面摩擦角后，11#～12#断面间滑裂体安全系数为 3.123,12#～16#

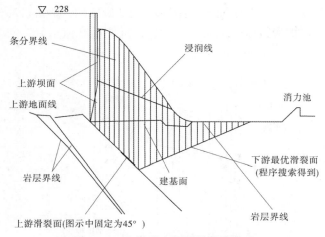

图4-22 左岸泄水坝段的滑动模式

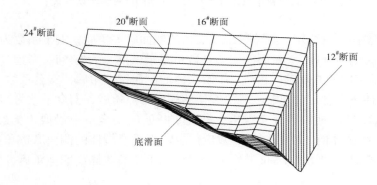

图4-23 正常蓄水位工况下12#~24#断面间滑裂体滑动

断面间滑裂体安全系数为3.218，12#~24#断面间滑裂体的安全系数为3.763,均达到该工况下深层抗滑稳定所要求的3.0的安全系数。

在校核洪水工况下，12#断面的安全系数最低，为2.768；考虑三维整体抗滑效应但忽略三维滑裂体的侧面摩擦角后，11#~12#断面间滑裂体安全系数为2.715，12#~16#断面间滑裂体安全系数为2.94，12#~24#断面间滑裂体的安全系数为3.511,均达到该工况下深层抗滑稳定所要求的2.5的安全系数。

正常蓄水位+地震载荷工况下，13#断面的安全系数最低，为2.878；考虑三维整体抗滑效应，但忽略三维滑裂体的侧面摩擦角后，11#~12#断面间滑裂体安全系数为2.914，12#~16#断面间滑裂体安全系数为2.99，12#~24#断面间滑裂体的安全系数为3.49,均达到该工况下深层抗滑稳定所要求的2.3的安全系数。

（2）溢流坝块。

在正常蓄水位工况下，7#断面的安全系数最低，为2.588；考虑7#~10#断面间滑裂体的三维整体抗滑效应，忽略三维滑裂体的侧面摩擦角后，安全系数为2.972。考虑4A#坝段整体抗滑稳定，忽略三维滑裂体的侧面摩擦角后，安全系数为2.890。如图4-24所示。

在设计洪水位工况下，7#断面的安全系数也是最低的，为2.447；考虑7#~10#断面间滑裂体的三维整体抗滑效应，忽略三维滑裂体的侧面摩擦角后，安全系数为2.917。

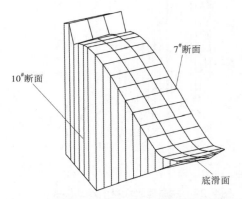

图4-24　正常蓄水位工况下7#~10#断面间滑裂体滑动模式

考虑4A#坝段整体抗滑稳定，忽略三维滑裂体的侧面摩擦角后，安全系数为2.833。

在校核洪水工况下，7#断面的安全系数也是最低的，为2.434；考虑7#~10#断面间滑裂体的三维整体抗滑效应，忽略三维滑裂体的侧面摩擦角后，安全系数为2.856。考虑4A#坝段整体抗滑稳定，忽略三维滑裂体的侧面摩擦角后，安全系数为2.823。

在正常蓄水位+地震载荷工况下，仍是7#断面的安全系数最低，为2.443，考虑7#~10#断面间滑裂体的三维整体抗滑效应但忽略三维滑裂体的侧面摩擦角后，安全系数为2.778。考虑4A#坝段整体抗滑稳定，忽略三维滑裂体侧面摩擦角后，安全系数为2.688。

计算结果表明：7#断面的安全系数最低，除地震载荷工况外，其余工况下的深层抗滑安全系数均不能满足要求，需要对4A#坝块进行加固。

4A#坝踵向上游扩挖3 m或向下深挖3 m加固后，在正常蓄水工况下的安全系数均大于3.0，但在设计洪水工况和校核洪水工况下的安全系数均小于3.0；向上游扩挖5 m或向下深挖5 m加固后，在正常蓄水、设计洪水工况、校核洪水工况下的安全系数均大于3.0。如图4-25及表4-36所示。

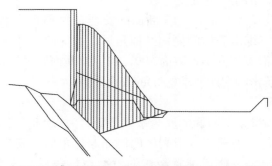

图4-25　加固后4A#坝块的Ⅲ-Ⅲ断面滑动模式（安全系数3.014）

表4-3　64A#坝踵加固结果汇总

坝踵加固方案	工况	抗滑稳定安全系数	备注
原布置	正常蓄水工况	2.890	
	设计洪水工况	2.833	
	校核洪水工况	2.823	
方案一	正常蓄水工况	3.051	向上游扩挖 3 m
	设计洪水工况	2.971	
	校核洪水工况	2.952	
方案二	正常蓄水工况	3.147	向上游扩挖 5 m
	设计洪水工况	3.057	
	校核洪水工况	3.040	
方案三	正常蓄水工况	3.054	向下深挖 3 m
	设计洪水工况	2.913	
	校核洪水工况	2.896	
方案四	正常蓄水工况	3.135	向下深挖 5 m

4.9.3　小结

对于坝基深层抗滑稳定性的分析，关键要确定滑动模式、节理连通率、可能滑动面综合力学参数。对于规模较大的结构面，可以用确定性的方法去研究；但对于那些延伸短、分布广的结构面（通常称为Ⅳ、Ⅴ级结构面），其发育的广泛性和分布的无确定性，很难用定量的方法逐条进行描述与模拟，因此确定难度非常大。

大量的实际工作经验表明，节理面的倾向和倾角大多符合均匀或正态分布规律，而迹长和间距则大多符合指数或对数正态分布规律。蒙特卡洛法依据节理发育规律，进行节理网络模拟，可以较好地解决滑动模式、节理连通率问题。

百色水利枢纽主坝坝基深层抗滑稳定问题通过非线性有限元法、蒙特卡洛法等多种分析方法证明，坝基通过适当处理可满足安全要求。

4.10　坝基防渗及排水工程地质研究

4.10.1　概述

坝体地基的防渗帷幕和排水设计，应以坝区的工程地质、水文地质条件和灌浆试验资料为依据，结合水库功能、坝高，综合考虑防渗和排水的相互作用，经分析研究确定帷幕和排水的设置。

现行的混凝土重力坝设计规范对坝基岩体相对隔水层的透水率q值与坝高的关系作了规定：坝高大于100 m，q为1～3 Lu；坝高100～50 m，q为3～5 Lu；坝高小于50 m，q为5 Lu。

对防渗帷幕布置和深度，提出以下要求：

（1）当坝基下存在可靠的相对隔水层时，防渗帷幕应伸入到该层内3～5 m。

（2）当坝基下相对隔水层埋藏较深或分布无规律时，帷幕深度可参照渗流计算，并考虑工程地质条件、地层的透水性、坝基扬压力、排水等因素，结合工程经验研究确定，通常在0.3～0.7倍水头范围内选择。

（3）两岸坝头部位，防渗帷幕伸入岸坡内的范围、深度以及帷幕轴线的方向，应根据工程地质、水文地质条件确定，宜延伸到相对隔水层处或正常蓄水位与地下水位相交处，并与河床部位的帷幕保持连续性。

百色水利枢纽主坝坝基辉绿岩渗透性微弱，微风化岩体一般透水率小于1 Lu，局部裂隙发育地段为3～11 Lu。坝基辉绿岩体以50°～55°的倾角倾向下游，辉绿岩下部D_3l^3硅质岩渗透性较强，透水率为10～100 Lu，形成了坝基上部渗透性弱、下部渗透性强的双层水文地质结构。为了选择合适的坝基防渗和排水设计方案，召开了多次专家咨询会，形成两种主要意见，一种意见是坝基辉绿岩渗透性微弱，以硬性结构面为主，已构造天然的防渗屏障，除贯穿坝基的构造带（如F_6断层）外，可以不设帷幕，做好坝基排水即可；另一种意见是应设帷幕和排水，其理由是坝基岩体不是整体结构，岩体渗透性存在不均一问题，局部岩体透水率达不到规范要求。设计最终按第二种意见实施。

本工程坝基防渗及排水工程关键问题有三个：一是查明坝基工程地质条件和水文地质条件；二是确定防渗帷幕和排水孔深度；三是确定帷幕灌浆材料、灌浆工艺及参数。

4.10.2 坝基防渗帷幕工程地质条件及评价

坝基防渗帷幕所涉及岩层主要为华力西期辉绿岩以及下伏泥盆系上统榴江组（D_3l^3～D_3l^2）等，均分布于整条帷幕线下部，岩层分布详见图4-26、图4-27。

4.10.2.1 华力西期$\beta_{\mu4}^{-1}$辉绿岩

$\beta_{\mu4}^{-1}$辉绿岩平行于坝线延伸展布，其总体产状与沉积岩产状基本一致，出露厚

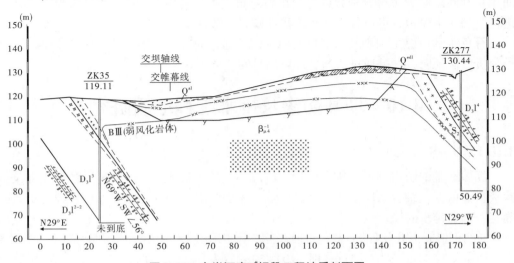

图4-26 右岸河床7#坝段工程地质剖面图

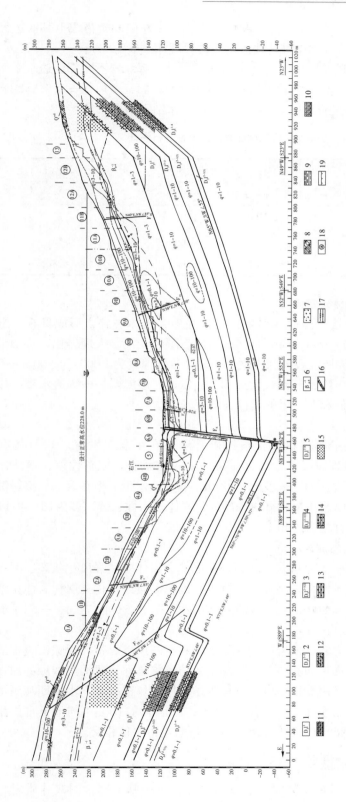

图4-27 坝基渗透剖面图

1—含黄铁矿硅质岩; 2—含黄铁矿晶体硅质泥岩; 3—含黄铁矿晶体硅质泥岩夹钙质泥岩、硅质岩和泥岩; 4—硅质岩; 5—含炭硅质岩夹硅质泥岩; 6—玟绿岩及其编号; 7—砂卵砾石; 8—粉质黏土夹碎石; 9—泥岩; 10—硅质泥岩; 11—含炭硅质泥岩; 12—含黄铁矿硅质泥岩; 13—硅质泥岩; 14—含黄铁矿硅质岩; 15—辉绿岩; 16—断层破碎带; 17—上; 下—强风化带下限; F—弱风化带下限; 18—坝块编号; 19—设计开挖线度140~150 m，厚度116 ~ 120 m。以F₆断层为界，河床左侧段帷幕线上其底边界埋深60 ~ 75 m，河床右侧岸段及两岸帷幕线上其底边界埋深一般为50 m。

根据坝基钻孔压水试验资料，统计出坝基弱微风化辉绿岩不同部位透水率所占的百分比，见表4-37。从表4-37中看出坝基岩体透水性较弱，微风化—新鲜辉绿岩一般透水率<1 Lu，局部裂隙发育地段为3 ~ 10 Lu，地下水活动微弱。

表4-37 坝基辉绿岩体透水性分析统计

部位	弱风化（Lu）				微风化（Lu）		
	>10%	3% ~ 10%	1% ~ 3%	<1%	3% ~ 10%	1% ~ 3%	<1%
左岸	10	18	24	48	8	23	69
河床	10	60	20	10	7	43	50
右岸	5	22	33	40	17	28	55

4.10.2.2 $\beta_{\mu 4}^{-1}$辉绿岩接触蚀变带

$\beta_{\mu 4}^{-1}$辉绿岩与围岩接触面蚀变严重，风化强烈，岩体破碎，形成具有一定规模的软弱层带，宽一般0.5 ~ 3 m，局部4 ~ 6 m。岩石颜色变浅、大理岩化，接触带（宽<0.2 m）充填物为泥夹岩屑或石英脉。蚀变带岩体声波速度为2 000 ~ 4 500 m/s不等，岩体透水率一般为1 ~ 10 Lu，局部最大达100 Lu以上，多属弱—中等透水带。接触蚀变带性状随着高程的降低和向岸里的延伸逐渐变好。

4.10.2.3 D_3l^3硅质岩

D_3l^3硅质岩呈薄—中厚层状，含黄铁矿，局部有小洞穴发育。岩石具有硬、脆、碎等特点，短小节理较发育。岩体呈强—弱风化状态，完整性差，声波速度为2 000 ~ 5 000 m/s不等，透水率一般为5 ~ 10 Lu，属弱透水带。但在表部、接触蚀变带附近、局部岩体破碎带以及左坝肩挠曲等部位，岩体透水性较强，多为10 ~ 40 Lu，属中等透水带。该岩层铅直厚度约30 m。

4.10.2.4 D_3l^{2-2}含洞穴硅质泥岩

D_3l^{2-2}硅质泥岩呈薄—中厚层状，含黄铁矿晶体，岩体多呈强风化状态，洞穴顺层较发育。层间短小节理较发育，层间见夹黄褐—褐色泥质或泥化夹层，岩体完整性较差，声波速度为3 000 ~ 4 800 m/s。岩体透水性较强，为0.5 ~ 12.7 Lu，多属于弱透水带。该岩层铅直厚度约13 m。

坝基渗漏主要表现为弱透水岩体的一般渗漏和沿断层破碎带、裂隙密集带的集中渗漏。因此，在裂隙密集带和断层破碎带部位的防渗帷幕深度要适当加深、加强。降低坝基渗透压力措施应采用灌排结合、以排为主的原则。根据地下水长期观测资料，两岸地下水位均高于正常蓄水位；左岸帷幕向岸里延伸约110 m可与地下水位相交；右岸帷幕线需向上游拐26°角，延伸长度约60 m可与地下水位相交。

4.10.3 坝基帷幕灌浆试验

在招标设计阶段，对坝基辉绿岩、接触蚀变带及坝基下部含洞穴硅质岩、硅质泥岩进行了帷幕灌浆试验，其目的是了解坝基岩体的可灌性，为防渗帷幕设计提供依据。

灌区位于左岸帷幕线上，PD11#硐55～70 m处，编号为灌103区，地面高程为131.5 m，上覆岩体厚35～45 m。灌浆孔9个，物探测试孔和检查孔各2个，孔深46～52 m，总进尺为644.6 m。灌浆孔分两排，排距和孔距分别为1.8 m和2.5～3.0 m。钻孔的排列方向与岩层走向和帷幕线的方向近于平行，倾上游，倾角75°。灌浆采用改良的"GIN"法，自上而下，段长5 m。灌浆压力为3.5~4.5 MPa，水灰比为0.8：1和1：1。材料为525普通硅酸盐水泥。另外，在灌区两端各进行了1个孔口封闭法的灌浆试验，进尺共48.6 m。

灌浆区的地质条件与坝区相似。根据灌浆孔揭露，辉绿岩为微风化—新鲜状，岩体较完整，岩体工程地质分类为AⅡ类。接触蚀变带高程为105~108 m，厚0～1.5 m，岩体纵波速为3 000～4 000 m/s。从总体来看，该区域的蚀变带岩体的性状不是很差，岩体为BⅣ类。硅质岩岩体工程地质分类为BⅣ类。硅质泥岩仍有少量洞穴发育，充填物主要为原岩风化的松软泥质物，为弱风化岩体，岩体工程地质分类为CⅣ类。

灌浆试验成果表明：较完整的辉绿岩体，单位注入量很少，只有7.5~20 kg/m，灌前岩体纵波速度平均值为5 565 m/s，透水率平均值为3.1 Lu；灌后岩体纵波速度平均值提高到6 035 m/s，透水率平均值降为0.56 Lu。接触蚀变带单位注入量为150 kg/m，灌前岩体纵波速度平均值为4 530 m/s，透水率平均值为8.2 Lu；灌后岩体纵波速度平均值提高到5 259 m/s，透水率平均值降为5 Lu。弱风化硅质岩平均单位注入量为141 kg/m，灌前岩体纵波速度平均值为4 459 m/s，透水率平均值为60 Lu；灌后岩体纵波速度平均值提高到4 814 m/s，透水率平均值降为10.9 Lu。弱风化含洞穴硅质泥岩灌前岩体透水率平均值为105 Lu，灌后岩体透水率平均值降为40.3 Lu。

总之，AⅡ类辉绿岩体的防渗帷幕，无论采用"GIN"法还是孔口封闭法，用普通硅酸盐水泥进行高、中压灌浆，其单位注入量很少，灌后岩体的透水率<1.0 Lu，纵波速度稍有提高，满足设计要求。BⅣ类硅质岩和CⅣ类硅质泥岩单位注入量大，可灌性好，但浆液主要沿层面和顺层洞穴扩散，灌后岩体的透水率仍较大，接触蚀变带为5 Lu，硅质岩为11 Lu，含洞穴硅质泥岩为40.3 Lu，不能满足防渗帷幕的要求。

4.10.4 坝基渗流场试验、计算分析研究

4.10.4.1 三向电阻网络渗流模型试验

根据初步设计阶段勘察试验成果，坝基辉绿岩为相对隔水层（$q<3$ Lu），而其上下游的泥盆系岩层为中等透水层。为了研究坝基处理、降低坝基扬压力的方案，1995年5月，委托长江水利委员会武汉江峡工程技术开发公司，对坝区河床F_6断层以左800 m、坝轴线上下游各230 m、坝基0 m高程以上区域，进行了三向电阻网络渗流模型试验。试验模拟的水位是正常工况：上游水位228 m，下游水位115 m。主要研究4种地基处理方案的渗控效果：坝基排水方案，蚀变带混凝土塞方案，坝基防渗帷幕方案，蚀变带混凝土塞加固结灌浆防渗方案。模型试验的主要成果和结论如下：

（1）坝基排水方案。坝基设三排排水孔，除坝踵部位渗压力尚有30～50 m水头外，其余部位的渗压力均不大于20 m水头，降低坝基扬压力效果好。

（2）蚀变带混凝土塞方案。在接触蚀变带全线设置4 m×4 m的混凝土塞，可阻止库水直接进入蚀变带，使坝基下的扬压力减小数米，减小16.7%的坝基渗漏量和14.3%的排水廊道涌水量，该方案减小坝基扬压力效果不大，并且在实施上技术难度大，可靠性差。

（3）坝基防渗帷幕方案。由于辉绿岩本身是相对隔水层，透水性极微，除开挖影响区、岩石节理密集区、断层及其破碎带部位需进行专门处理外，其余部位灌浆不起作用。硅质岩为中等透水层，它与辉绿岩之间的接触带又为导水通道，硅质岩中帷幕的阻水作用被抵消，在硅质岩中设置防渗帷幕基本上不起作用。如在硅质岩中设置60 m深的防渗帷幕，帷幕前后的水位差仅为2～3 m。

（4）蚀变带混凝土塞加固结灌浆防渗方案。若在蚀变带中设置混凝土塞后，再在混凝土塞以下40 m的接触蚀变带范围内进行固结灌浆，延长库水进入蚀变带中的路径，可使坝基下渗压力减小约10 m水头，并可减小坝基26.2%的渗漏量和排水廊道13.6%的涌水量。但蚀变带一旦被拉开，则固结灌浆将全部失去作用，因此该方案的渗控效果也不显著。

（5）降低坝基扬压力的措施，以在坝基上设置2~3排排水孔最有效，可将坝基扬压力控制在设计标准之内。坝基辉绿岩中不存在软弱夹层，无须担忧因强力排水引发渗透变形问题。

（6）在辉绿岩中设置防渗帷幕只限于开挖影响区、岩石节理密集区、断层及其破碎带部位，完整岩体中设置防渗帷幕作用不大。

4.10.4.2 坝基渗流场三维有限元分析

在招标设计阶段对坝区工程地质资料进一步补充、分析、细化工作，在此基础上，用有限元法对主坝基础渗流场再次分析、复核。其主要结论如下：

（1）百色坝基防渗问题主要由排水幕的设置及其深度控制。灌浆帷幕的防渗作用很小，但该帷幕对于减小渗透量及减小帷幕后的排水孔堵塞风险和防止排水孔周围岩石及其后的节理发育带的渗透变形，有不可替代的作用。坝基防渗帷幕的深度以不穿通坝基辉绿岩为好。降低坝基扬压力以坝基排水为主，以防渗帷幕为辅。

（2）现设计采用的40 m深灌浆帷幕和三排排水孔幕（分别深30 m、20 m和20 m）是可行的，其能使大坝建基面扬压力远小于设计允许值。由于排水幕的排水降压渗控能力很强，排水孔的孔距尚可适当加大（如取5 m）；帷幕不宜太深，并不要穿通辉绿岩岩层。三道排水幕深度亦可分别减小至20 m、8 m和10 m。

（3）建议本工程中防渗帷幕的灌浆工作注重在坝基断层和裂隙发育区。

（4）F_6断层带对坝基渗流特性的不利影响不明显。对F_6断层带的处理，宜在坝踵区作深防渗灌浆，并确保帷幕后排水畅通。

4.10.5 帷幕灌浆设计

根据坝基岩体渗透特性及渗流研究成果，百色水利枢纽采用了以下渗控设计方案：

（1）帷幕线的布设。帷幕线与坝轴线平行，两岸端点定为正常蓄水位与原地下水位相交处，即左岸延伸110 m，右岸延伸60 m（向上游偏移26°），全长共计900 m。

（2）帷幕灌浆孔排数、排距和孔距。溢流坝段及有基础灌浆廊道的非溢流坝段，设主、副帷幕各1排，排距1.2 m，孔距2.5 m。在坝前最大水深小于30 m且无基础灌浆廊道的两岸非溢流坝段，只设一排主帷幕，孔距2.5 m。两岸灌浆平硐内设置一排主帷幕，孔距2.5 m。

（3）帷幕灌浆孔的深度。根据岩体渗透特性，帷幕灌浆设计为悬挂式。下游排为主帷幕，深度取0.5倍坝高；上游排为副帷幕，深度为主帷幕深度的50%，且向上游倾斜4°。通过灌浆实践，将2A#~9A#坝段主帷幕加深，入岩最深达72 m，2B#~8B#坝段的副帷幕加深与主帷幕相同，且向上游倾斜改为1°。两岸灌浆平洞中灌浆孔深入岩20~40 m。

（4）帷幕灌浆设计标准。主坝基础建基面在高程160.00 m以下的帷幕灌浆质量标准透水率q不大于1 Lu，以上的不大于3 Lu。

（5）3B#~8B#坝段采用细水泥，细水泥的最大粒径应在12 μm以下，平均粒径为3~6 μm，比表面积应在800 m²/kg以上；其余坝段采用普通硅酸盐水泥，且细度要求通过80 μm方孔筛，其筛余量不大于5%。均为纯水泥浆液灌注。水泥标号不应低于525号。

（6）细水泥浆液水灰比采用1:1、0.8:1、0.6:1三个比级，开灌水灰比采用1:1。普通硅酸盐水泥灌浆浆液水灰比采用3:1、2:1、1:1、0.6:1或0.5:1等四个比级，开灌水灰比采用3:1。

4.10.6 帷幕灌浆施工

（1）帷幕灌浆采用孔口封闭灌浆法施工，每排孔灌浆分为3个次序。
（2）灌浆材料及灌浆浆液水灰比按设计要求执行。
（3）坝基各部位灌浆段长和灌浆压力见表4-38。
（4）平均单位注入量154.0 kg/m。各坝段灌浆完成情况见表4-39。

表4-38 坝基各部位灌浆段的段长和灌浆压力

部位	坝基各部位段长/灌浆压力（m/MPa）				
	岩石中第一段（孔口管段）	第二段	第三段	第四段	第五段及以下各段
建基面高程在130 m以下的辉绿岩段	2/0.8~1.0	1/2.0	2/3.0	5/4.0	5~6/5.0
建基面高程130~160 m的辉绿岩段	2/0.8~1.0	1/2.0	2/3.0	5/3.5	5~6/4.0
建基面高程在160 m以上的辉绿岩段	2/0.5~0.8	1/1.5	2/2.0	5/2.5	5~6/3.0
坝基下部辉绿岩接触蚀变带及硅质岩段					2~3/4.0

辉绿岩中灌浆均很正常，但接触蚀变带及硅质岩段，由于在灌浆施工中出现涌水、沉渣多、失水等异常情况，在灌浆过程中采取了以下措施：

表4-39　各坝段帷幕灌浆及检查孔压水试验成果一览表

坝段	孔数(个)	钻孔进尺(m)	灌浆长度(m)	水泥注入量(kg)	单位注入量(kg/m) 坝段平均	I序孔	II序孔	III序孔	压水试验检查 孔数(个)	段数(段)	合格段数(段)	合格率(%)	不合格段的Lu值	
4A主	13	1 086	920	197 322	214.6	214.9	172.1	235.4	3	41	27	65.8	5.63	4.86
4A副	13	1 085	919	236 420	257.2	307.4	236.0	245.2						
4B主	9	709	578	140 093	242.3	288.4	250.1	221.2	2	23	14	60.9	4.86	4.10
4B副	9	706	586	121 640	207.6	358.4	182.2	151.5						
5#主	14	1 056	921	103 014	111.9	95.6	106.8	121.8	7	82	61	85.4	19.20*	12.88*
5#副	13	973	859	153 916	179.2	182.3	257.4	144.5						
6A主	13	1 049	894	111 678	124.9	112.1	183.3	106.2	3	40	21	52.5	4.86	4.10
6A副	12	972	835	174 769	209.3	185.3	293.1	177.9						
6B主	10	743	649	92 162	142.1	187.8	127.2	120.0	2	26	17	65.4	5.89	4.61
6B副	11	847	754	164 931	218.8	207.8	196.7	239.8						
7A主	11	807	687	78 186	113.8	122.5	110.8	110.4	3	36	26	72.2	3.58	3.34
7A副	11	795	677	201 979	298.3	247.1	214.5	351.3						
7B主	11	794	713	42 037	59.0	78.2	39.9	61.9	2	24	24	100		
7B副	11	801	720	82 188	114.2	107.5	173.5	83.9						
8A主	12	878	794	103 583	130.5	157.4	155.0	105.1	3	36	36	100		
8A副	12	875	792	82 119	103.7	123.1	105.2	93.1						
8B主	12	819	700	74 399	106.4	99.2	120.3	103.2	2	22	22	100		
8B副	12	815	696	73 869	106.2	129.1	110.7	92.7						
9A主	12	719	608	56 814	93.5	84.9	94.3	97.4	2	15	15	100		
9A副	12	381	269	28 433	105.5	132.1	115.2	87.2						
9B主	12	627	536	52 460	98.0	109.2	82.9	99.9	3	19	19	100		
9B副	12	351	263	29 757	113.2	146.6	127.7	90.7						
10A主	12	561	473	62 457	132.2	151.6	165.5	105.3	3	17	17	100		
10A副	12	316	229	25 720	112.2	141.6	114.8	96.9						
10B主	12	433	335	46 026	137.5	213.0	129.7	101.6	2	9	9	100		
10B副	12	278	193	21 006	108.8	158.2	104.8	87.8						
合计	305	19 476	16 600	2 556 978	154.0	168.5	158.5	144.7	37	390	308	79.0		

注:*5-J-5检查孔第11、12段透水率为12.88、19.20 Lu,此检查孔进行常规灌浆。尔后,在其附近又补钻一检查孔5-J-7,深部4段不合格,但透水率已减小为3.33～5.38 Lu。

（1）缩短段长。将灌浆段长由一般的5 m缩短为2～3 m。

（2）尽量捞砂，减少孔底沉积。

（3）射浆管要下到孔底。如孔底沉砂不易捞尽，灌浆时射浆管要通过水冲等方法解决。

（4）使用浓浆。可直接使用浓浆灌浆，如使用较稀的浆液开灌，则结束阶段也要变换为浓浆。

（5）屏浆、闭浆、待凝。灌浆结束后，采取屏浆、闭浆的待凝措施。

（6）鉴于本工程的硅质岩灌浆段吸浆量较小，透水率大，加大灌浆压力至4.0 MPa，以增加注入量和浆液扩散范围。

（7）采取多次复灌的措施。

（8）为减小孔口涌水压力，尽量利用上游低水位时施工。

4.10.7　帷幕灌浆质量检查

帷幕灌浆检查孔在灌浆结束14 d后，自上而下分段卡塞进行压水试验。检查孔数量不少于灌浆孔数的10%，且沿帷幕灌浆中心线每隔20 m至少应有一个检查孔。

对于主坝基础160 m高程以下的帷幕，透水率不大于1 Lu，主坝基础160 m高程以上的帷幕，其透水率不大于3 Lu。所有检查孔在混凝土与基岩接触段及其下两段应全部满足规定的透水率要求；所有检查孔的其他各孔段至少应有90%的孔段满足规定的透水率要求，对于不满足透水率要求的孔段，其透水率不得超过规定值的1倍，且应不集中分布。

在4A#到10B#共计13个坝段中布设检查孔37个，压水试验390段，详见表4-39。合格的（透水率小于1 Lu）308段，占79%，不合格的82段，集中在4A#、4B#、5#、6A#、6B#、7A#等6个坝段，基本上是在硅质岩中。在灌浆过程中通过采取措施后，硅质岩灌浆效果明显，透水率由灌前的30～100 Lu降低到6 Lu以下。

4.10.8　坝基排水

大坝坝基内纵向设置3排排水孔，第1排为主排水孔，位于帷幕的下游，入岩深度为主帷幕入岩深度的0.4～0.6倍，第2、3排排水孔为副排水孔，分别设置在基础灌浆廊道下游坝基中部的两个排水廊道内，孔深入岩20 m。同时，在横向廊道（横1～横9）以及电缆廊道内也设置1排辅助排水孔。排水孔均在辉绿岩内，孔径为15 cm，孔距3 m。在断层与岩石破碎部位排水孔内装有反滤设施。

4.10.9　渗流监测

4.10.9.1　坝基扬压力

坝基扬压力的监测布设采取纵、横监测断面相结合的布置形式，监测手段采用钻孔式测压管和渗压计。沿坝轴线方向顺帷幕灌浆廊道内设一扬压力监测断面，每一坝块各设一个测点布置测压管和渗压计。在5#、6A#坝块各布置1个顺水流方向扬压力观测断面。从排水灌浆廊道扬压力观测成果看，在右岸坡坝段，桩号为坝0+470～500（F15断层附近），坝基扬压力较大，在正常高水位时，坝基扬压力高于设计警戒值0.12 MPa左右，其余部位扬压力均小于0.45 MPa，详见典型坝基扬压力分布曲线图4-28。

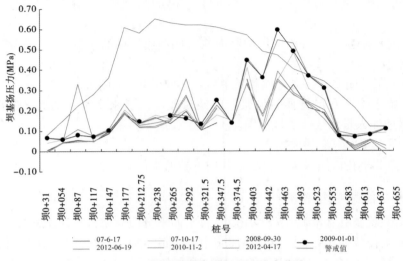

图4-28　排水灌浆廊道扬压力分布曲线

从河床坝段5#、6A#坝块横向监测断面的监测成果分析：2006年9月17日，水库蓄水至222.01 m，实测的坝基扬压力远小于设计假定值，就连帷幕前的坝基扬压力也小于防渗帷幕后的设计预测值，超出设计预期需要达到的效果。见图4-29、图4-30。

4.10.9.2　渗流量

坝体、坝基渗漏水汇入灌浆廊道上游排水沟后，采用量水堰量测，共布设16套量水堰。图4-31为2008~2012年主坝渗流量监测历时曲线，当库水位为227.22 m时渗流量为15.687 L/s；最高水位228 m时渗流量为13.156 L/s。当库水位低于215 m以下时，主坝渗流量基本稳定在4~6 L/s。

4.10.10　小结

（1）坝基辉绿岩渗透性微弱，微风化岩体一般透水率小于1 Lu，局部裂隙发育地段为3~11 Lu。坝基辉绿岩体以50°~55°的倾角倾向下游，辉绿岩下部D_1l^3硅质岩渗透性较强，透水率为10~100 Lu，形成了上部渗透性弱、下部渗透性强的双层水文地质结构。

（2）帷幕灌浆试验表明，辉绿岩体无论采用"GIN"法还是孔口封闭法，用普通硅酸盐水泥进行高、中压灌浆，其单位注入量均很少，灌后岩体的透水率全部小于1.0 Lu，纵波速度稍有提高，能满足设计要求。下部接触蚀变带、硅质岩、硅质泥岩单位注入量大，可灌性好，但灌后岩体的透水率仍较大，达不到防渗帷幕的标准。

（3）坝基渗流场三维有限元分析成果表明：坝基防渗问题主要由排水幕的设置及其深度控制。灌浆帷幕的防渗作用很小，但该帷幕对于减小渗漏量及减小帷幕后的排水孔堵塞风险和防止排水孔周围岩石及其后的节理发育带的渗透变形，有不可替代的作用，坝基防渗帷幕的深度以不穿通坝基辉绿岩为好。降低坝基扬压力以坝基排水

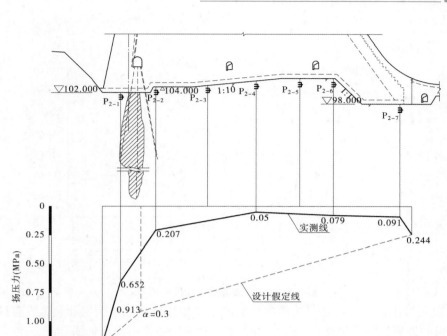

注：本次扬压力数值为2006年9月17日测得，上游水位为221.01 m，下游水位为122.42 m

图4-29 5#坝块（坝0+265桩号）横向监测断面坝基扬压力分布

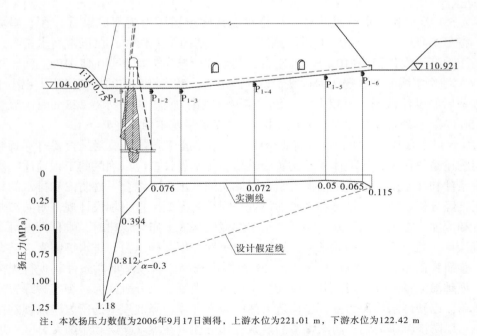

注：本次扬压力数值为2006年9月17日测得，上游水位为221.01 m，下游水位为122.42 m

图4-30 6A#坝块（坝0+292桩号）横向监测断面坝基扬压力分布

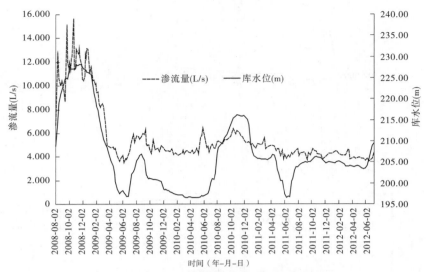

图4-31 主坝渗流量监测历时曲线

为主，以防渗帷幕为辅。建议防渗帷幕的灌浆工作注重在坝基断层和裂隙发育区。对F_6断层带的处理，宜在坝踵区作深防渗灌浆，并确保帷幕后排水畅通。

（4）设计根据现行重力坝设计规范，结合坝基渗流场三维有限元分析、多次专家咨询意见，最终对坝基全线设帷幕灌浆，深度取0.5倍坝高。根据检查资料，辉绿岩段全部合格，透水率小于1 Lu；接触蚀变带和下部硅质岩部分不合格，灌后透水率在5 Lu左右。

（5）灌浆和排水效果明显。从排水灌浆廊道扬压力观测成果看，在右岸坡坝段，桩号为坝0+470 ~ 500（F_{15}断层附近），坝基扬压力较大，在正常高水位时，坝基扬压力高于设计警戒值0.12 MPa左右，其余部位扬压力均小于0.45 MPa。河床坝段$5^\#$、$6A^\#$坝块实测的坝基扬压力远小于设计假定值，就连帷幕前的坝基扬压力也小于防渗帷幕后的设计预测值，超出设计预期需要达到的效果。最高水位228 m时渗流量为13.156 L/s。当库水位低于215 m以下时，主坝渗流量基本稳定在4 ~ 6 L/s。

（6）对于本工程坝基是否需要全线进行帷幕灌浆和帷幕灌浆是否要打穿辉绿岩的问题还是值得探讨。坝体基础的防渗帷幕和排水设计，应以坝区的工程地质、水文地质条件和灌浆试验资料为依据，结合水库功能、坝高，综合考虑防渗和排水的相互作用，经分析研究确定帷幕和排水的设置。现行的混凝土重力坝设计规范对防渗帷幕布置和深度，提出：当坝基下相对隔水层埋藏较深或分布无规律时，帷幕深度可参照渗流计算，并考虑工程地质条件、地层的透水性、坝基扬压力、排水等因素，结合工程经验研究确定，通常在0.3 ~ 0.7倍水头范围内选择。从坝基地质条件、现行规范要求、坝基渗流场三维有限元分析以及坝基扬压力观测成果分析认为：坝基辉绿岩渗透性微弱，以硬性结构面为主，已构造天然的防渗屏障，降低坝基扬压力应以坝基排水为主，以防渗帷幕为辅；防渗帷幕的灌浆工作应注重在坝基断层和裂隙发育区；坝基防渗帷幕的深度以不穿通坝基辉绿岩为宜，取0.3 ~ 0.4倍水头即可。

4.11　主坝安全监测成果分析

4.11.1　变形监测

4.11.1.1　水平位移

1A#～5#坝段和6B#～13#坝段在坝顶及200 m高程廊道、155 m高程廊道分别平行坝轴线布设引张线监测，6A#坝段采用正垂线、倒垂线监测，左、右坝肩各设1支钻孔测斜仪进行水平位移监测。监测成果显示：

（1）主坝坝体整体有向下游方向的位移，位移最大区在溢流坝段，自坝顶到坝基位移量递减。图4-32、图4-33为坝体水平位移分布曲线。

（2）坝体水平位移均不超过设计警戒值，测值正常，坝体稳定，位移变化符合大坝运行规律。2008年12月28日蓄水至正常高水位228 m测得坝体水平位移最大值22.88 mm，为设计警戒值53.5 mm的43%。

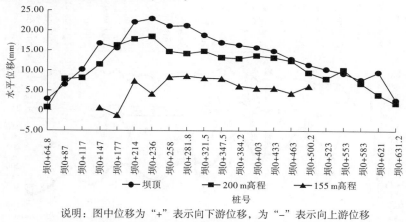

说明：图中位移为"+"表示向下游位移，为"-"表示向上游位移

图4-32　实测主坝最大水平位移分布曲线

4.11.1.2　垂直位移

主坝垂直位移主要监测基础廊道、155 m及200 m高程廊道、坝顶部位的垂直位移。

基础廊道垂直位移监测点（水准点）全部布置在主坝灌浆排水廊道的底板，共19个，按一等水准施测。在155 m、200 m高程廊道内设置了精密水准点、流体静力水准和双金属管标。廊道垂直位移监测由双金属管标和流体静力水准形成垂直位移遥测系统，采用自动化系统监测，用一等水准进行校测。坝顶垂直位移监测采用左右坝肩灌浆平洞内的水准工作基点引测坝顶各精密水准点，按一等水准测量要求进行观测。

图4-34为主坝垂直位移典型过程曲线，图4-35为不同时期主坝垂直位移分布曲线。监测成果显示：

（1）坝体总体有不同程度的差异沉降，坝顶整体下沉，其中溢流坝段沉降较大，沉降量最大达14.01 mm。

131

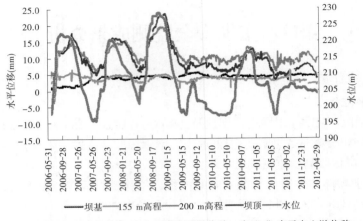

说明：图中位移为"+"表示向下游位移，为"−"表示向上游位移

图4-33　溢流坝段水平位移典型过程曲线

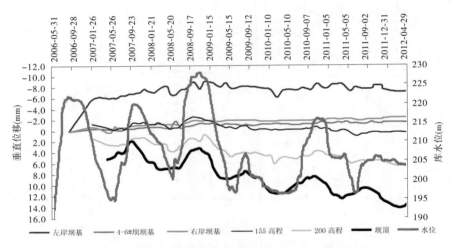

说明：图中位移为"+"表示下沉，为"−"表示抬升

图4-34　主坝垂直位移典型过程曲线

（2）155 m高程廊道整体抬升，且左岸抬升较为明显（最大有6.80 mm）。

（3）基础廊道和200 m高程廊道两端抬升，中段下沉，廊道垂直位移分布规律性相似。1#～6#坝段基础抬升，且越近左岸坝肩抬升越明显，从7#坝段往右岸普遍微弱下沉，局部（9B#坝段坝0+500.20桩号）抬升，12#坝段基础廊道也表现为微弱的抬升（抬升不超过1.50 mm）。

（4）在溢流坝段，主坝垂直位移受库水位影响也较为明显，位移的变化也滞后于库水位的变化。其变化规律是库水位上升，坝体及坝基呈微弱的抬升之势，库水位下降，位移逐渐增大。200 m高程以上坝体垂直位移受坝体挠度变化，位移相对明显，而在155 m高程以下坝体和坝基受库水位变化影响不大，在高水位时，受扬压力影响坝基有微弱的抬升之势。

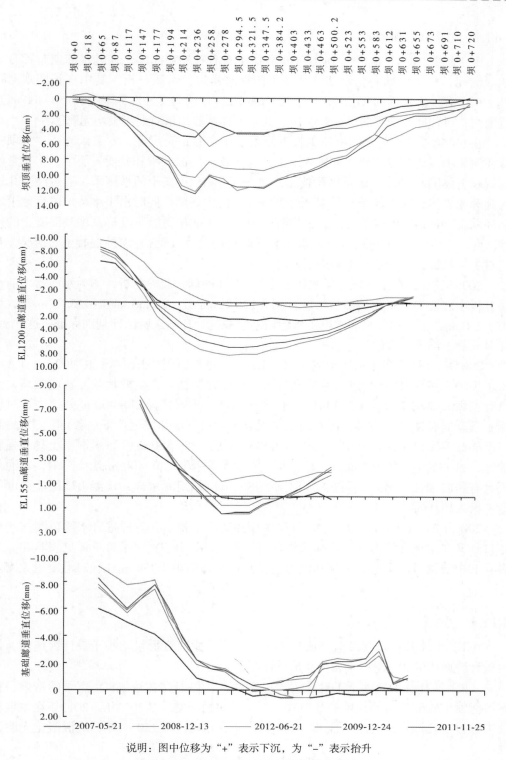

说明：图中位移为"+"表示下沉，为"-"表示抬升

图4-35　不同时期主坝垂直位移分布曲线

4.11.2　水质监测

由于坝基D_3l^{2-1}、D_3l^{2-2}、D_3l^3、D_3l^4岩层中含有黄铁矿晶体，在勘察前期布置有长期观测孔，分丰水期和枯水期分别取了四批水样进行水质分析，其中在长期观测孔ZK219#中有一次水样的SO_4^{2-}离子含量为396 mg/L，位于弱腐蚀性界限指标250~400 mg/L范围内，对普通水泥有弱结晶类腐蚀，其余水样试验结果对混凝土均无腐蚀性。

在2005年2月百色水利枢纽工程下闸蓄水安全鉴定会议上，专家认为："大坝帷幕在河床坝段均打穿辉绿岩而进入下部的含黄铁矿的蚀变带和硅质岩层中，将非常好的辉绿岩体隔水层被帷幕灌浆孔破坏，使下部含有SO_4^{2-}离子的承压水，通过灌浆孔进入到辉绿岩体，若岩体灌浆效果不好就将破坏防渗屏障。同时由于帷幕形成后地下水循环减缓，造成SO_4^{2-}离子的富集，将有可能发生硫酸盐对灌浆帷幕及坝基混凝土的侵蚀问题。"　会后，为进一步论证水库运行期间是否会出现SO_4^{2-}腐蚀混凝土的情况，专门对主坝和消力池排水孔水质进行监测。

2005年7月，在主坝坝基排水廊道取3组水样进行水质简分析，作为水库蓄水前水质分析本底资料，得出硫酸盐浓度分别为175.92 mg/L、143.66 mg/L和26.93 mg/L，均小于250 mg/L。根据《水利水电工程地质勘察规范》环境水腐蚀性判别标准，这3个水样对混凝土均无腐蚀性。

2005年11月，在主坝廊道内排水孔J_4B-3（主坝01）、J_6B-5（主坝02）、J_7A-4（主坝03）各取1组水样进行水质全分析。根据检测结果，硫酸盐浓度普遍较高，但只有主坝02硫酸盐浓度（319 mg/L）位于弱腐蚀性界限指标250~400 mg/L之内，对混凝土具有弱腐蚀性。同时，还专门在主坝取黄色地下水和黑色地下水各1组水样，检测出硫酸盐浓度也很高，其中一组浓度为533 mg/L，大于500 mg/L，对混凝土具有强腐蚀性，另一组浓度为282 mg/L，位于弱腐蚀性界限指标250~400 mg/L范围内，对混凝土具有弱腐蚀性。另外，还在主坝上游约50 m处取1组库水样，检测出硫酸盐浓度很低，仅为13.0 mg/L。

2006年2月至2006年12月，每月取主坝和消力池排水孔取样进行水质监测；2013年11月又在主坝和消力池排水孔取样进行水质监测，其SO_4^{2-}离子含量详见表4-40。从表4-40中数据可以看出，主坝和消力池排水孔水样均小于250 mg/L，对混凝土无腐蚀性。

4.11.3　小结

（1）坝体及坝基变形监测成果表明，水平及垂直变形量均小于设计警戒值，仅为设计警戒值的40%左右，完全满足设计要求。

（2）坝基及消力池下部硅质岩含有黄铁矿，可能存在造成SO_4^{2-}离子的富集，将有可能发生硫酸盐对灌浆帷幕及坝基混凝土的腐蚀问题。从2006年、2013年在主坝和消力池排水孔取样进行水质监测，其SO_4^{2-}离子含量均小于250 mg/L，对混凝土无腐蚀性。

表4-40 百色水利枢纽坝区水样硫酸盐（SO_4^{2-}）指标监测结果 （单位：mg/L）

检测时间（年-月）	主坝01	主坝02	主坝03	消力池04	消力池05	消力池06	消力池07
2006-02	18.7	56.9	134	/	/	/	/
2006-03	19.2	229	23.1	/	/	/	/
2006-04	16.1	41.3	109	/	/	/	/
2006-05	11.6	40.6	76.7	/	/	/	/
2006-06	15.3	48.5	59.8	42.3	34.9	/	/
2006-07	16.2	51.9	47.6	41.5	34.0	/	/
2006-08	9.2	31.4	27.2	27.6	35.1	19.7	26.4
2006-09	<5.0	38.1	39.3	33.9	18.4	/	47.7
2006-10	<5.0	26.1	18.4	24.4	16.2	/	/
2006-11	9.86	25.8	17.5	31.0	24.5	/	/
2006-12	13.8	32.6	16.3	39.3	23.8	/	/
2013-11	11.2	12.9	12.1	17.5	12.3		

第5章　消力池地基工程地质研究

5.1　概　述

　　百色水利枢纽主坝采用"表孔宽尾墩+中孔跌流+底流消力池"的新型联合消能工。消力池消能防冲设计下泄流量9 021 m³/s（100年一遇洪水敞泄），相应单宽流量161 m³/s，上下游落差93.88 m，泄洪功率8 300 MW。消力池长118.4 m，宽82 m，消力池水深30 m。其基础约30%位于辉绿岩体上，其余处在较软弱的D_3l^4 ~ D_3l^{7-1}沉积岩层上。各沉积岩层岩性差异大，差异风化及深度变化大，层间剪切错动发育，岩体破碎，岩体工程力学性状差，存在局部地基承载力不足、地基不均匀变形、渗透稳定、抗浮稳定等重大工程地质问题。消力池基坑开挖的地质状况见图5-1、图5-2。

图5-1　消力池基坑及左侧边坡开挖后照片　　　图5-2　消力池基坑及右侧边坡开挖后照片

　　鉴于消力池的重要性和复杂的地质条件，消力池工程的安全建设引起了参建各方的高度重视，先后开展了4次专项地质勘察试验研究，国内4家著名科研单位和高等院校开展了4次水工模型试验和相关计算分析，召开了1次专题审查会、3次专家咨询论证会。经过这一系列工作，完全查明了消力池的地质条件，对主要工程地质问题进行了深入研究，工程设计方案不断地得到优化和完善。工程建成8年来，消力池运行正常，完全达到了设计目的。

5.2　消力池地质条件与岩体试验研究

5.2.1　消力池工程地质研究概况

　　消力池作为大坝主体工程的一部分，其勘测工作始于20世纪50年代末，当时共完成2个钻孔110.52 m；可行性研究阶段结合坝后厂房方案完成3个钻孔259.69 m；初步设计阶段（1994~2001年）结合下游围堰（初设后期围堰逐渐下移至第二条辉绿岩）

共完成6孔238.66 m，根据钻探资料绘制了泄洪消能区平面地质图、100 m高程平切面图和纵横剖面图，在地质报告中对测区工程地质条件及主要工程地质问题进行了论述和评价。

2001年8月，水利部水总〔2001〕343号文《关于右江百色水利枢纽初步设计报告的批复》的附件《右江百色水利枢纽初步设计报告审查意见》指出："消力池和冲刷区岩石软硬相间，层间挤压破碎，风化深浅不一，工程地质条件较差，存在基础不均匀变形和冲刷问题，下阶段应在河床补充勘探和原位变形测试，复核坝基下游抗力岩体D_3l^4、D_3l^5、D_3l^6、D_3l^7等层的风化深度和变形模量，进一步查清消力池地段的岩体性状，并采取相应的工程措施，做好岩体的防渗、排水和锚固。"根据审查意见，在施工详图阶段，沿消力池左边墙、中线和右边墙布置12个钻孔，以查明消力池不同岩层的岩性界线及风化程度，在钻孔内采用弹模仪和旁压仪进行岩体变形模量测试，同时所有的钻孔开展了声波测井，为保证取芯和孔壁完整，全部钻孔采用了SM植物胶钻进。2002年7月编写出版了《右江百色水利枢纽施工详图阶段专题报告——主坝消力池工程地质》。

2002年9月5～10日第二次设计咨询会在百色召开，这次会议云集了来自北京、武汉、广东和广西等地著名的水电工程地质专家。专家们重点对消力池的工程地质进行了咨询，他们考察现场，察看岩芯，听取情况介绍、研读消力池专题勘察报告，认真细致地分析探讨岩体顺层风化条带的成因、分布规律。建议地质充分利用开挖揭露后的条件，加强消力池地基岩体的岩性、地质构造及风化分带的复核工作，结合相关钻孔，进一步分析研究岩体风化、破碎的形成条件及分布规律；对D_3l^4～D_3l^6岩层中的钻孔旁压仪、弹模仪的试验值、声波值及岩芯状态进行综合分析整理。专家认为从钻孔岩芯看，夹层状全风化均为土状，局部夹碎屑，可灌性差，并有渗透稳定问题，建议进行灌浆试验，以选择合适的灌浆材料和帷幕灌浆工艺参数。排水孔应做好反滤，防止渗透破坏。强调消力池作为重点工程部位，目前设计采用的变形模量值多为旁压仪和钻孔弹模计所获得的成果，建议开挖后，利用开挖基坑进行常规试验进行复核验证。

根据施工详图阶段第二次设计咨询会专家意见，一方面，利用开挖揭露后的条件，对消力池地基岩体的岩性、地质构造及风化分带进行复核，并结合相关钻孔，进一步分析研究了岩体风化、破碎的形成条件及分布规律；并对D_3l^4～D_3l^6岩层中的钻孔旁压仪、弹模仪的试验值、声波值及岩芯状态进行综合分析整理。另一方面，在消力池基坑布置6点变形试验、10点载荷试验。

2003年3月5～10日在百色召开了第三次设计咨询会，专门针对消力池进行的，当时消力池的基坑开挖基本到位，但现场变形及载荷试验尚未全部完成、风化分带的复核工作尚在进行之中。专家们在考察现场，听取情况介绍和讨论后，认为：①设计院根据消力池基坑开挖揭露的实际情况，对消力池地基工程地质条件评价是较为准确的；经现场原位承压板变形试验和载荷试验，对前期设计成果进行了复核，现提出的力学参数地质建议值基本合理。消力池基础（尤其是左边墙）岩体软硬相间，物理力学性质差别很大，不均匀沉陷变形问题较为突出，且D_3l^5全风化层的承载力偏低，工程结构基础设计均需采取补强处理措施。鉴于全风化层和层间破碎夹泥层存在渗透变形问题，建议在相应部位应加强防渗处理和做好排水反滤保护设计。②由于D_3l^5全风化层呈风化土状，建议补充室内物理力学性质试验，评价土体的渗透性和渗透稳定性，为防渗和排水反滤设计提供依据。鉴于现场原位变形试验组数较少，可结合室内压缩试验成果进一步论证土体的变形特性，合理选定设计参数。由于该层地基承载力建议值偏大，建议补充现场标贯试验复核。③D_3l^4层中分布有多条层间破碎夹泥层，建议利用现有开挖面进行详细地质素描，根据其物质组成和透水性评价其渗透稳定性，并将夹层的位置表示在地质图上。④建议根据现场变形试验的压力—变形曲线，以建筑物的最大荷载相应的变形关系，进一步分析变形模量参数的合理性。

按照施工详图阶段第三次设计咨询会专家意见，于2003年3月11~14日分别补充进行了岩矿鉴定、土工试验、现场标准贯入和动力触探试验；在此基础上，系统分析论证了消力池区域各岩层的岩性、风化破碎特点及地基承载力、变形模量等重要力学参数，进一步优化和完善了设计方案。

泄洪消能区完成的主要勘探试验工作量见表5-1。

表5-1　泄洪消能区完成的主要勘探试验工作量

序号	项目	单位	可行性研究前	可行性研究	初步设计		施工详图	备注
					1994~1996	1996~2001		
1	钻探	m/孔	110.52/2	259.69/3	148.41/5	90.25/1	587.79/12	12个SM植物胶孔
2	钻孔变形模量测试	点					87	
3	声波测井	m		122.18	13.3	89.75	449	
4	动力触探试验	次					16+6	
5	承压板变形试验	点					6	
6	承压板载荷试验	点					10	
7	标准贯入试验	次					18	
8	室内土工试验	组					4	
9	岩矿鉴定	块					12	

5.2.2　消力池工程地质条件

消力池位于河床偏左侧，长度118.4 m，净宽82 m，尾坎设齿墙。消力池地段地形起伏较大，北东高南西低，左导墙上游端地面斜坡坡度30°，高程134 m，右导墙下游端为一深潭，水深11.5 m，地面高程108 m。

泄洪消能区主要岩层岩性、风化特点等基本情况见表5-2和图5-3、图5-4。

泄洪消能区岩层产状总体较为稳定，为N59°~72°W，SW∠52°~65°。由于岩层软硬相间，且夹在两条辉绿岩之间，受构造作用，层间挤压强烈，岩体完整性差。辉绿岩接触蚀变带的全风化带宽度左侧2~3 m，右侧较窄（0.5~1 m），局部缺失。右墙1~右墙2发育一小断层，其产状为N40°~50°E，NW∠70°~80°，长度大于20 m，宽度3~10 cm，充填方解石和岩屑，近接触蚀变带部位，岩体和充填物风化呈褐黄色，最大宽度近1 m。辉绿岩体节理裂隙发育特征与主坝区相同。

表5-2 泄洪消能区地基岩性及风化特征

地层名称	岩层代号	厚度（m）	岩性特征	风化特征		
				全风化	强风化	弱风化
泥盆系榴江组	D_3l^{7-1}	40~50	青灰色中厚层状含钙泥岩、泥质灰岩与含白云质泥岩（风化后呈黑褐色泥质物）互层，其上部夹2~3m厚薄层状硅质岩	黄褐—黑褐色，岩芯呈土状，局部夹碎块状，分布于左侧及中线，下限埋深50~65m（夹层状风化）	黄褐色，岩芯呈碎块状，分布于左侧及中线，下限埋深50~65m（夹层状风化）	灰—青灰色，岩芯呈柱状，局部为碎块状，裂隙面局部为黄褐色，下限埋深左侧及中线为70~85m，右侧为35m
	D_3l^6	60~86	青灰—灰白色薄—中厚层状含硅质粉晶灰岩、白云质粉—细晶灰岩、含钙泥岩、泥质灰岩	黄褐色，岩芯呈土状，局部夹碎块状，分布于左侧及中线，下限埋深35m（夹层状风化）	黄褐色，岩芯呈碎块状，局部为土状，下限埋深3~10m，局部达60m	灰—青灰色，岩芯呈柱状，局部为碎块状，裂隙面局部为黄褐色，夹层风层发育，下限埋深15~20m，局部达65m
	D_3l^5	9~17	青灰色薄—中厚层状含钙泥岩、泥质灰岩与含白云质泥岩（风化后呈黑褐色泥质物）互层	黄褐—黑褐色，岩芯呈土状，局部夹碎块状，分布于左侧及中线，下限埋深60~65m（夹层状风化）	黄褐色，岩芯呈碎块状，局部土状，下限埋深左侧及中线80~85m（夹层状风化），右侧为20m	灰—青灰色，岩芯呈柱状，局部碎块状，裂隙面局部为黄褐色，下限埋深左侧及中线90~100m，右侧40m
	D_3l^4	20~24	灰黑色薄—中厚层状含黄铁矿硅质岩，强风化岩体层间发育泥化夹层（厚度2~10mm），局部发育小洞穴		黄褐—灰黑色，岩芯呈碎块状或砂砾状，普遍夹泥，下限埋深45~60m	灰黑色，岩芯呈砂砾状，局部碎块状，裂隙面普遍为黄褐色，下限埋深55~65m
华力西期	$\beta_{\mu 4}^{-1}$	116~120	灰绿色辉绿岩，分布于消力池的北部	黄褐色，岩芯呈土状，局部为碎块状，下限埋深35~50m	灰绿色，岩芯呈碎块状，普遍有黄褐色夹泥，下限埋深45~55m	灰绿色，岩芯呈柱状，局部碎块状，下限埋深55~65m

5.2.3 消力池地基岩体试验研究

5.2.3.1 承载力及变形模量试验研究

招标设计阶段，在钻孔内用弹模仪测试70点，用旁压仪测试17点。消力池基坑开挖后，在基坑内开展了载荷试验10点、原位承压板变形试验6点、重型动力触探22次、标贯试验18次、室内土工试验4组。综合分析所有试验结果（包括PD20#、PD23#平硐

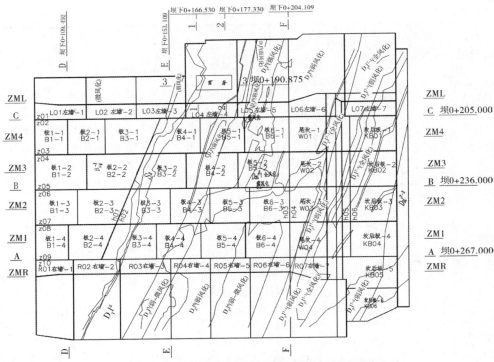

图5-3　消力池地基岩层分布及消力池结构分块图

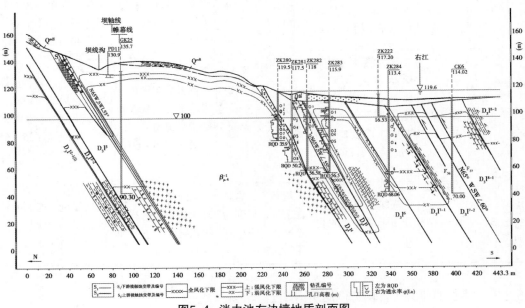

图5-4　消力池左边墙地质剖面图

的现场变形试验成果），得出D_3l^4、D_3l^5、D_3l^6及D_3l^7等四层全、强风化岩体变形模量及承载力标准值，见表5-3、表5-4。

表5-3 消力池地基全风化岩体变形模量及承载力试验成果汇总

岩层代号	岩性及结构特性	变形模量 E_0（GPa）				承载力 f_k（kPa）				备注
		承压板试验值（GPa）		钻孔变形试验值（GPa）		承压板试验值（kPa）		触探或标贯值（kPa）		
		范围值（统计点数）	标准值	范围值（统计点数）	标准值	范围值（统计点数）	标准值	范围值（统计点数）	标准值	
$D_3 l^5$ $D_3 l^6$	岩性为全风化泥岩夹全强风化含钙泥岩。（$D_3 l^5$ 层：软弱土状岩层占20%，中等坚硬层占41%，坚硬层占39%）。V_p = 1 600~2 000 m/s，局部达 3 000 m/s，q = 13 lu	0.02~0.10 (4)；0.001 7~0.005 7* (4个样)	0.048			250~750（屈服承载力）(4)	560	280~480 (24)	388	1. 右上角带"*"为室内土工压缩模量值，计算标准值时未将其考虑在内，在此列出仅供参考。 2. 触探、标贯值根据不同性状土层的百分比进行加权平均求得。
$D_3 l^7$	岩性为全风化含钙泥岩夹全强风化白云质泥岩	0.08 (1) 0.024~0.039* (3)	0.055	0.03~0.09 (4)	0.06					右上角带"*"为右岸PD20洞内承压板试验值

表5-4　消力池地基强风化岩体变形模量及承载力试验成果汇总表

岩层代号	岩性及结构特性	变形模量 E_0（GPa）				承载力 f_k（kPa）				备注
		承压板试验值（GPa）		钻孔变形试验值（GPa）		承压板试验值（kPa）		触探或标贯值（kPa）		
		范围值（统计点数）	标准值	范围值（统计点数）	标准值	范围值（统计点数）	标准值	范围值（统计点数）	标准值	
D_3l^4	岩性为强风化灰黑色薄层状硅质夹泥化夹层，$V_p=$2 000~3 000 m/s，$q=$10~100 lu	0.18~1.10（4）	0.52	0.14~0.48（10）	0.33	>2 500（极限承载力）（3）	>830	2~50（9）	870	1. 根据试验值取工程荷载 0.6~1.2 MPa 对应的模量。2. 钻孔变形试验只采用弹模仪测试值
D_3l^5 D_3l^6 D_3l^7	岩性为强风化含钙泥岩、泥质灰岩等。$V_p=$2 000~3 000 m/s，局部达 3 500 m/s，$q=$13Lu	0.28~0.29*（2）	0.29	0.11~0.45（7）	0.26	1 500~ >2 500（极限承载力）（3）	500~830			1. 右上角带"*"为左岸 PD23 洞内承压板试验值。2. 钻孔变形试验只采用弹模仪测试值

表5-5　消力池底板（98m高程）D₃¹⁵全风化夹层土工试验成果表

实验编号	天然状态下物性指标											渗透变性实验			抗剪强度（饱和快剪）		压缩试验（饱和状态）		渗透系数（原状）（垂直）k_{20}（cm/s）
	含水率 ω（%）	密度		孔隙比 e	饱和度 S_r（%）	液性指数 I_L	比重 G_s	液限 ω_{L17}（%）	塑限 ω_p（%）	塑性指数 I_{p17}		临界坡降 i_k	破坏坡降 i_k	渗透破坏形式	粘黏力 C（kPa）	内摩擦角 φ（°）	压缩系数 a_{v1-2}（MPa⁻¹）	压缩模量 E_{s1-2}（MPa）	
		湿 ρ（g/cm³）	湿 ρ_d（g/cm³）																
D₁	63.5	1.62	0.99	1.717	99.5	1.05	2.69	62.3	39.3	23.0		2.43	流土	16.9	24.8	0.60	4.63	6.27×10^{-6}
D₂	58.2	1.63	1.03	1.612	97.1	0.86	2.69	62.0	34.5	27.5		2.78	流土	19.1	26.0	0.46	5.7	5.34×10^{-4}
D₃	75.2	1.52	0.87	2.218	94.9	1.62	2.80	60.0	35.4	24.6		0.88	流土	18.2	24.3	1.96	1.66	1.82×10^{-5}
D₄	71.8	1.56	0.91	1.956	98.7	1.47	2.69	60.4	35.9	24.5		1.13	流土	27.3	22.0	1.43	2.07	5.12×10^{-4}

注：1. D1、D2呈褐灰色，D3呈浅黄色，D4呈咖啡色；
　　2. 四组试样均为高液限粉土，土颗粒以粉粒为主，具高压缩性。

5.2.3.2 全风化岩体渗透稳定性研究

全风化夹泥层取自消力池左墙-4～左墙-5（集水井右侧）地基D_3l^5层，试验结果见表5-5。从表5-5中得出：所取的4组样均为高压缩性高液限粉土（由白云质泥岩夹层风化形成），4组样的透水性为中等—微透水，渗透破坏形式为流土，允许渗透比降0.44～1.39。由于夹层母岩为白云质泥岩，故夹层具很大的孔隙率和较低的干密度。

5.2.4 消力池地基各岩层物理力学参数取值研究

消力池地基各岩层主要物理力学参数的确定原则：①严格执行规范，各类参数取值方法符合规范要求；②主要力学指标根据2种以上试验成果，再综合分析并结合工程经验确定；③每一岩层不同风化状态的指标是根据该层试验值、经验值、分布范围、风化破碎特性等综合分析确定。表5-6给出了各岩层主要物理力学参数建议值。

表5-6 各岩层物理力学参数建议值

地层代号	岩性	风化程度	饱和容重 γ（g/cm³）	泊松比 μ	弹性模量 E（GPa）	变形模量 E_0（GPa）	混凝土/岩石抗剪强度 f	混凝土/岩石抗剪断强度 f'	混凝土/岩石抗剪断强度 C'（MPa）	允许承载力 R（MPa）
$\beta_{\mu4}^{-1}$	辉绿岩	全风化				0.04～0.05		0.35	0.02	0.4～0.5
		强风化	2.4	0.32	5	0.7		0.7	0.35	1.0～1.2
		弱风化	2.4～2.6	0.28	12～16	7～8	0.7	0.7	0.7	6
		微风化	2.8～3.0	0.25～0.26	14～27	10～14	1.0	1.0	0.9	>10
D_3l^4	硅质岩	强风化	2～2.4	0.35	1.2	0.3～0.5	0.45	0.6	0.25	0.9～1.2
		弱风化	2.5	0.32	2～7	2～4	0.6	0.72	0.3	1.5～2.0
D_3l^5	硅质泥岩、泥质灰岩	全风化	1.5～1.7			0.03～0.05		0.3	0.02	0.4～0.5
		强风化	2.0～2.1	0.4	0.5～1.0	0.2～0.3	0.4	0.45	0.1	0.7～0.8
		弱风化	2.2～2.4	0.32～0.4	2～4	1.5～3	0.45			1.5～2.0
D_3l^6	泥质灰岩	全风化	1.5～1.7			0.03～0.05		0.35	0.02	0.4～0.6
		强风化	2.0～2.1	0.35	1	0.3～0.4	0.4	0.5	0.1	0.8～0.9
		弱风化	2.4～2.6	0.32	6	3	0.5	0.75	0.4	1.5～2.0
D_3l^7	泥岩	全风化	1.5～1.7			0.03～0.05		0.3	0.02	0.4～0.5
		强风化	2.0～2.1	0.4	0.5～1.0	0.1～0.2	0.4	0.5	0.1	0.8～1.0
		弱风化	2.2～2.4	0.32～0.4	2～4	1.5～3	0.45	0.65	0.3	1.5～2.0

5.3 消力池地基主要工程地质问题

消力池地基弱微风化辉绿岩分布区岩体工程地质分类为AⅢ类；D_3l^4硅质岩强风化岩体为BⅣ类；D_3l^5泥岩呈全风化状，为Ⅴ类岩体；D_3l^6泥质灰岩大部分呈弱—微风化，属BⅢ、BⅣ类岩体，小部分呈全强风化状，为Ⅴ类岩体；D_3l^{7-1}层的岩性和风化情况比较复杂，左侧以泥岩、硅质泥岩为主，呈全强风化状，为CⅣ和Ⅴ类岩体，右侧以钙质泥岩、泥质灰岩为主，呈弱—微风化状，为BⅢ类；辉绿岩与D_3l^4硅质岩接触蚀变带呈全强风化状，为Ⅴ类。主要工程地质问题有以下三个方面：

（1）消力池地基岩体从AⅢ类~Ⅴ类岩体均有分布，岩体软硬相间、风化深浅不一，力学性质差异大，存在高模量比、高承载力比、低抗冲刷性等显著而复杂的不均一问题。

（2）消力池边墙设计基底附加应力为0.6~1.0 MPa，左边墙地基的D_3l^5全风化泥岩段和右边墙地基的辉绿岩接触蚀变带（呈全风化状）的允许承载力仅为0.4~0.5 MPa，不满足设计要求。

（3）全—强风化岩体和全风化夹泥层为高压缩性高液限粉土，渗透系数为6.27×10^{-6} ~ 1.82×10^{-3} cm/s，透水性为中等—微透水，其渗透破坏形式为流土，允许渗透比降0.44~1.39。允许渗透比降小，渗透稳定性较差。

5.4 地基处理与效果分析

5.4.1 地基固结灌浆

5.4.1.1 固结灌浆设计

（1）消力池基础（边墙、底板）共计47个板块，边墙部位固灌浆孔深8 m，中间底板部位孔深5 m。辉绿岩区孔排距3 m×3 m，其他岩区2.5 m×2.5 m。

（2）灌浆材料采用525号普通硅酸盐水泥。

（3）灌浆质量标准：以压水试验为主，单孔声波测试为辅。灌后压水试验检查，辉绿岩中透水率不大于3 Lu，其他岩体不大于5 Lu。灌后单孔声波测试，纵波波速V_p在入岩2 m以下平均值应达到表5-7中所示标准，基本消除0.8V_p波速点；入岩2 m以内应大于0.8V_p值。

表5-7 声波测试V_p平均值标准

岩体	V_p(m/s)	0.8V_p(m/s)
弱—微风化辉绿岩	5 000	4 000
强风化硅质岩	2 500	2 000
全风化泥岩、泥质灰岩	1 600	1 280
强风化泥岩、泥质灰岩	2 500	2 000
弱风化泥岩、泥质灰岩	4 500	3 600

5.4.1.2 固结灌浆施工

固结灌浆在有混凝土盖重下进行，混凝土厚度一般为1~2 m。

（1）入岩5 m的灌浆孔采用一次灌注法，入岩8 m深的分为两段灌浆。沉积岩灌浆区分3序施工，辉绿岩区分2序。

（2）浆液配比：辉绿岩中采用水灰比为2∶1、1∶1、0.6∶1等3个比级，沉积岩中为1∶1、0.8∶1、0.6∶1等3个比级。

（3）灌浆压力：见表5-8。

表5-8　各段灌浆压力

岩性	段次	底板			边墙		
		Ⅰ序	Ⅱ序	Ⅲ序	Ⅰ序	Ⅱ序	Ⅲ序
沉积岩	第一段	0.2	0.3	0.4	0.2	0.2~0.3	0.3~0.4
	第二段	—	—	—	0.3	0.3~0.4	0.4~0.5
辉绿岩	第一段	0.3~0.4	0.4~0.5	—	0.3	0.3	—
	第二段	—	—	—	0.4	0.4~0.5	—

（4）注入量：平均单位注入量398.3 kg/m，见表5-9。

表5-9　各区固结灌浆完成情况

区号	灌浆长度（m）	水泥注入量（kg）	单位注入量（kg/m）				压水试验检查			
			区平均	Ⅰ序孔	Ⅱ序孔	Ⅲ序孔	孔数（个）	段数（段）	合格段数（段）	合格率（%）
G_1	3 209	541 672	168.8	247.9	128.8	116.8	30	56	56	100
G_2	3 880	1 614 275	416.0	630.8	345.8	246.4	27	50	50	100
G_3	775	691 214	892.2	1 667.4	696.0	427.6				
G_4	4 540	1 779 697	392	679.8	325.5	183.0	34	61	60	98.4
G_5	4 606	2 148 755	466.5	748.9	431.8	242.7	32	52	52	100
合计	17 010	6 775 613	398.3				123	219	218	99.6

注：G3区基岩是全风化泥岩，检查孔仅做声波测试，未进行压水试验。

5.4.1.3 固结灌浆质量检查

消力池地基固结灌浆共布设压水测试检查孔123个，压水试验219段，合格段218段，占99.6%，不合格段一段，经补灌后达到合格。见表5-9。

声波测试孔123个，测试情况见表5-10，声波测试满足设计要求。

表5-10　声波测试情况

区号	岩性及风化程度	完工的板块数(块)	测试孔数(个)	单孔声波测试成果
G_1	弱微风化辉绿岩	13	30	全孔平均值5 000～5 800 m/s,基本消除4 000 m/s以下的波速点,满足设计要求
G_2	以强风化硅质岩为主,尚存在全风化泥岩和强、弱风化辉绿岩	8	25	一个测试孔中常有两种岩性,全孔平均值2 300～4 900 m/s,差异较大。依风化程度和岩性区分,V_p值均能满足各自岩层的设计要求。入岩深度2 m以内尚存在少数低波速点,最低为2 083 m/s
G_3	全风化泥岩、泥质灰岩	3	9	全孔平均波速2 647～4 022 m/s,满足设计要求
G_4	以全、强风化泥岩、泥质灰岩为主,尚存在少数弱风化泥岩	11	29	各测试孔中岩性和风化程度多种多样,全孔平均值1 709～4 471 m/s,差异很大。依岩性和风化程度区分,V_p值满足各自岩层的设计要求
G_5	强风化硅质岩和全、强风化泥岩	11	30	依照岩性和风化程度区分,V_p值均满足各自岩层的设计要求。存在的少数弱风化泥岩,全孔平均速度4 472 m/s,基本满足设计4 500 m/s的要求

5.4.1.4　固结灌浆效果分析

（1）经压水和声波检查,固结灌浆质量满足设计要求。

（2）波速作为固结灌浆效果的主要检测指标,虽然各类岩体的灌后V_p值可以满足各自岩层的设计要求,但尚难提出波速提高值的具体标准。

（3）在全风化泥岩中不宜进行压水试验;弱风化泥岩、泥质灰岩灌后的V_p值要求偏高,宜适当调低,可调整为3 500～3 800 m/s。

5.4 .2　消力池稳定措施

5.4.2.1　结构措施

1.优化建基面高程

（1）辉绿岩部位建基面高程由101 m降低至99 m;

（2）下游蚀变带至坝下0+162.109桩号之间建基面高程由100 m降低至96 m或97 m;

（3）尾坎建基面高程由96 m提高至100 m;坎后板尾部齿槽设至96 m高程以解决消力池尾部的防淘刷问题。

2.优化底板分缝

将消力池底板纵缝（顺水流方向）分缝间距由22～22.4 m缩小为15.5 m，同时为适应辉绿岩下游蚀变带的斜向分布，底板横缝（横水流方向）采用错缝布置的方式，尽量使底板在顺水流方向均匀分块。

3.优化边墙布置

（1）调整边墙的横缝布置，改善基础受力条件。

（2）扩大基础降低基础应力，将边墙的前趾悬出长度由4 m增大为6.4 m。

（3）为了增加边墙稳定，消力池前端顶高程为139 m的右墙–1、右墙–2和右墙–3的墙背坡由1∶0.4放缓至1∶0.5，同时墙背起坡点高程由130.5 m提高至133 m。

4.优化底板纵横风搭接形式

根据消力池三维有限元计算成果，消力池底板与底板之间的纵横分缝设置梯形键槽，底板与边墙、底板与尾坎之间的分缝不设键槽。

5.4.2.2　锚固措施

1.设计原则

（1）辉绿岩地段的底板抗浮稳定安全系数小于规范要求时，则考虑设锚筋或锚筋束；沉积岩地段，要求在泄洪工况下底板以自重保证抗浮稳定安全系数达到1.0以上，以使锚筋基本不承受脉动压力反复作用产生的拉力，但仍设置锚筋以满足抗浮稳定安全系数的要求。

（2）辉绿岩地段锚筋钻孔直径为锚筋直径的2倍，沉积岩地段钻孔直径为锚筋直径的3倍，以增强锚固效果。在锚筋施工中通过拉拔试验了解软岩锚固的效果。

2.设计方案

（1）蚀变带下游第一列底板（板3–1、板3–2、板3–3和板3–4）的抗浮稳定安全是软岩部位底板抗浮稳定的第一道防线，其稳定至关重要。在锚固设计中将这些板块前端的锚杆间距适当加密，并斜锚到其上游侧的辉绿岩中，以确保安全。详见图5–5。

（2）板5–1和板4–2位于全风化D_3l^5、D_3l^6岩体上，其中全风化D_3l^5岩层中性状很差的高液限、高压缩性全风化破碎夹泥层所占比例为20%左右，根据《土层锚杆设计与施工规范》，不应在液限超过50%的土层中设置永久锚杆。经研究采用大孔砂浆锚杆，锚杆孔孔径为150 mm，一方面增加砂浆与孔壁的接触面积，提高锚固力，另一方面使锚杆起到桩基的作用，减小全风化段地基的沉降。锚杆长度设计主要根据全风化D_3l^5的综合指标确定，并考虑有20%的高液限夹泥层不能提供锚固力，须将锚杆长度加长30%，并在施工前通过现场锚杆抗拔试验验证该土层锚杆的锚固力，以满足设计要求。

5.4.3　地基防渗排水

根据消力池地基渗透稳定分析和结构稳定计算结果，结合三次设计技术咨询会专家意见，消力池采用"周边灌浆排水廊道+中部纵横+字排水廊道+中部纵向廊道两侧的两个纵向小排水廊道"的防渗排水布置。消力池周边的灌浆排水廊道断面为2.5 m×3 m

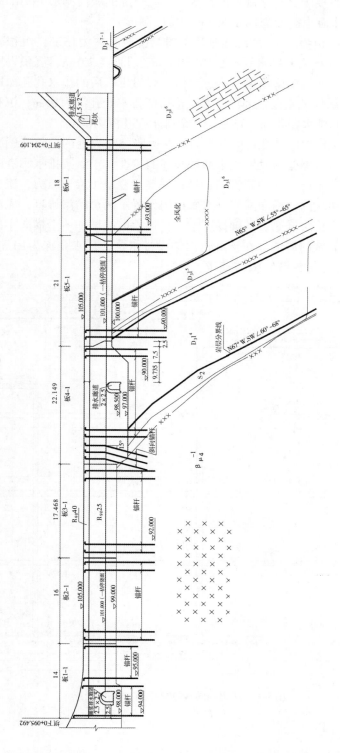

图5-5 消力池底板锚杆布置示意图

的城门洞形，中部纵横十字排水廊道断面为2 m×2.5 m的城门洞形，中部纵向廊道两侧的两个纵向小排水廊道断面为1.5 m×2 m的城门洞形。

周边防渗帷幕孔距为3 m，辉绿岩地段的帷幕灌浆孔深为15 m，沉积岩地段的帷幕灌浆孔深大部分为25 m。排水孔孔径为150 mm，孔距为3.0 m，沉积岩地段排水孔内设置反滤设施，反滤设施采用组装式过滤体。防渗帷幕后的排水孔孔深取帷幕深度的0.6倍左右，即辉绿岩地基段15 m深防渗帷幕后的排水孔孔深为10 m，沉积岩地基段25 m深防渗帷幕后的排水孔孔深为15 m，其余排水孔孔深为6 m。

对位于全风化D_3l^5和D_3l^{7-1}层的左边墙-4和左边墙-5交界处的局部范围，以及尾坎部位的大部分帷幕，考虑其易发生流土渗透破坏的特性，于灌浆排水廊道内在25 m深主防渗帷幕后增设一排15 m深的副帷幕，尽量增加渗径减小渗透压力，避免土体发生渗透破坏。由于在尾坎内的横向灌浆排水廊道内设置了两道防渗帷幕，无法再在该廊道内钻设排水幕。为了降低底板基础扬压力，在尾坎前端增加一个横向小排水廊道，断面为1.5 m×2 m的城门洞形，在该廊道内钻设排水幕，排水孔深为10 m，孔距为3 m，孔内设反滤设施。详见图5-6、图5-7。

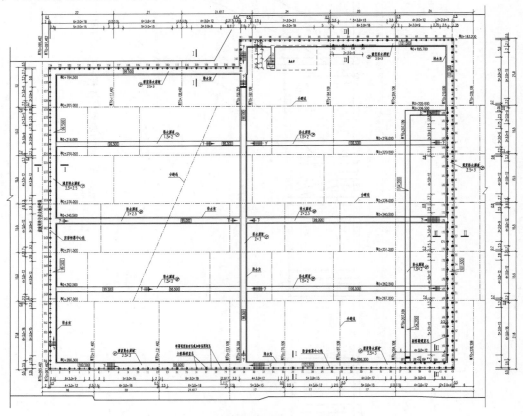

图5-6 消力池防渗帷幕平面布置图

5.4.4 监测成果分析

消力池监测项目有基础变形、施工缝和裂缝开合度、基础渗透水压力、基础温度

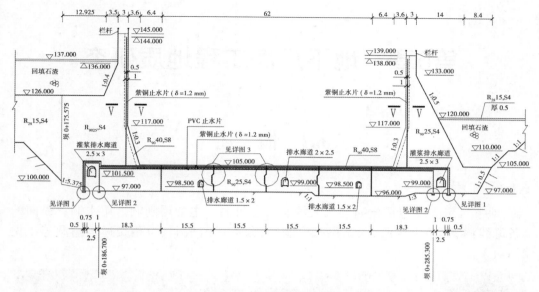

图5-7　消力池横剖面图

和钢筋应力等。共埋设基岩变形计11套，测缝计14支（4支已失效），位错计7支，基岩温度计8支，渗压计7支，钢筋计6支。

观测成果显示，消力池基础总体呈微弱压缩变形状态，基础最大下沉3.56 mm（小于设计警戒值4.0 mm），目前已稳定，未见下沉变形发展，月变幅均小于±0.1 mm；消力池底板混凝土结构缝上安装的位错计测得在尾坎-4和板6-4板块之间有微弱垂直错动，开合度为0.16 mm，其余的消力池板块之间在垂直方向上无相对位移产生，位移测值均在±0.25 mm内；消力池缝体埋设的测缝计测值稳定，月变幅均在±0.01 mm内，消力池底板结构缝、导墙裂缝开合度稳定，且大部分缝体呈闭合状态。渗压计测得消力池基础渗透水压力在0.25～0.22 MPa，且较为稳定，月变幅小于0.001 MPa。底板98.6 m高程的6支钢筋计受力不大，均小于14 MPa，月变幅小于0.4 MPa，且均匀受拉，钢筋应力基本稳定。消力池各监测项目测值正常，运行稳定。

5.5　小　结

百色水利枢纽消力池工程地质条件异常复杂，为了查明工程地质条件，提供合理的岩土参数，为设计方案制订提供充分的依据，不同阶段地质工程师们开展了深入系统的工程地质勘察试验研究。同时，设计方面根据地质资料，在大量水工模型试验数据的基础上，积极吸收和采纳了众多知名院士、大师的经验与智慧，进行了大量方案的计算分析和不断优化，科学合理地确定并实施现在的方案。工程实践表明，地质判断是准确的，各项结论、参数是合理的，消力池的设计是成功的。

第6章 地下厂房工程地质研究

6.1 概 述

6.1.1 工程布置

　　地下厂房主要包括横向的三大洞室：主机洞、主变尾闸洞、尾水洞；纵向的4条母线洞、4条引水洞、4条尾水支洞、1条通风疏散洞、1条交通运输洞等（见图6-1）。

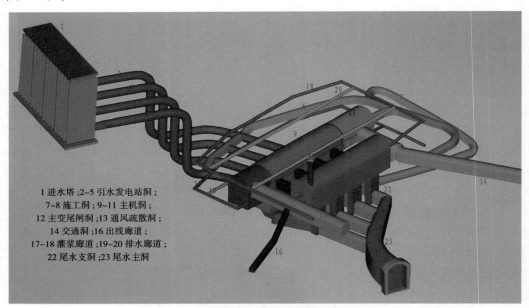

1 进水塔；2~5 引水发电站洞；
7~8 施工洞；9~11 主机洞；
12 主变尾闸洞；13 通风疏散洞；
14 交通洞；16 出线廊道；
17~18 灌浆廊道；19~20 排水廊道；
22 尾水支洞；23 尾水主洞

图6-1 百色水利枢纽地下厂房立体透视图

　　主机洞长147 m、拱顶开挖宽度20.5 m、最大高度49 m；主变尾闸洞长93.8 m、宽19.5 m、高33.4 m。主机洞与主变尾闸洞之间的岩壁厚度20.7 m，为两洞平均开挖宽的1.035倍；主变尾闸洞上覆有效岩体最薄处厚度仅17 m，为洞跨的0.87倍。

　　4条母线廊道布置在主机洞下游侧，垂直于主机洞下游边墙且相互平行布置，廊道中心距20.8 m。廊道断面为城门洞形，长21.6 m，宽5.5 ~ 6.5 m，高5.5 ~ 11.65 m，高程为123.45 m。

　　4条尾水管布置在主机洞与尾水闸门井之间，彼此平行，并与机组纵轴线垂直，尾水管中心距20.8 m，尾水管扩散段从底板上翘至尾水管出口闸门井底，底板上翘角度约6.3°，出口断面矩形，尺寸8 m×9.41 m，底部高程104.7 m。

4条尾水支洞紧接尾水管布置，出流方向与尾水管流向相同，均为N28°E，城门洞形断面，断面尺寸8.00 m×10.84 m（宽×高），1#~4#尾水支洞的长度分别为16.30 m、24.10 m、36.10 m和52.30 m。

尾水主洞断面形状亦为城门洞形，其开始段为22.58 m长的渐变段，断面宽度由1#尾水支洞末端的8.00 m逐渐加宽至13.00 m，呈等宽断面直至出口。尾水主洞的底板高程106.00 m，洞顶以5%反坡向下游逐渐抬高，洞高从上游开始处的21.58 m逐渐加高至出口处26.87 m，尾水主洞长107.00 m。

6.1.2 地质概况

引水发电系统布置在坝址左岸，其范围在坝线上游150 m至坝线下游400 m之间，所涉及的地层从上游至下游为泥盆系榴江组D_3l^{1-1}~D_3l^{8-2}和间夹于D_3l^3与D_3l^4之间的华力西期辉绿岩。地下厂房的主机洞和主变尾闸洞布置在宽度约150 m的华力西期辉绿岩内（见图6-2）。引水隧洞主要布置在沉积岩内。地下厂房区辉绿岩裂隙特点与主坝区相同，各组裂隙发育具有明显的不均一性和相对集中性，不同部位裂隙发育程度不同，同一组裂隙有的部位发育，有的部位不发育，且产状也不太稳定。

地下厂房辉绿岩体透水性微弱，上游接触蚀变带及榴江组硅质岩地层透水性强。在100~110 m高程，主机洞上游边墙辉绿岩体厚度仅11 m。水库蓄水后，上游透水性强的接触蚀变带及榴江组硅质岩地层地下水位相当于库水位（228 m），高出地下厂房洞底118~128 m，地下厂房上游边墙形成很大的外水压力，对地下厂房稳定极为不利。因此，降低地下厂房上游一定范围内的地下水位非常重要，渗流控制必须有效和可靠。

6.1.3 主要工程地质问题

百色水利枢纽大坝和电站厂房布置在宽150 m、以55°角倾向下游的辉绿岩条带上，由于地质条件的局限性，使地下厂房的布置存在以下几个突出的问题：①厂房上游边墙距上游蚀变带很近，最小处仅有11 m；②主变尾闸洞与主机洞之间以及尾水洞之间的岩柱厚度等于或小于1倍洞径；③主变尾闸洞上覆有效岩体厚度仅17 m，不足规范要求的1倍洞径；④辉绿岩发育4组裂隙，在洞室的顶拱和边墙均易形成不稳定的三角体和楔形块体；⑤洞轴线走向与岩层走向一致，地应力与主要洞室正交；⑥厂前高地下水位对洞室上游边墙形成较大的渗透压力。这些技术难题能否顺利解决，是地下厂房方案成败的关键。

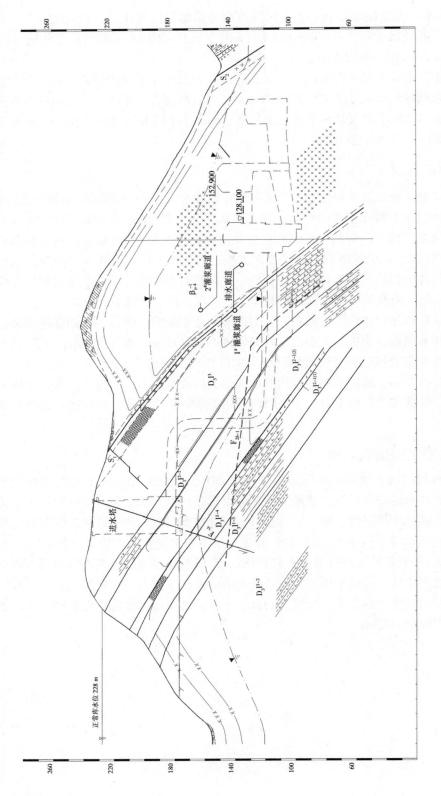

图6-2 3#机轴线工程地质剖面图

6.2 洞群区岩体结构特征

6.2.1 概述

岩体结构不仅可以反映岩体中结构面的发育程度和块体尺寸，而且能表征岩体力学性质的优劣，是地下工程岩体稳定性研究的重要内容，通过对岩体结构的研究，划分围岩岩体质量，可将地质与工程有机结合起来，建立起地质人员和设计人员共同工作的基础。岩体结构研究的关键是确定各类结构面的分布规律、发育密度、表面特征、连续特征以及它们的空间组合形式等，方法包括岩体结构面调查和岩体结构分析。

6.2.2 洞群区地质不连续面类型与级别

地下厂房洞室群布置于坝址左岸辉绿岩体中，洞群区地表为一斜坡地形，坡度约30°。由于洞室群埋深不大，给钻孔勘探提供了条件，洞群区布置了14个钻孔，总进尺1 486.2 m，其中辉绿岩内进尺1 306.44 m。勘探平硐PD206布置成"+"字形，平硐高程与厂房洞拱座高程142 m持平，纵向沿厂房轴线布置，并超过两侧的安装间和副厂房端墙；横向沿3#机的引水洞和尾水支洞方向布置，并超过辉绿岩上、下游边界至外侧硅质岩，总长353 m，其中辉绿岩洞段长度300 m。

通过分布于不同部位及高程的勘探孔、硐组成的立体勘探网，查明了洞群区主要地质不连续面。根据不连续面的规模和性质，洞群区地质不连续面可分为四类：①沉积型，主要是辉绿岩与外侧沉积岩的接触蚀变带，属区内Ⅰ级结构面，是洞室群南北向控制性边界面；②断层型，主要有F_7、F_{28-1}断层，属Ⅰ～Ⅱ级结构面，是洞室群东西向控制性边界面；③蚀变型，发育于辉绿岩体内以蚀变为主的构造蚀变裂隙，如J_{163}、f_{s1}、f_{s2}等，属区内Ⅲ级结构面，是贯穿洞群区的长大蚀变型软弱结构面；④复合型，是辉绿岩内普遍发育的节理裂隙，结构面一般闭合或充填硬性方解石脉、全蚀变石榴石矽卡岩脉，靠近边缘则充填压碎岩或绿泥石—绿帘石岩，属区内Ⅳ级结构面。①、②、③属软弱结构面，规模较大；④属硬性结构面，规模相对较小。

6.2.3 不连续面调查统计与工程地质分析

6.2.3.1 软弱结构面工程地质分析

1.辉绿岩接触蚀变带

沉积型软弱结构面主要指辉绿岩与外侧沉积岩的接触蚀变带。平硐PD206揭示，厂房区辉绿岩床的水平宽度160 m，上下是辉绿岩与外侧围岩的接触蚀变带，它是地下洞群区的控制性软弱层带，属区内Ⅰ级结构面，控制洞室群上下游移动的范围（见图6-3）。通过分布于不同部位及高程的勘探孔、硐组成的立体勘探网，查明了接触蚀变带的性状（见表6-1）。

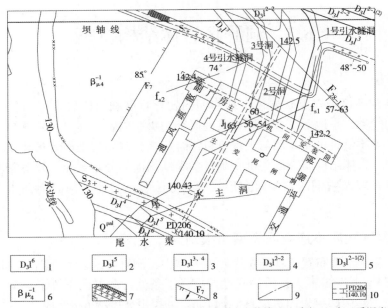

1—泥质灰岩;2—硅质泥岩、含锰钙质泥岩;3—含黄铁矿硅质泥岩;4—白云质泥岩;

5—硅质泥岩夹粉砂质泥岩;6—华力西期辉绿岩;7—接触蚀变带及编号;

8—正断层及编号;9—水边线;10—探硐及其编号

图6-3　洞群区130 m高程平切面图

接触蚀变带按部位分下（上游）蚀变带（S_1）和上（下游）蚀变带（S_2）。根据蚀变带的特性，可将其细分为内蚀变带、接触带和外蚀变带。辉绿岩下（上游）接触蚀变带（S_1）：内蚀变带宽一般为0.5～3 m，局部4～6 m，岩石颜色变浅、大理岩化，为变余辉绿结构或他形粒状结构，矿物成分以方解石为主，占74%～79%。接触带一般表现为裂隙状或挤压带，宽一般为1～5 cm，局部10~20 cm，充填物为泥夹岩屑或石英脉。随着高程的降低或埋深的增加，性状逐渐变好。

辉绿岩上（下游）接触蚀变带（S_2）：勘探孔硐所揭露的接触蚀变带均为全强风化岩体，蚀变特征不明显。

2.断层型软弱结构面

洞群区断层型软弱结构面主要有F_7和F_{28-1}，属Ⅰ～Ⅱ级结构面，是洞室群布置东西向的控制性边界面。

F_7位于洞群区西侧，邻近河谷。平硐PD21和2A坝基都遇到了该断层。断层走向N30°～45°E，倾向SE或NW，倾角75°～85°。PD21揭露断层破碎带宽0.8 m，为方解石脉网状充填的辉绿岩破碎角砾，平硐下游壁沿断层面发育洞穴。坝基开挖揭示，F_7斜穿整个2A坝基，产状为N35°～45°E，SE∠75°～85°，蚀变带宽0.3～3.0 m，总体为上游侧窄，下游侧宽；蚀变带内主要发育一组产状为：N25°～35°E，NW∠85°～90°裂隙，裂隙间距0.05～0.2 m，裂面起伏粗糙，长3～8 m，裂隙充填物主要为方解石，呈细脉状，局部为透镜状；蚀变带内岩石呈浅灰绿色，强度较未蚀变辉绿岩稍低，裂隙面多渲染呈黄褐色，局部有溶蚀现象。

表6-1 洞群区辉绿岩接触蚀变带性状

蚀变带	孔硐编号	孔硐地面高程(m)	蚀变带埋深/高程(m)	地质特征
下蚀变带	ZK239	121.17	42.77～45.50/78.40～75.67	内蚀变带不明显，$V_p > 4\ 000$ m/s；接触带为灰白色辉绿岩和褐黄色泥，$V_p > 2\ 000 \sim 3\ 500$ m/s，$q = 3.0$ Lu；硅质岩体 $V_p = 3\ 500 \sim 4\ 500$ m/s，$q = 10 \sim 15$ Lu
	PD11	130.9	上覆岩体厚50/131.66	内蚀变带宽50 cm，为灰白色强风化辉绿岩；接触带宽10～20 cm，充填夹泥岩石碎块；外蚀变带宽3～4 m，硅质岩的侵蚀洞穴极为发育，洞径30～100 cm，岩体 $V_p = 830$ m/s
	PD11 左支	130.93	上覆岩体厚29.7/131.93	由岩石碎块及透镜体、泥质物、淋滤铁锰质等组成，$V_p = 1\ 000$ m/s
	PD206	144	上覆岩体厚97/142.5	内蚀变带宽15～20 cm，辉绿岩蚀变为灰白色，$V_p = 5\ 064$ m/s；外蚀变带为宽13～16 cm的石英脉，$V_p = 4\ 106$ m/s
	ZK227	163.94	31.81～37.41/132.13～126.53	内蚀变带宽1.6 cm，辉绿岩蚀变为褐黄色；外蚀变带宽约1.25 m，硅质岩裂隙充填黏土碎屑，且被铁锰质浸染
	PD21 左支 I	180.7	上覆岩体厚32.8/181.7	辉绿岩与硅质岩接触部位见一条宽约10 cm的含黄铁矿晶体石英脉，$V_p = 2\ 860$ m/s
	PD21 左支 II	180.7	上覆岩体厚56/181.7	内蚀变带宽50 cm，辉绿岩蚀变为灰白色，强风化；接触带为石英脉，宽40～50 cm，$V_p = 3\ 226$ m/s；外蚀变带宽约4 m，硅质岩灰白色，似角岩化
	ZK202	187.04	67.24～68.00/119.80～119.04	内蚀变带宽4 m，$V_p = 3\ 400 \sim 4\ 000$ m/s，内侧辉绿岩 $V_p > 4\ 000$ m/s；接触带宽44 cm，$V_p = 2\ 800$ m/s，为黄绿—灰白色蚀变辉绿岩；外侧硅质岩的 $V_p = 3\ 000 \sim 4\ 000$ m/s，$q = 4.2$ Lu
	ZK236	213.10	65.61～66.00/147.49～147.10	接触带辉绿岩蚀变为灰白色，局部泥化，$q = 2.3$ Lu；硅质岩硅化带宽4.58 m，其 RQD = 43%，$q = 0.6$ Lu；外侧硅质岩体的 $q = 15$ Lu
	ZK230	220.20	126.05～127.15/94.15～93.05	内蚀变带宽1.08 m，为浅灰色蚀变辉绿岩；接触带宽为77 cm的石英脉；外蚀变带不明显

续表6-1

蚀变带	孔硐编号	孔硐地面高程(m)	蚀变带埋深/高程(m)	地质特征
下蚀变带	ZK231	220.20	172.96~175.40/47.24~44.80	内蚀变带宽17 cm,辉绿岩蚀变为灰白色;外蚀变带宽约1.23 m,为弱微风化硅质岩,$V_p = 3\ 500 \sim 5\ 500$ m/s,$q = 3.4$ Lu
	ZK234	238.70	98.00~102.5/136.2~140.7	内蚀变带轻微蚀变,其 RQD = 42%,$V_p = 4\ 200 \sim 5\ 000$ m/s,而两侧辉绿岩和硅质岩的相应指标为91%、79%和$5\ 000 \sim 6\ 000$ m/s
	ZK233	257.60	149.00/108.60	蚀变不明显,$V_p = 5\ 000$ m/s,$q = 0.1$ Lu
上蚀变带	ZK220	138.50	27.40~29.67/108.83~111.10	全强风化黄褐色辉绿岩,$V_p = 1\ 800$ m/s,$q = 19.24$ Lu
	PD206	140.0	上覆岩体厚10/140.0	辉绿岩已风化成黄褐色土状,$V_p = 1\ 670 \sim 2\ 650$ m/s;外侧硅质岩黑褐色,小洞穴发育,多充填黏土,$V_p = 1\ 180$ m/s
	PD23	138.30	上覆岩体厚54/138.3	辉绿岩已风化成黄褐色土状,$V_p = 1\ 070$ m/s;外侧硅质岩蚀变不明显,12 m厚的硅质岩均有小洞穴发育
	ZK30	175.30	54.5~55.0/120.8~120.3	为浅灰绿色弱风化辉绿岩,$q = 7.64$ Lu

F_{28-1}断层出露在厂房洞NE侧,靠山里。左坝头防渗帷幕灌浆平洞(▽234 m)、左岸PD21勘探平硐(▽182.5 m)、厂房帷幕$1^\#$灌浆廊道(▽131.5 m)、$1^\#$施工支洞(▽125 m)以及钻孔ZK231、ZK233、ZK234等均揭露到该断层。断层走向N35°~70°W,倾向SW,倾角57°~63°,延伸长度400~500 m,为张扭性断层;断层带宽0.5~1 m,组成物为压碎岩、构造角砾岩及断层泥等,胶结物有钙质、硅质,局部见溶蚀孔洞、洞壁见石英晶族;两侧影响带宽1~3 m;岩体破碎,透水性好,属中等透水带,是山体里侧地下水向河谷排泄的导水通道,PD21平硐挖到断层后,常年流水,水量约0.5 L/s,$1^\#$施工支洞挖到断层后也有水流出;$1^\#$灌浆廊道见到沿断层带的溶蚀孔洞和石英晶族。断层距安装间端墙最近距离约20 m(高程130 m),是厂房区NE侧的控制性软弱边界面。

3.蚀变型软弱结构面

蚀变型软弱结构面,是指发育于辉绿岩体内以蚀变为主的构造蚀变带和节理密集带,属Ⅲ级结构面,是控制洞室边墙、顶拱部位不稳定块体的主要界面。PD206揭露厂房区发育的蚀变型软弱结构面主要有节理密集带J_{163}和节理蚀变带f_{s1}、f_{s2}。

J_{163}在PD206主洞96 m出露后,又在右支洞24 m处再次出露。推测其产状:走向N66°E,倾向NW,倾角60°;延伸长度达70~80 m,高程分布120~190 m;节理充填8~15 cm厚的方解石、岩屑及泥质。

f_{s1}在PD206主洞69 m出露后,又在右支洞35 m处再次出露,推测其产状是:走向

N64°E，倾向NW，倾角50°~54°，延伸长度大于80 m；蚀变带宽0.2~0.5 m，组成物为浅灰绿色蚀变辉绿岩，胶结好、强度高，但暴露后易风化和遇水易软化，与两侧辉绿岩没有明显的界面。

fs2构造蚀变带在PD206左支洞43 m处出露，产状：走向N57°~65°E，倾向NW，倾角74°~80°，延伸长度50~60 m；蚀变带宽0.5~0.8 m，组成物为浅灰绿色蚀变辉绿岩，胶结好、强度高，但暴露后易风化和遇水易软化，与两侧辉绿岩没有明显的界面。

6.2.3.2 硬性结构面统计分析

硬性结构面在岩体中大量发育，随机展布，属Ⅳ级结构面，是岩体结构类型划分的主要指标，它不仅控制了岩体的基本力学特性，而且在一定条件下，可能构成工程岩体的潜在的几何和力学边界。对洞室群而言，硬性结构面对工程的主要影响是弱化岩体的力学性质和构成局部块体的几何和力学边界。为评价洞群区岩体的结构形态，在PD206平硐内，对300 m长辉绿岩洞段的节理裂隙发育情况进行了详细的统计。

1.产状统计

通过对PD206平洞内514条硬性结构面的统计，可以看出洞室群区硬性结构面的优势方位共有6组，见表6-2、图6-4。

表6-2 地下洞群区辉绿岩节理产状统计

结构面分组	倾向区间	倾角区间	优势方位
①	165°~225°	28°~68°	204°∠54°
②	295°~335°	41°~80°	323°∠61°
③	338°~360°	30°~51°	351°∠42°
④	24°~64°	26°~46°	43°∠33°
⑤	77°~127°	32°~66°	91°∠51°
⑥	100°~134°	68°~87°	114°∠81°

2.节理长度

将上述6组节理按走向和倾向归纳成4组进行长度统计，结果表明：①倾SW节理组和倾SE节理组属于短小裂隙为主体的节理组，前者长度小于3 m的裂隙占79.72%，后者占59.65%；SW组裂隙因与外侧沉积岩的层面产状基本一致，故称之为"似层面节理"，主要属原生节理，故多密集短小；SE组节理超过5 m长裂隙所占比例较大；两组节理属共轭节理。②走向NW倾向NE节理组和走向NE倾向NW节理组，均以3~5 m长裂隙为主，小于3 m和大于8 m裂隙所占比例也大致相当，属共轭节理，长度超过20 m的长大裂隙多以此两组为主。

3.结构面间距

各组节理的发育间距与节理规模相关。延伸较长的裂隙，其间距也较大，而短小节理的间距一般较小。统计得到各组裂隙间距的分布情况见表6-3，从表6-3中看出：①各组节理的间距从几厘米到100 cm以上均有分布；②4组节理结构面间距10~30 cm

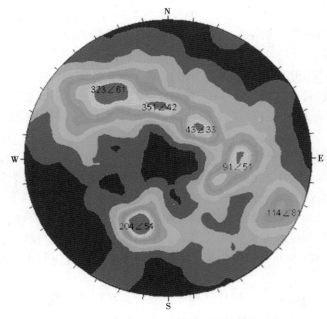

图6-4　地下洞群区辉绿岩裂隙产状等密图

的占30.65%~45.28%，平均37.1%；间距30~50 cm的占24.19%~29.36%，平均27.37%；间距50~100 cm的占11.32%~33.87%，平均25.25%。

表6-3　洞群区各主要节理组裂隙间距分布和所占比例

节理倾向及组别	结构面间距(cm)与百分比				
	>100	100~50	50~30	30~10	<10
NW（②、③）	2.69	33.87	24.19	30.65	8.6
NE（④、⑤）	1.32	23.68	27.63	39.47	7.9
SW（①）	3.67	32.11	29.36	33.03	1.83
SE（⑥）	1.89	11.32	28.3	45.28	13.21
平均	2.39	25.25	27.37	37.1	7.89

4.裂隙充填情况

倾SW向和倾NE向节理，裂隙一般闭合，裂面或有方解石薄脉，或绿泥石化，或铁锈渲染，面多平直稍光滑或稍起伏粗糙；靠近辉绿岩边缘部位裂隙多充填绿泥石和岩屑。倾NW向和倾SE向节理，裂隙多充填方解石和岩屑，宽度大于0.5 cm的多充填方解石脉及全蚀变石榴石矽卡岩，裂面多起伏粗糙。

5.裂隙发育的不均匀性

PD206基本平行或垂直主要裂隙走向，能较充分地揭露节理的发育情况。统计显示，辉绿岩岩体裂隙发育具有不均衡性：一是各组裂隙的发育程度不同（见图6-5）；二是不同部位有的裂隙发育，有的裂隙不发育（见图6-6）。

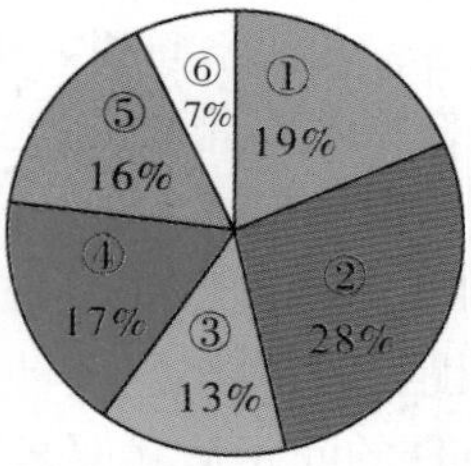

⑥ 7%
① 19%
⑤ 16%
② 28%
④ 17%
③ 13%

图6-5　辉绿岩体裂隙发育程度饼状图

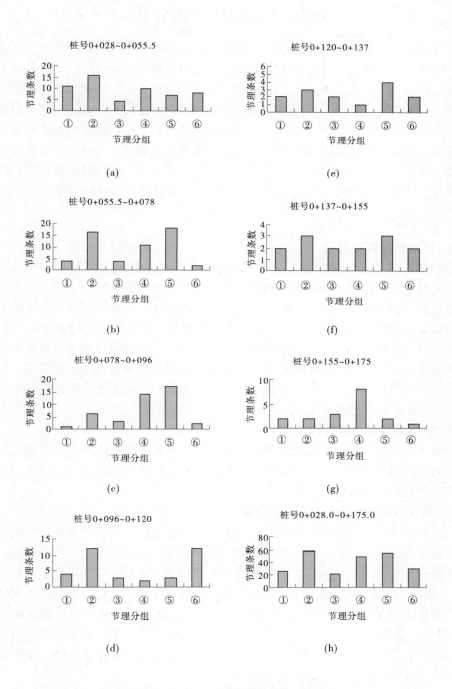

图6-6　PD206主硐裂隙发育柱形图

6.3　岩体应力场分析

自古以来，人们就把天然岩体作为各类建筑物的地基或环境，对天然岩体进行着利用和改造，并从改造岩体过程中发生的各种变形、破坏现象认识到岩体是处于不同的"受力状态"。也就是说，人们是从地应力的"灾害效应"认识到它的存在。地下工程中围岩的失稳主要是开挖过程中临空面形成引起的应力重分布超过围岩强度或围岩过分变形而造成的，而应力重分布是否会达到危险的程度取决于初始地应力场的大小、方向、分布，岩体状态和开挖次序。进行岩体应力研究，是确定工程岩体力学属性，进行围岩稳定性分析，实现岩土工程开挖设计和决策科学化的必要前提，因此在围岩稳定性评价之前有必要对洞群区岩体初始应力场进行较为详细的分析。

6.3.1　区域应力场特征

6.3.1.1　区域地质构造背景

广西地处滨太平洋与特提斯—喜马拉雅两大构造域的复合部位，华南加里东褶皱系西南端。研究区位于次一级桂西印支褶皱系，发育一系列北西向深大断裂带。主要有西南侧的那坡断裂、靖西-崇左断裂，东北侧的百色—合浦断裂（右江断裂）、巴马—博白（垭都—马山）断裂带。这些断裂延伸长度至少在250～500 km。巴马—博白断裂带是广西规模最大、影响最深的北西向断裂，其西北端可能与贵州的紫云—垭都断裂带相接，长度超过800 km。百色—合浦断裂是影响研究区的主要断裂，其西起广西隆林，经田林、百色、平果至南宁，这一段称为右江断裂带，距研究区最近仅15 km。图6-7展示了研究区及其北西地区区域构造分布情况。

6.3.1.2　区域现代应力场特征

研究区地应力场，特别是近代地应力场，主要受印度板块北冲和太平洋板块西冲的强大力源控制（见图6-7），从图6-7中可以看出，广西西北部地应力场最大主应力总的方向为北北西向或北北东向。

6.3.1.3　从震源机制解分析区内的应力场特征

有仪器记录以来广西境内只发生过很少几次中强地震，因此震源机制解的资料极少。根据所收集到的广西及邻区部分震源机制解资料（见表6-4），初步分析，震源应力场普遍近于水平，主压应力（P）轴和主张应力（T）轴仰角都较小，前者平均为23°，后者平均为20°，说明本区地壳构造应力场近于水平，地震断裂以水平错动为主。震源应力场的优势方向即主压应力方向，自东向西，呈现出由近东西向变为南东-北西向，进而达到南南东-北北西或近南北向的趋势。此结果与区域应力矢量图6-9所示方向基本一致，与工程区实测最大主应力近水平向的结论一致，说明印度板块和太平洋板块控制了本区的现代地应力场。

6.3.1.4　区域地应力场反演分析

如上所说，百色地区中强地震不多，震源机制解资料少，地应力实测资料也不多，为全面了解较大范围区域地应力场的基本情况，评价工程区实测地应力的合理

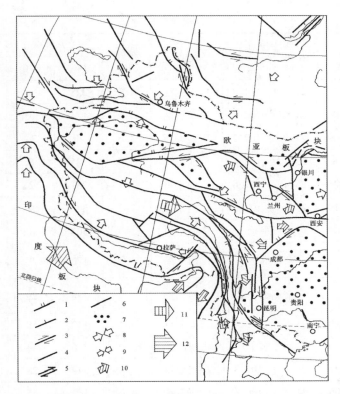

1—活动性断层；2—活动性正断层；3—活动性平移断层；4—没定性活断层；

5—沿构造带剪切方向；6—板块间现代活动边界；7—坚硬地块；

8—区域性主压应力方向；9—喜马拉雅弧形构造带的主应力方向；

10—一级主压应力方向；11—断块运动方向；12—板块俯冲方向

图6-7 青藏高原及周边地应力场（据邓启东）

表6-4 广西及邻近地区地震震源机制解

序号	发震时间（年-月-日）	震中位置		地点	震级 M_S	P 轴		T 轴	
		北纬	东经			方位	仰角	方位	仰角
1	1936-04-01	22.5	109.4	广西灵山	6.75	151	19	247	15
2	1961-06-12	21.6	106.0	越南北部	5.0	282	10	191	2
3	1966-09-23	26.3	104.5	云南宣威	5.0	135		225	22
4	1969-07-26	21.7	111.8	广东阳江	6.4	299	22	206	7
5	1970-03-25	26.0	105.0	贵州晴隆	4.8	298	2	29	19
6	1972-05-07	22.4	108.4	广西南晓	4.5	59	4	150	32
7	1974-11-24	22.1	109.6	广西灵山	4.1	151	18	51	30
8	1975-05-08	小震平均		广西灵山		161	13	63	36
9	1975-12-21	20.6	110.5	广东雷琼	3.0	158	46	265	15

续表 6-4

序号	发震时间 （年-月-日）	震中位置		地点	震级 M_S	P 轴		T 轴	
		北纬	东经			方位	仰角	方位	仰角
10	1976-05-27	21.7	111.8	广东阳江	4.3	328	4	236	25
11	1976-08-04	21.5	110.1	广东安铺	3.3	174	40	272	9
12	1977-04-09	22.9	107.2	广西大新	3.6	40	24	138	19
13	1977-04-13	23.1	108.6	广西武鸣	3.7	325	8	235	
14	1977-04-26	23.4	107.6	广西平果	3.4	281	2	11	22
15	1977-10-19	23.4	107.5	广西平果	5.2	343	9	76	32
16	1977-10-11	余震平均		广西平果		307	10	37	16
17	1977-10-19 ~ 10-25	余震综合		广西平果		176	9	73	56
18	1977-10-25 ~ 11-20	余震综合		广西平果		138	29	235	14
19	1980-06-18	23.5	103.6	云南蒙自	5.4	112	50	202	0
20	1974 ~ 1982	53 次小震平均		贵州西部		276	44	22	13
21	1983-06-24	21.7	103.3	越南莱州	7.0	349	28	76	5
22	1983-12-05	24.9	106.8	广西天峨	4.9	143	45	53	0
23	1984-01-11			广西河池	3.0	132	47	241	16

性，需进行较大范围区域地应力场的反演分析。

为保证反演区域有一定数量的实测地应力资料，而这些实测资料大多分布于各大型水电站，为此建模时尽可能将它们更多地考虑进去。所以本模型基本上涵盖了我国大型水电站分布较为集中的西部地区（见图6-8）。

反演结果分别见图6-9、图6-10。图6-9为区域应力矢量图，从图中看出，由于桂西地区同时受印度板块北冲和太平洋板块西冲的影响，最大主应力在此区域发生旋转：由北西以印度板块北冲为主导的NW方向向南东以太平洋板块西冲为主导的NE方向发生旋转。这一趋势与震源机制解和工程区实测的最大主应力的方向基本一致。

图6-10为区域地应力场最大主应力量值分布图，从中看出，桂西地区的最大主应力量值为 5.83 ~ 6.67 MPa，与工程区实测应力值5 ~ 8 MPa较为接近，也与附近岩滩电站的实测结果相同（5.45 ~ 8.1 MPa）。此外，桂西地区的最小主应力量值为 0.3 ~ 0.6 MPa，与工程区实测应力值0.3 ~ 0.7 MPa完全相同。

综上所述，区域应力场震源机制解和应力场反演的结果很好地验证了工程区实测地应力结果，地应力实测成果是合理可信的，可以将其应用于地下洞室围岩稳定性计算中去。

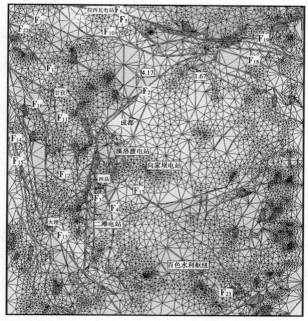

F_1—鲜水河断裂；F_2—龙门山断裂；F_3—安宁河断裂；F_4—小江断裂；F_5—昆中断裂；F_6—青海南山断裂；

F_7—拉脊山断裂；F_8—南祁连断裂；F_9—北祁连断裂；F_{10}—南秦岭断裂；F_{11}—甘孜断裂；

F_{12}—小金河断裂；F_{13}—哀牢山断裂；F_{14}—澜沧江断裂；F_{15}—怒江断裂；F_{16}—金沙江断裂；

F_{17}—垭都–马山断裂；F_{18}—襄樊–广济断裂；F_{19}—北秦岭断裂；F_{20}—鄂拉山断裂；

F_{21}—昌马河断裂；F_{22}—甘德断裂；F_{23}—右江断裂

图6-8　区域应力场反演分析模型

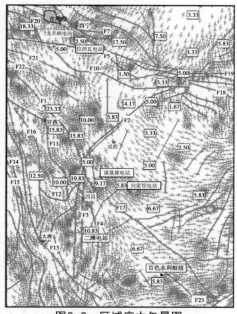

图6-9　区域应力矢量图

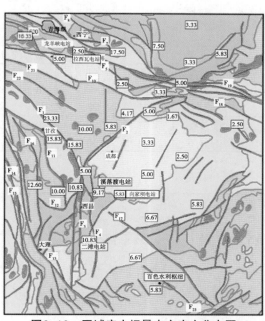

图6-10　区域应力场最大主应力分布图

165

6.3.2 研究区岩体应力场分析

6.3.2.1 从实测资料分析区内岩体应力场特征

长江科学院等单位先后在研究区开展了4个点的现场地应力测试。测试方法采用三孔交汇孔径法和孔壁应变量测套芯应力解除法。三孔交汇应力解除法只做了1点，测点邻近辉绿岩下边界，测得的最大主应力量值8.64 MPa，方向N9.47°E，倾角76.68°；最小主应力量值3.3 MPa，方向S64.39°W，倾角7.42°。孔壁应变量测套芯应力解除法在3个钻孔内共获得6点应力成果，测点位于辉绿岩中部，测得的最大主应力量值5~7 MPa，方向N45°E~N72°E，平均为N59°E，倾角5°~13°；最小主应力量值2.26~3.21 MPa，倾角24~80°。

辉绿岩的单轴抗压强度182~228 MPa，$R_c/\sigma_{max}>10$，测区属于中等应力水平。测点上覆岩体自重1.5~2.1 MPa，小于实测σ_z和σ_3，故测区地应力场以构造应力场为主导。

6.3.2.2 岩体初始应力场的数值反演

研究区的岩体初始应力场曾分别由武汉水利电力大学肖明教授、河海大学朱岳明教授进行过计算模拟。

肖明教授计算时，取实测点ZK_{1-2}处的实测值、ZK_{2-1}处的实测值和ZK_{3-1}处实测值共3个实测点的地应力值进行地应力回归，相关系数$R=0.99$。表6-5、表6-6列出了实测与计算的主应力值及方向的对比结果。

表6-5　地应力测点处主应力值及方向的实测与回归计算对比

测点	对比	σ_1 大小（MPa）	方位角（Deg）	倾角（Deg）	σ_2 大小（MPa）	方位角（Deg）	倾角（Deg）	σ_3 大小（MPa）	方位角（Deg）	倾角（Deg）
ZK_{1-2}	实测	6.11	59.4	-4.9	3.11	148.6	9.56	2.26	356.0	79.3
	计算	5.8	47.21	-3.01	2.84	134.6	40.5	2.73	320.7	49.3
ZK_{2-1}	实测	5.77	44.4	-5.48	2.83	122.5	65.0	2.56	316.9	24.3
	计算	5.83	46.78	-2.6	2.81	130.7	66.8	2.68	317.9	23.0
ZK_{3-1}	实测	5.62	72.0	-10.78	4.87	159.9	10.58	2.53	26.5	74.8
	计算	5.62	73.96	-9.2	4.82	162.1	11.05	2.57	22.8	75.6

表6-6　实测与计算的应力分量　　　　（单位：MPa）

测点	对比	σ_x	σ_y	σ_z	τ_{xy}	τ_{yz}	τ_{zx}
ZK_{1-2}	实测	-5.235	-3.932	-2.313	1.349	0.054	-0.353
	计算	-5.440	-3.140	-2.790	0.950	0.003	-0.167
ZK_{2-1}	实测	-5.473	-2.877	-2.811	0.880	-0.015	-0.304
	计算	-5.480	-3.049	-2.862	0.970	0.002	-0.135
ZK_{3-1}	实测	-5.070	-5.230	-2.717	0.365	0.086	-0.689
	计算	-5.060	-5.236	-2.738	0.403	0.047	-0.627

注：X轴SW208，与厂房轴线垂直，指向下游；Y轴SE118，与厂房轴线重合；Z轴与大地坐标重合。

朱岳明教授在地应力回归计算时，测点1（ZK$_{1-2}$）用实测值，测点2用ZK$_{2-1}$和ZK$_{2-2}$两处实测结果的均值，测点3用3处（ZK$_{3-1}$、ZK$_{3-2}$和ZK$_{3-3}$）实测结果的均值，进行地应力回归。表6-7列出了实测与计算的主应力值及方向的对比结果，其复相关系数R=0.92。

表6-7 地应力测点处主应力值及方向的实测与回归计算对比

测点	对比	σ_1			σ_2			σ_3		
		大小（MPa）	方位角（Deg）	倾角（Deg）	大小（MPa）	方位角（Deg）	倾角（Deg）	大小（MPa）	方位角（Deg）	倾角（Deg）
ZK$_{1-2}$	实测	6.11	59.4	-4.9	3.11	148.6	9.56	2.26	356.0	79.3
	计算	5.72	58.46	-4.85	3.39	148.0	9.28	2.23	354.61	79.51
ZK$_2$	实测	6.19	44.4	-2.3	2.98	128.8	54.05	2.53	315.15	35.6
	计算	6.18	46.54	-1.90	3.10	67.45	50.08	2.45	313.15	39.85
ZK$_3$	实测	5.22	61.67	11.31	4.67	150.3	6.5	2.85	31.77	76.6
	计算	5.10	63.48	-11.29	4.48	143.48	7.60	2.64	33.60	76.34

从肖明和朱岳明两人地应力回归计算结果看，地应力回归值与实测值的量级和方向都拟合得较好，相关系数均大于0.9，都比较真实反演出了研究区地应力的基本情况，在此基础上分析得出的研究区岩体初始应力场真实可靠。

从上述实测和反演计算结果看，研究区岩体初始地应力场有以下几个特点：

（1）最大主应力近水平向，量值在5.22～6.19 MPa，方位在NE45°～72°，平均59°；最小主应力倾角较大，平均63°，量值在2～3.5 MPa。岩石单轴抗压强度σ_c在182～228 MPa，且σ_c / σ_{max}>10，表明研究区属于中等应力水平地区。此结论与大区域地应力场反演的结果相同。

（2）测点上覆岩体厚度50～70 m，岩体自重1.5~2.1 MPa，实测σ_z和σ_3略大于上覆岩体自重，符合地应力场的一般规律，且σ_x、σ_y均大于σ_z，侧压力系数大于1，说明研究区地应力场以构造应力场为主导。

表6-8给出了地下厂房洞室群区域的岩体初始地应力场的主压应力量值范围；图6-11、图6-12显示厂房洞1$^\#$～4$^\#$机组剖面上各主应力的分布情况。

6.3.3 小结

（1）研究区所处的大地构造部位、现代区域应力环境资料，以及震源机制解和大区域地应力场反演计算成果，均表明厂房区岩体主压应力为NE向，量值5～8 MPa。此结论与研究区实测资料给出的结论一致，实测地应力资料可用于研究区岩体初始应力场的回归计算。

（2）研究区岩体初始应力属于以构造应力场为主导的中等应力水平地区。

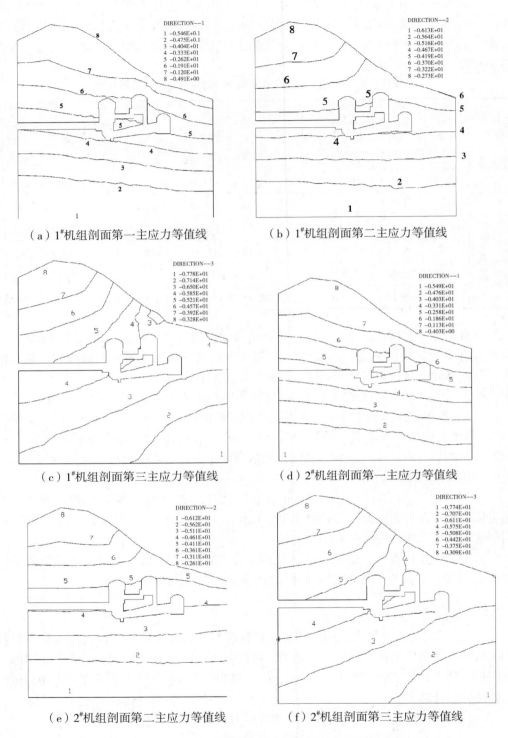

（a）1#机组剖面第一主应力等值线

（b）1#机组剖面第二主应力等值线

（c）1#机组剖面第三主应力等值线

（d）2#机组剖面第一主应力等值线

（e）2#机组剖面第二主应力等值线

（f）2#机组剖面第三主应力等值线

图6-11　1#、2#机组剖面岩体初始应力场主应力等值线

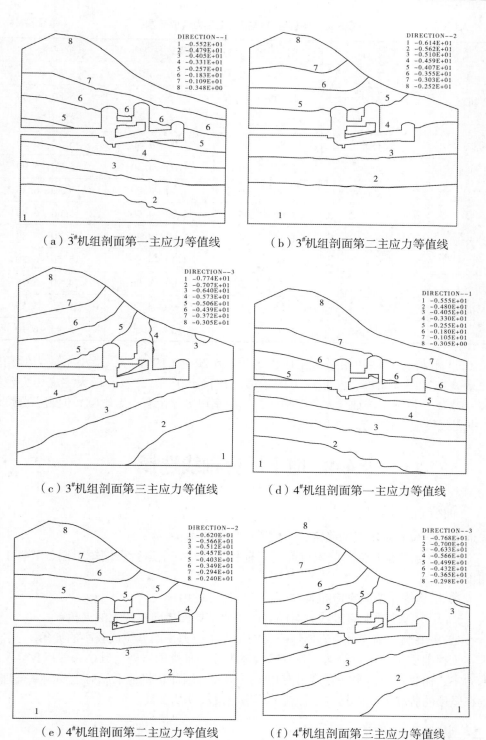

（a）3#机组剖面第一主应力等值线   （b）3#机组剖面第二主应力等值线

（c）3#机组剖面第三主应力等值线   （d）4#机组剖面第一主应力等值线

（e）4#机组剖面第二主应力等值线   （f）4#机组剖面第三主应力等值线

图6-12　3#、4#机组剖面岩体初始应力场主应力等值线

表6-8　洞群区岩体初始主应力数值范围　　　　　（单位：MPa）

区域		第一主应力	第二主应力	第三主应力
1#机组	主厂房	2.00 ~ 3.10	3.90 ~ 4.70	5.30 ~ 6.30
	主变室	1.80 ~ 2.40	3.95 ~ 4.30	5.80 ~ 6.00
	尾水主洞	2.00 ~ 2.70	4.20 ~ 4.60	5.80 ~ 6.30
2#机组	主厂房	1.80 ~ 3.00	4.00 ~ 4.80	5.20 ~ 6.20
	主变室	1.50 ~ 2.20	4.00 ~ 4.40	5.70 ~ 5.90
	尾水主洞	1.80 ~ 2.40	4.40 ~ 4.80	5.80 ~ 6.30
3#机组	主厂房	1.60 ~ 2.95	4.00 ~ 4.90	5.06 ~ 6.00
	主变室	1.15 ~ 2.00	3.95 ~ 4.30	5.40 ~ 5.80
	尾水主洞	1.60 ~ 2.30	4.20 ~ 4.80	5.50 ~ 6.20
4#机组	主厂房	1.60 ~ 2.90	4.00 ~ 4.80	4.90 ~ 5.76
	主变室	1.05 ~ 1.80	3.90 ~ 4.35	5.22 ~ 5.55
	尾水主洞	1.50 ~ 2.20	4.50 ~ 4.80	5.44 ~ 6.10

（3）洞群区岩体初始最大主应力量值在5.22 ~ 6.19 MPa，最小主应力倾角较大，量值在2 ~ 3.5 MPa，三主应力的量值之比接近于3:2:1。最大主应力方位在N45° ~ 72°E，与洞室群轴线大角度相交，对洞室边墙稳定有一定影响，但岩石强度较高，围岩强度应力比S>5，这种影响十分有限。

6.4　地下厂房轴线选择

6.4.1　轴线选择原则

地下厂房位置及轴线的确定，一般遵循以下原则：

（1）结合工程枢纽的总体布置，应有利于电站安全运行、缩短工期、节省工程量和投资。

（2）厂房等主要洞室应布置在围岩条件较好的山体内。

（3）厂房等主要洞室轴线宜与围岩的主要结构面走向成较大的夹角。

（4）主要洞室轴线宜与岩体地应力的最大主应力平面方位成较小的夹角。

本工程地质条件比较特殊，除辉绿岩体为Ⅱ ~ Ⅲ类围岩外，其余一般以Ⅳ ~ Ⅴ类围岩为主，而辉绿岩体水平宽度只有150 ~ 160 m。因此，将地下厂房主要洞室合理地布置在坚硬的辉绿岩体内是本工程地下厂房方案成立的关键。

6.4.2　纵轴线的确定

按照以上原则，从厂房区地形地质条件、主要结构面、地应力和厂房布置等方面，对地下厂房的位置进行选择，并对N62°W和N85°W两条轴线进行比较。

（1）地形条件对地下厂房主要洞室布置的影响。

根据主坝区地形条件，地下厂房主要洞室只能布置在左坝肩偏下游的山体内，其上游有坝线沟，下游有左V沟，间距只有150 m左右，若要保证主要洞室上覆有效岩体厚度不小于1倍洞室跨度，厂房主要洞室在坝线沟与左V沟之间可动空间不大。若将主要洞室往山里移动，可动空间会适当加大，但若往山里移动太多，引水洞和尾水洞的工程量会增加太大，且水流条件也不理想，因此厂房主要洞室不宜往山里移动太大。

（2）地层岩性对地下厂房主要洞室布置的影响。

β_{44}^{-1}辉绿岩较坚硬完整，其上、下游两侧的接触蚀变带及沉积岩风化深，岩体破碎，而地下厂房主机洞、主变尾闸洞跨度达19～21 m。因此，地下厂房主机洞、主变尾闸洞应尽可能布置在辉绿岩体内，并与地质条件较差的沉积岩要有一定的安全距离；特别是主机洞高达50 m左右，上游边墙不宜距地下水洼槽太近，否则，水库蓄水后外水压力会对边墙稳定不利。

（3）构造对地下厂房轴线布置的影响。

厂房区沉积岩的岩层总体产状为N60°～70°W, SW∠53°～55°。辉绿岩上、下游与围岩接触蚀变严重，风化强烈，岩体破碎，形成两条具有一定规模的控制性软弱层带，其产状与外围沉积岩产状一致。如果洞室布置在沉积岩内或距接触蚀变带太近，洞轴线方向无论是采用N62°W还是N85°W，洞轴线方向与外围沉积岩产状一致或小角度相交，对边墙稳定均不利。因此，厂房布置应避开上、下游接触蚀变带，而且保证上游边墙到上游蚀变带有一定距离。

F_{28-1}断层发育于大挠曲轴部附近，从厂房洞NE侧通过，斜穿1#～3#机引水隧洞和进水塔基础，延伸长度400～500 m，为压扭性断层。断层产状为N40°W, SW∠60°～70°，破碎带宽0.5～1.7 m，两侧影响带1～2.5 m，组成物主要有糜棱状角砾岩夹硅质岩或辉绿岩碎块、石英碎屑及断层泥、方解石脉、石英脉等，强度低，变形大，属中等-强透水带。因此，地下厂房不宜往东移动太多，与F_{28-1}断层应留有一定的安全距离。

（4）地应力对地下厂房轴线布置的影响。

厂区辉绿岩带最大主应力为近水平向，量值为5～7 MPa，方向在N45°～72°E。从地应力角度分析，洞轴线方向N85°W比洞轴线方向N62°W要好一些。但由于该区属中等地应力，洞轴线方向采用N62°W影响也不大。

如果洞轴线方向采用N85°W，主机房洞能位于辉绿岩体内，但尾水主洞大部分则要伸入到下游接触蚀变带以外的V类围岩内。如果洞轴线方向采用N62°W，不但可以保证主机洞、主变尾闸洞位于辉绿岩体内，尾水主洞大部分也能位于围岩较好的辉绿岩体内。

综合上述几个主要地质因素，厂房纵轴线方向和位置的可调整范围非常有限，厂房洞轴线方向采用N62°W是可行的，也是合理的。设计采取了压缩厂房洞与主变尾闸洞之间的岩墙厚度、4条尾水支洞共用一条尾水主洞等布置形式，将主机洞、主变尾闸洞、尾水支洞、尾水主洞等主要洞室均布置在围岩条件较好的辉绿岩体内，较好地适应了本工程特定的地形、地质条件，设计洞室体形适当，布置合理，并抓住了重点。其他洞室因地质条件限制只好布置在围岩条件较差的沉积岩体内，经适当处理也是可行的。详见图6-13。

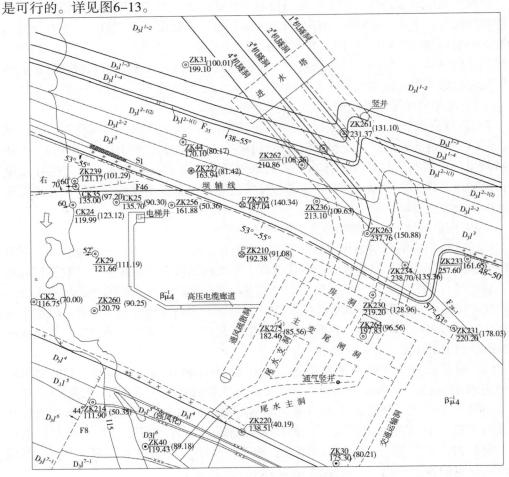

图6-13　110 m高程平切面图

6.5　洞群区围岩分类

6.5.1　围岩分类方法

围岩分类是对地下工程围岩工程地质特性进行综合分析、概括及评价的方法，其实质是广义的工程地质类比，是相当多地下工程的设计、施工与运行经验的总结，分类目的是对围岩的整体稳定程度进行判断，并指导开挖与系统支护设计。

20世纪70年代以来，围岩分类方法已发展为多因素综合评价、定性与定量相结合、评价围岩稳定性及设计支护系统的重要方法。目前地下洞室围岩质量评价方法虽然多达上百种，但各类评价方法的参评因素可归纳为两类，即岩石强度和岩体完整性，再附以工程修正因素。这些决定了各种岩体质量评价方法（体系）之间必然存在着某种关系。国内外众多学者也致力于这方面的研究。表6-9列出了部分岩体质量评价体系之间的相关关系。

表6-9　部分岩体质量评价体系之间的相关关系（据李攀峰）

关系式	备注
$RMR = 9.0\ln Q + 44$	Bieniawski（1976）
$RMR = 5.9\ln Q + 43$	Rutledge 等（1978）
$RMR = 5.4\ln Q + 55$	Moreno 等（1980）
$RMR = 4.6\ln Q + 56 \pm 19$ $RMR = 5.0\ln Q + 61 \pm 21$	Cameron 等（1981）
$RMR = 10.5\ln Q + 42$	Abad（1984）
$RMR = 8.7\ln Q + 38 \pm 8$	Kaiser 等（1986）
$RMR = 9.1\ln Q + 45 \pm 6$	Trunk 和 Homisch（1990）
$Q \leq 1$ 时，$RMR = 10.3\ln Q_{\text{unfactored}} + 49.3$　（$SRF = 1$） $Q \geq 1$ 时，$RMR = 6.2\ln Q_{\text{unfactored}} + 49.2$ $Q \leq 0.65$ 时，$RMR = 6.6\ln Q + 53.0$　（SRF 实测） $Q \geq 0.65$ 时，$RMR = 5.7\ln Q + 54.1$	Coling Rawlings（1995）
$BQ = 0.089RMR + 21.378$	蔡斌等（2001）
$BQ = 6.8859RMR + 22.614$	周志东等（1999）
$BQ = 0.0984e^{0.0144Q}$	蔡斌等（2001）
$BQ = 108.8688\ln Q + 167.87$	周志东等（1999）
$RMR = 0.864T + 13.817$	陶连金等（1998）
$RMR = 1.086T + 13.168$	李攀峰等（2003）
$T = 5.262\ln Q + 57.569$	李攀峰等（2003）

注：T 为依据《水电工程地质勘察规范》中提出的围岩工程地质分类法所得的评分值。

本工程采用目前国内水电工程最常用的三种分类方法，即《水利水电工程地质勘察规范》中的详细围岩分类（以下简称T系统分类）、比尼奥斯基的地质力学分类法（以下简称RMR分类）和巴顿Q系统分类，并建立三种分类方法之间的相关关系。

6.5.1.1　T系统分类

T系统分类是以岩石强度、岩体完整程度及结构面状态为基本因素（取正分），以地下水和主要结构面产状为修正因素（取负分）。按基本因素和修正因素的累计分为基本判据，同时根据围岩强度应力比作相应调整。

岩石强度采用岩石饱和单轴抗压强度评分；岩体完整程度用岩体完整性系数评分；结构面状态是以该分段内比较发育、强度最弱的结构面状态，包括宽度、充填物、起伏粗糙和延伸长度等情况；对于边墙较高的地下洞室，主要结构面产状对顶拱和边墙的影响不同，需分别进行评分的修正；岩体完整程度分级为完整性差、较破碎和破碎的围岩不进行主要结构面产状评分的修正。

T系统分类要求对过沟段、极高地应力区（＞30 MPa）、特殊岩土及喀斯特化岩体的地下洞室围岩稳定性以及地下洞室施工期的临时支护措施需专门研究，对钙质弱胶结的干燥砂砾石、黄土等土质围岩的稳定性和支护措施需要开展针对性的评价研究。

大跨度地下洞室围岩的分类除采用T系统分类外，还宜采用其他有关国家标准综合评定，对国际合作的工程还可采用国际通用的围岩分类进行对比使用。

T系统分类围岩工程地质总评分及其支护类型建议见表6-10。

表6-10　T系统分类各类围岩稳定性评价及支护类型

围岩类别	围岩稳定性评价	围岩总评分 T	围岩强度应力比 S	支护类型
I	稳定。围岩可长期稳定，一般无不稳定块体	$T>85$	>4	不支护或局部锚杆或喷薄层混凝土。大跨度时，喷混凝土、系统锚杆加钢筋网
II	基本稳定。围岩整体稳定，不会产生塑性变形，局部可能产生掉块	$85 \geqslant T>65$	>4	
III	局部稳定性差。围岩强度不足，局部会产生塑性变形，不支护可能产生塌方或变形破坏。完整的较软岩，可能暂时稳定	$65 \geqslant T>45$	>2	喷混凝土、系统锚杆加钢筋网。采用 TBM 掘进时，需及时支护。跨度大于 20 m 时，宜采用锚索或刚性支护
IV	不稳定。围岩自稳时间很短，规模较大的各种变形和破坏都可能发生	$45 \geqslant T>25$	>2	喷混凝土、系统锚杆加钢筋网，刚性支护，并浇混凝土衬砌。不适宜于开敞式 TBM 施工
V	极不稳定。围岩不能自稳，变形破坏严重	$T \leqslant 25$		

注：II、III、IV类围岩，当其强度应力比小于本表规定时，围岩类别宜相应降低一级。

6.5.1.2　RMR分类

RMR分类是比尼奥斯基（Bieniawski）自1973年提出后，已被应用于地下洞室、边坡、地基等工程。在实践中又作了某些修改，主要根据岩块强度（R_1）、RQD值（R_2）、节理间距（R_3）、节理特征（R_4）、地下水（R_5）、节理方向对工程影响的修正参数（R_6）等六个方面因素对岩体进行评分，详见表6-11。

根据表6-11查得的总分值，在表6-12中可查出地下洞室的岩体分级、各级岩体无支护跨度与自稳定时间、各级岩体的力学参数（参考值）。各级岩体中采用的隧洞开挖和支护方式详见表6-13。

RMR分类适用于坚硬、节理岩体，浅埋隧道；不适用于挤压、膨胀、涌水的及软岩体。对于薄层状或镶嵌结构岩体，本分类法偏于保守。

表6-11　RMR分类参数及评分标准

参　数			评分标准					
R₁	岩石强度（MPa）	点荷载强度	>10	4~10	2~4	1~2	不采用	
		单轴抗压强度	>250	100~250	50~100	25~50	5~25	1~5	<1
	评分		15	12	7	4	2	1	0
R₂	岩石质量指标 RQD（%）		90~100	75~90	50~75	25~50	<25	
	评分		20	17	13	8	3	
R₃	最有影响的节理间距（cm）		>200	60~200	20~60	6~20	<6	
	评分		25	20	15	10	5	
R₄	节理特征		尺寸有限的粗糙的表面、硬岩壁	略粗糙的表面、张开度<1mm，硬岩壁	略粗糙的表面、张开度<1mm，软岩壁	光滑表面；由断层泥充填厚度为1~5mm；张开度1~5mm，节理延伸超过数米	由厚度>5mm的断层泥充填的张开节理；张开度>5mm的节理，延伸超过数米	
	评分		25	20	12	6	0	
R₅	每米隧道的涌水量（L/min）		无	<10	10~25	25~125	>125	
	节理水压力与最大主应力的比值		0	0~0.1	0.1~0.2	0.2~0.5	>0.5	
	总的状态		干燥	湿润	潮湿	滴水	流水	
	评分		15	10	7	4	0	

R₆	节理产状与洞线的关系	节理走向垂直于隧道轴线				节理走向平行于隧道轴线		倾角0~20°与走向无关
		顺倾向掘进		逆倾向掘进				
		倾角45°~90°	倾角20°~45°	倾角45°~90°	倾角20°~45°	倾角45°~90°	倾角20°~45°	
	折减分	0	-2	-5	-10	-12	-5	-10

表6-12　由RMR总评分数确定岩体级别

总评分	100~81	80~61	60~41	40~21	<21
岩体级别	I	II	III	IV	V
评价	极优	优	良	差	极差
无支撑跨度及自稳时间	15 m、20 年	10 m、10 年	5 m、一星期	2.5 m、10 h	1 m、0.5 h
变形模量（GPa）	$E_0 = 10^{\frac{RMR-10}{40}}$				

表6-13   在RMR各级岩体中建议采用的隧洞开挖和支护方式

岩体级别	开挖方式	支护方式		
		砂浆锚杆 Φ20	喷混凝土	钢架
I	全断面开挖,每茬炮进尺 3 m	一般不需要支护,个别点设置锚杆		
II	全断面开挖,每茬炮进尺 1~1.5 m。掌子面 20 m 以外全面支护	顶部设局部锚杆,长 3 m,间距 2.5 m,有时加设钢筋网	必要时顶部喷 50 mm	不需要
III	先挖顶部导洞,再扩挖。导洞每茬炮进尺 1.5~3 m。每次爆破后做初次支护。掌子面 10 m 外全面支护	顶部和边墙全面设锚杆,长 4 m,间距 1.5~2 m,顶部加设钢筋网	顶部 100~150 mm,边墙 30 mm	不需要
IV	先挖顶部导洞,再扩挖。导洞每茬炮进尺 1~1.5 m。每次爆破后做初次支护。掌子面 10 m 外立即支护	顶部和边墙全面设锚杆,长 4~5 m,间距 1~1.5 m,同时加设钢筋网	顶部 100~150 mm,边墙 100 mm	必要时,设轻型钢拱肋,间距 1~1.5 m
V	分部开挖。顶部导洞每茬炮进尺 0.5~1.5 m。开挖后随即支护。放炮后尽快喷混凝土	顶部和边墙全面设锚杆,长 5~6 m,间距 1~1.5 m,同时加设钢筋网。底部设锚杆	顶部 150~200 mm,边墙 150 mm,工作面 50 mm	必要时设带隔板的中型至重型钢拱肋,间距 0.5~0.75 m,并设前部支撑。底部也支撑

注：断面形状为马蹄形，跨度10 m，竖向应力小于25 MPa，施工方式为钻爆法。

6.5.1.3   Q系统分类

Q系统分类是由挪威岩土工程研究所Barton等依据200个工程实例，于1974年提出的，国际上应用较普遍，后经多次修改，是一种较方便、较切合实际的分类方法。主要依据岩芯的岩石质量指标（RQD）、节理组数（J_n）、节理粗糙度系数（J_r）、节理蚀变影响系数（J_a）、节理水折减系数（J_w）及应力折减系数（SRF）等六个因子计算围岩的Q值，并依据Q值将围岩分为9级。具体计算式如下：

$$Q = \frac{RQD}{J_n} \cdot \frac{J_r}{J_a} \cdot \frac{J_w}{SRF}$$

各因子计算参数根据表6-14进行选取，然后根据Q值及其他指标综合确定支护类型。

表6-14 Q系统质量指标中每种参数的详细分类

1. 岩石质量指标		RQD	备注
A	很差	0 ~ 25	1. 当岩石质量指标(RQD)被报或被测不大于10(包括0),标称值10用来评估 Q。
B	差	25 ~ 50	
C	一般	50 ~ 75	2. RQD 间隔5是足够精确的,如100,95,90等
D	好	75 ~ 90	
E	很好	90 ~ 100	

2. 节理数		J_n	备注
A	大块状,无或几乎无节理	0.5 ~ 1.0	
B	一组节理	2	
C	一组节理外加随机节理	3	
D	二组节理	4	
E	二组节理外加随机节理	6	1. 对于隧洞交叉段,使用 $3J_n$。
F	三组节理	9	2. 对于隧道口,使用 $2J_n$
G	三组节理外加随机节理	12	
H	四组或更多节理,随机的,节理密集,"方糖"状等	15	
J	压碎岩,泥土状	20	

3. 节理粗糙度数		J_r	备注
a. 岩壁接触;b. 10 cm 厚直立截槽前的岩壁接触			
A	不连续节理	4.0	
B	粗糙的或不整齐的、起伏的	3.0	
C	光滑的、起伏的	2.0	
D	擦痕面的、起伏的	1.5	该描述依序表示小尺度特征和中等尺度特征
E	光滑的或不整齐的、平面的	1.5	
F	光滑的、平面的	1.0	
G	擦痕面的、平面的	0.5	
c. 剪切时,无岩壁接触			备注
H	该区域内黏土矿物的厚度足以阻止岩壁接触	1.0	1. 如果节理组的平均间距大于 3 m,则 J_r 加1.0。
J	含砂、碎石或破碎带的厚度足以阻止岩壁接触	1.0	2. 如果线理为最低强度而调整则 $J_r = 0.5$(粗糙度数值0.5)能用于有线理的平面擦痕节理

续表6-14

4. 节理蚀变系数		近似值	J_r	备注
a. 岩壁接触（无矿物充填,仅有覆盖层）				
A	紧密愈合、硬质、不软化、不能渗透的填充物,如石英或绿帘石	—	0.74	
B	节理面未蚀变,仅表面受蚀	25°～30°	1.00	
C	节理面轻微蚀变。未软化的矿物覆层、小黏土粒级(非软化)	20°～25°	2.00	
D	粉砂质黏土覆层、含砂黏土覆层、小黏土粒级(非软化)	8°～18°	3.00	
E	软化或低摩擦黏土矿物覆层,如高岭石或云母。绿泥石、滑石、石膏、石墨等和少量的膨胀性黏土		4.00	
b. 10 cm 厚直立截槽前的岩壁接触（薄矿物充填料）				
F	砂质颗粒、无黏土风化岩等	25°～30°	4.00	
G	强超固结、非软化黏土矿物充填粒(连续的,但厚度小于5 mm)	16°～24°	6.00	
H	中等或低超固结、软化、黏土矿物充填料(连续的,但厚度小于5 mm)	12°～16°	8.00	
J	膨胀性黏土充填料,如蒙脱石(连续的,但厚度小于5 mm)。J_a值取决于膨胀性泥级颗粒的比例和能否获取水等	6°～12°	8.00～12.00	
c. 剪切时,无岩壁接触				
KLM	风化或压碎岩和黏土区或带(参见 G. H. J 对黏土状况的描述)	6°～24°	6.00、8.00 或8.00～12.00	
N	粉砂质黏土、含砂黏土,小黏土粒级的区或带(非软化)	—	5.00	
OPR	厚、连续黏土区或带(参见 G. H. J 对黏土状况的描述)	6°～24°	10.00,13.00 或13.00～20.00	

续表6-14

5. 节理水折减系数		近似水压（kg/cm^2）	J_w	备注
A	干开挖或小进水量，如局部小于5 L/min	<1.0	1.00	1. 系数C ~ F粗略估算。如采取排水措施，会增大J_w值。 2. 由结冰引起的某些特殊问题不在考虑范围内
B	中等进水量或压力，偶尔有节理填充物冲蚀	1.0 ~ 2.5	0.66	
C	节理无填充，强岩层内的大进水量或高压	2.5 ~ 10.0	0.50	
D	大量进水或高压，相当多的填充物冲蚀	2.5 ~ 10.0	0.33	
E	爆破时进水量特大或水压特高，并随时间而蚀化	>10.0	0.20 ~ 0.10	
F	进水量特大或水压特高持续，无明显蚀化	>10.0	0.10 ~ 0.05	

6. 应力折减系数		SRF	备注
a. 在隧洞开掘时，弱化区的交叉处开掘可能会造成岩体松散			1. 如果相关剪切带仅影响但不与挖掘相关，SRF数值降低25% ~ 50% 2. 对于各向异性严重的原始应力场而言（实测到），当$5 \leqslant \sigma_1/\sigma_3 \leqslant 10$时，将$\sigma_c$值降至$0.75\sigma_c$。其间，$\sigma_c$值为无侧限抗压强度，$\sigma_1$值和$\sigma_3$值分别为大主应力和小主应力，$\sigma_\theta$值为最大切向应力（基于弹性理论的预估）
A	包含有黏土或化学风化岩石的软弱带多次出现，围岩非常松散（任何深度）	10	
B	包含有黏土或化学风化岩石的单一软弱带（掘进深度 ≤ 50 m）	5	
C	包含有黏土或化学风化岩石的单一软弱带（掘进深度 > 50 m）	2.5	
D	在强岩层（无黏土）的多层剪切带，围岩非常松散（任何深度）	7.5	
E	在强岩层（无黏土）的单层剪切带，围岩非常松散（掘进深度 ≤ 50 m）	5	
F	在强岩层（无黏土）的单层剪切带，围岩非常松散（掘进深度 > 50 m）	2.5	
G	松散的，张开节理、节理密集或呈"方糖"状（任何深度）	5	

续表6-14

6.应力折减系数			SRF			备注
b. 强岩层、岩石应力问题			σ_1/σ_3	σ_t/σ_3	SRF	
H	低应力，近表面；张开节理		>200	<0.01	2.5	3.几乎没有关于表面下拱顶深度低于跨度的案例记录。对于此类情况，建议SRF值从2.5增加至5（参见H）
J	中等应力，应力条件有限		200~10	0.01~0.3	1.0	
K	高应力，非常紧密结构，通常有利于稳定，可能不利于岩壁稳定		10~5	0.3~0.4	0.5~2	
L	1 h后，块状岩的中度劈裂		5~3	0.5~0.65	5~50	
M	数分钟后，块状岩的剧烈岩爆		3~2	0.65~1	50~200	
N	块状岩的剧烈岩爆（应变岩爆）和急剧动态变形		<2	>1	200~400	
c. 挤出性围岩：在高应力的影响下，软岩的塑性流动			σ_θ/σ_c		SRF	
O	中等挤出性围岩压力		1~5		5~10	在深度H值大于$350Q^{13}$时，挤出性围岩的事情可能发生（Singh等，1992）。岩体抗压强度可从公式q=0.7γQ^{13}（MPa）中预估出。其中γ为岩石重度，kN/m³（Singh，1993）
P	强烈挤出性围岩压力		5		10~20	
d. 膨胀岩石：取决于水存在的化学性膨胀			SRF			
R	中等膨胀岩石压力		5~10			从节理产状和剪切阻力来看，节理组或不连续面最不利于稳定，而J_r和J_a分类应用于节理组或不连续面。剪应力τ值[此处$\tau = \sigma_n \tan(J_r/J_a)$]作尽可能的选择，以允许断裂产生
S	强烈膨胀岩石压力		10~15			

为了把隧洞质量指标Q与开挖体的性态和支护要求联系起来，Barton、Lien和Lund又规定了一个附加参数，称为开挖体的"当量尺寸"D_e。这个参数是将开挖体的跨度、直径或侧帮高度除以所谓的开挖体"支护比"ESR而得的，即

$$D_e = \frac{开挖体的跨度、直径或高度（m）}{开挖体的支护比}$$

开挖体支护比与开挖体的用途和它所允许的不稳定程度两者有关。对于ESR，Barton建议采用表6-15建议的数据。

表6-15　开挖体支护比（ESR）建议值

开挖工程类别		ESR
A.临时性矿山巷道		3~5
B.垂直竖井	a. 圆形断面	2.5
	b. 矩形、方形断面	2.0
C.永久性矿山巷道、水电站引水隧洞(不包括高水头隧洞)、大型开挖体的导洞、平巷和风巷		1.6
D. 地下储藏室、地下污水处理工厂、次要公路及铁路隧道、调压室、隧道联络道		1.3
E.地下电站、主要公路及铁路隧道、民防设施、隧道入口及交叉点		1.0
F.地下核电站、地铁车站、地下运动场和公共设施以及地下厂房		0.8

巴顿根据200多个实测资料，以地下工程等效尺寸值及岩体质量指标Q值编制出支护类型图，详见图6-14。

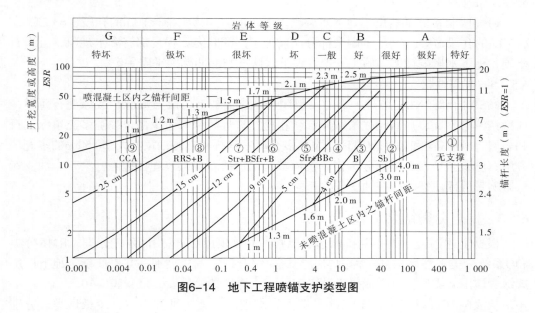

图6-14　地下工程喷锚支护类型图

6.5.2 围岩分类主要指标分析

三种分类方法采用的指标体系既有相同点，又有区别。它们都考虑了岩体的完整性、裂面的性质、地下水，但RMR分类较为重视结构面的影响，未考虑地应力因素，Q系统分类强调了岩体结构面的影响、地应力因素及支护所需的参数，但未直接考虑岩石的单轴抗压强度和结构面的方位。下面重点对三种方法涉及的主要指标进行简要说明。

6.5.2.1 岩石单轴抗压强度

研究区围岩为华力西期侵入岩，微风化至新鲜岩石的单轴饱和抗压强度在182～228 MPa，属坚硬岩。

6.5.2.2 岩体的完整性指标

岩石质量指标RQD、岩体完整性系数K_v及结构面间距均是表征岩体完整程度的定量指标。RQD是RMR分类和Q系统分类的重要指标之一，裂隙间距是RMR分类的主要指标；岩体完整性系数则是水电分类最重要的指标。

1.RQD及完整性系数

在PD206平硐内采用线测法确定RQD。线测RQD是利用平硐硐腰测绳所经过的单位长度内大于10 cm的完整岩石所占比例。完整性系数K_v用硐测纵波速度计算。

2.裂隙间距

裂隙间距采用沿硐壁实际量测值。

6.5.2.3 岩体初始应力

研究区最大主应力量值在5.22～6.19 MPa，属中等地应力水平区，且岩石强度较高，围岩强度应力比$S>5$，对围岩分类影响不大。

6.5.2.4 地下水

研究区洞室群虽然位于地下水位线以下，但岩体透水率$q<1$ Lu的孔段占63.23%，$q<3$ Lu的孔段占93.27%，平硐大部分硐段处于湿润状态，仅局部有滴水现象，且岩石坚硬，地下水影响微弱。施工开挖后地下水状态与前期勘探平硐一致。

6.5.2.5 裂面性状

倾SW向和倾NE向节理，裂隙一般闭合，裂面或有方解石薄脉，或绿泥石薄膜，或铁锈渲染，面多平直稍光滑或稍起伏粗糙；靠近辉绿岩边缘部位裂隙多充填绿泥石和岩屑。倾NW向和倾SE向节理，裂隙多充填方解石和岩屑，宽度大于0.5 cm的多充填方解石脉及全蚀变石榴石矽卡岩，裂面多起伏粗糙。各组节理在裂隙密集带、蚀变断层影响带等部位裂面存在蚀变现象。

6.5.3 围岩分类结果

根据上述围岩分类主要指标选取原则，对平硐PD206采用T系统分类、RMR分类和Q系统分类；然后根据三种围岩分类成果综合确定围岩类别，并以此确定地下厂房辉绿岩体围岩类别。分类成果汇总于表6-16，详细结果见表6-17～表6-19。

从表6-16可以看出，PD206平硐围岩类别以Ⅱ类、Ⅲ类为主，少量Ⅳ类，分别占40%、57.33%和2.67%。其中主硐沿3#机尾水支洞布置，近于平行NE向和垂直NW

表6-16 PD206平硐围岩分类结果汇总

分类	项目	综合分类		
		II	III	IV
主硐	长度(m)	51.5	90.5	2
	比例(%)	35.76	62.85	1.39
左支	长度(m)	35.5	23.5	6
	比例(%)	54.62	36.15	9.23
右支	长度(m)	33	58	
	比例(%)	36.26	63.74	
全硐综合	长度(m)	120	172	8
	比例(%)	40	57.33	2.67

向节理，其分类结果基本可以代表4条尾水支洞、通风疏散洞、交通洞等辉绿岩洞室的围岩类别；支硐沿厂房硐轴线布置，右支硐超过安装间端墙，左支硐进入副厂房端墙，近于平行NW向和垂直NE向节理，其分类结果基本可以代表厂房硐、主变硐、尾水主洞辉绿岩体的围岩类别。

6.5.4 工程地质评价与建议

PD206平硐围岩类别以II类、III类为主，但由于裂隙发育程度不均一，II类、III类相间出现，分布零乱，其开挖和支护宜按III类考虑。

"T系统分类各类围岩稳定性评价及支护类型"（表6-10）关于III类围岩评价为："局部稳定性差，围岩强度不足，局部会产生塑性变形，不支护可能产生塌方或变形破坏。"支护建议为："喷混凝土、系统锚杆加钢筋网。跨度大于20 m时，宜采用锚索或刚性支护。"

"在RMR各级岩体中建议采用的隧洞开挖和支护方式"（表6-13）关于III类围岩、跨度为10 m洞室建议的开挖和支护措施为："先挖顶部导洞，再扩挖。导洞每茬炮进尺1.5～3 m。每次爆破后做初次支护。掌子面10 m外全面支护。顶部和边墙全面设锚杆，长4 m，间距1.5～2 m，顶部加设钢筋网，顶部喷100～150 mm混凝土，边墙喷30 mm混凝土。"

"以地下工程等效尺寸值及岩体质量指标Q值编制出支护类型图"（图6-14）支护建议为（地下厂房等效尺寸值约25 m）：采取喷锚支护，锚杆长6～7 m，间距2～2.3 m，喷100 mm左右混凝土。

考虑到地下厂房辉绿岩体结构以镶嵌结构为主，主机洞（跨度20.5 m）和主变洞（跨度19.5 m）跨度大，岩柱厚度薄，洞室交岔多，埋深浅。为此，提出以下地质建议：

表6-17 PD206主硐围岩分类

分段桩号		28~47	47~55	55~78	78~89	89~94	94~96	96~100	100~117	117~120	120~127	127~137	137~151	151~155	155~165	165~175
岩体结构类型		碎裂	次块—镶嵌	镶嵌—碎裂	块状	镶嵌	碎裂	块状	镶嵌—碎裂	镶嵌	次块	镶嵌—碎裂	次块	次块—镶嵌	块状	镶嵌—碎裂
T系统分类	评分	顶46 墙44	顶65 墙63	顶58 墙56	顶79 墙73	顶65 墙68	顶39 墙36	顶84 墙82	顶53 墙51	顶55 墙62	顶73 墙71	顶59 墙61	顶58 墙75	顶63 墙61	顶89 墙92	顶60 墙63
	围岩类别	顶III 墙IV	顶II 墙III	顶III 墙III	顶II 墙II	顶II 墙II	顶IV 墙IV	顶II 墙II	顶III 墙III	顶III 墙III	顶II 墙II	顶III 墙III	顶III 墙II	顶III 墙III	顶I 墙I	顶III 墙III
Q系统分类	评分	2.1	11.5	6.6	42.2	13.6	0.5	33	4.3	19	28	5	16	12	33	6.7
	围岩评价	坏	好	一般	很好	好	很坏	好	一般	好	好	一般	好	好	好	一般
RMR分类	评分	42	57	52	64	56	36	67	55	61	62	52	67	57	69	53
	围岩类别	III	III	III	II	III	IV	II	III	II	II	III	II	III	II	III
综合围岩类别		III	III	III	II	II	IV	II	III	III	II	III	II	III	II	III

表6-18　PD206左支硐围岩分类

分段桩号		0~6	6~11	11~18	18~25	25~32	32~39	39~43.5	43.5~47.5	47.5~55	55~65
岩体结构类型		碎裂	次块—镶嵌	镶嵌	次块	次块—镶嵌	次块—镶嵌	次块—镶嵌	镶嵌—碎裂	次块—镶嵌	次块—镶嵌
Q系统分类	评分	顶37 墙44	顶60 墙72	顶59 墙66	顶73 墙71	顶76 墙73	顶64 墙72	顶65 墙72	顶51 墙56	顶61 墙68	顶66 墙73
	围岩类别	顶Ⅳ 墙Ⅳ	顶Ⅲ 墙Ⅱ	顶Ⅲ 墙Ⅱ	顶Ⅱ 墙Ⅱ	顶Ⅱ 墙Ⅱ	顶Ⅲ 墙Ⅱ	顶Ⅲ 墙Ⅱ	顶Ⅲ 墙Ⅲ	顶Ⅲ 墙Ⅱ	顶Ⅱ 墙Ⅱ
T系统分类	评分	1.75	15.3	13.3	37.3	38.5	19.8	25	4.17	9.47	13.5
	围岩评价	坏	好	好	好	好	好	好	一般	一般	好
RMR分类	评分	39	57	55	63	70	59	68	46	59	58
	围岩类别	Ⅳ	Ⅲ	Ⅲ	Ⅱ	Ⅱ	Ⅲ	Ⅱ	Ⅲ	Ⅲ	Ⅲ
综合围岩类别		Ⅳ	Ⅲ	Ⅲ	Ⅱ	Ⅱ	Ⅱ	Ⅱ	Ⅲ	Ⅲ	Ⅱ

表6-19 PD206 右支硐围岩分类

分段桩号		90~72	72~65	65~61	61~56	56~50	50~45	45~41	41~35	35~28	28~23	23~19	19~12	12~6	6~0
岩体结构类型		次块—镶嵌	碎裂	次块	碎裂	次块—镶嵌	次块	碎裂	镶嵌	次块	镶嵌—碎裂	次块—镶嵌	次块	碎裂	镶嵌—碎裂
T系统分类	评分	顶62 墙69	顶46 墙44	顶70 墙68	顶43 墙50	顶60 墙67	顶70 墙68	顶44 墙49	顶58 墙65	顶82 墙79	顶53 墙51	顶60 墙67	顶68 墙75	顶54 墙51	顶53 墙60
	围岩类别	顶Ⅲ 墙Ⅱ	顶Ⅲ 墙Ⅱ	顶Ⅱ 墙Ⅱ	顶Ⅳ 墙Ⅲ	顶Ⅲ 墙Ⅱ	顶Ⅱ 墙Ⅱ	顶Ⅳ 墙Ⅲ	顶Ⅲ 墙Ⅱ	顶Ⅱ 墙Ⅱ	顶Ⅲ 墙Ⅲ	顶Ⅲ 墙Ⅱ	顶Ⅱ 墙Ⅱ	顶Ⅲ 墙Ⅲ	顶Ⅲ 墙Ⅲ
Q系统分类	评分	12.7	2.2	26.7	1.58	23	36	1.94	13.6	29	9.6	11.7	27	2.1	5.7
	围岩评价	一般	坏	好	坏	好	好	坏	好	好	一般	好	好	坏	一般
RMR分类	评分	57	42	61	49	57	67	48	61	69	50	64	80	53	58
	围岩类别	Ⅲ	Ⅲ	Ⅱ	Ⅲ	Ⅲ	Ⅱ	Ⅲ	Ⅱ	Ⅱ	Ⅲ	Ⅱ	Ⅱ	Ⅲ	Ⅲ
综合围岩类别		Ⅲ	Ⅲ	Ⅱ	Ⅲ	Ⅲ	Ⅱ	Ⅲ	Ⅱ	Ⅱ	Ⅲ	Ⅱ	Ⅱ	Ⅲ	Ⅲ

（1）先挖顶部导洞，再扩挖；导洞每茬炮进尺1.5～3 m；每次爆破后做初次支护；掌子面10 m外全面支护。下部应分层开挖，及时支护。

（2）支护方式以喷锚支护为主；锚杆长度5～7 m，间距1.0～1.5 m，喷100～150 mm混凝土。

（3）对于岔洞口部位，应做好超前支护，开挖后要及时喷锚支护。

（4）对地下厂房洞室群应进行三维有限元分析，对可能出现的塑性区应采取有效的支护措施。

6.5.5　不同围岩分类之间的关系

将三种分类方法得出的分值进行回归拟合，分别得到RMR与水电分类T、RMR与Q系统、Q系统与水电分类T三者之间的相关关系，详见图6-15～图6-17。将三者之间的相关关系与已有的经验公式进行比较（见表6-20），可以看出，Q系统得出的质量类别较RMR与水电分类T偏高，究其主要原因：一是岩体裂隙面大部分为硬性结构面，一般起伏粗糙或充填方解石脉等硬质物，胶结紧密，节理粗糙度系数J_r取值较高；二是RMR与水电分类T均考虑了不利结构面的折减，洞室群布置基本平行2组主要节理，结构面折减使岩体质量有所降低。因此，三种质量评价方法得出的结果较好地体现了研究区岩体的质量状况，三者之间的相关关系明显，与已有的经验公式也有很好的一致性。

表6-20　本书与其他学者提出的岩体质量评价体系之间的相关关系对照表

关系式	备注
$RMR = 9.0\ln Q + 44$	Bieniawski（1976）
$RMR = 5.9\ln Q + 43$	Rutledge 等（1978）
$RMR = 5.4\ln Q + 55$	Moreno 等（1980）
$RMR = 4.6\ln Q + 56 \pm 19$ $RMR = 5.0\ln Q + 61 \pm 21$	Cameron 等（1981）
$RMR = 10.5\ln Q + 42$	Abad（1984）
$RMR = 8.7\ln Q + 38 \pm 8$	Kaiser 等（1986）
$RMR = 9.1\ln Q + 45 \pm 6$	Trunk 和 Homisch（1990）
$RMR = 7.14\ln Q + 39.8$	本书
$RMR = 1.086T + 13.168$	李攀峰等（2003）
$RMR = 0.864T + 13.817$	陶连金等（1998）
$RMR = 0.68T + 14.388$	本书
$T = 5.262\ln Q + 57.569$	李攀峰等（2003）
$T = 9.378\ln Q + 39.962$	本书

注：T为依据水电工程地质勘察规范（GB 50287—99）中提出的围岩工程地质分类法所得的评分值。

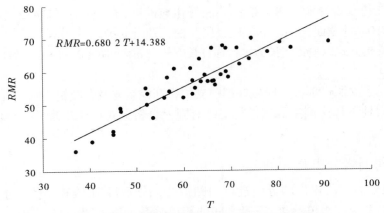

图6-15　RMR分类与水电分类T的相关关系

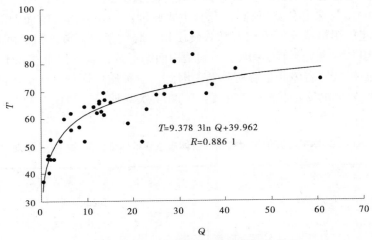

图6-16　水电分类T与Q系统的相关关系

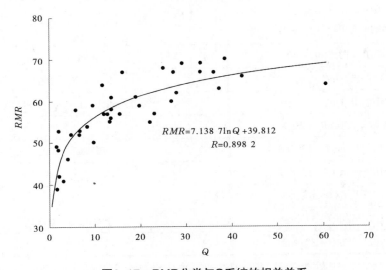

图6-17　RMR分类与Q系统的相关关系

6.5.6 小结

（1）对地下厂房"十字硐"PD206围岩同时采用了T系统分类、RMR分类和Q系统分类三种围岩分类方法进行了地下洞室围岩分类，其成果基本一致。对研究区洞室围岩进行了分类评价，最后综合确定地下厂房围岩的类别，即Ⅱ类占40%，Ⅲ类占57.33%，Ⅳ类占2.67%，较真实地反映了厂房区岩体的质量状况，据此可对洞室围岩整体稳定性作出判断并指导开挖和支护设计。

（2）对T系统分类、RMR分类和Q系统分类三种围岩分类方法得出的分值进行回归拟合，建立了RMR与水电分类T、RMR与Q系统、Q系统与水电分类T三者之间的相关关系。

6.6 洞室群围岩稳定性数值分析

在前面洞室群岩体初始应力场、岩体结构、岩体质量分析的基础上，采用三维非线性有限元法，对水电站地下洞室群围岩整体稳定性进行计算，分析讨论地下洞室群岩体变形、应力分布规律以及塑性屈服区的分布情况，最后据此对地下洞室群整体稳定性作出评价。

6.6.1 计算模型

在三维有限元计算模型中，模拟了地下厂房等纵横洞室体系，包括横向的三大洞室：厂房洞、主变洞、尾水主洞，纵向的母线洞、尾水管、尾水支洞、通风疏散洞、交通运输洞等。

计算采用的坐标系：X轴平行于机组中心剖面指向下游，Y轴垂直向上，Z轴平行于厂房轴线，指向北西（河岸）。X轴和Z轴的零点选在安装间端墙与主厂房轴线相交的位置，Y轴按实际高程取值。

所取计算范围为：X轴方向上游侧边界距厂房洞上游边墙100.0 m，下游侧边界距主变洞下游边墙150 m；Z轴方向北西侧（河岸侧）边界距副厂房端部100 m，南东侧（山里）边界距安装间端部100 m；Y轴方向自▽0.0 m高程取至地面。

计算规模为：三维整体计算区域剖分成四面体单元56 179个，结点总数9 780。计算网格透视图见图6-18。

地下洞室群几何模型如图6-19所示，图中：cf指厂房洞，jt指交通洞，lx指交通洞与主变洞间的联系洞，mx指母线洞，tf指通风疏散洞，ws指尾水主洞，wsg指尾水管，wsz指尾水支洞，zb指主变洞，zmj指尾水闸门井。

计算主要考虑的地层岩性及参数：岩性包括硅质岩（D_3l^3、D_3l^4）、辉绿岩（$\beta_{\mu4}^{-1}$）以及它们之间的接触蚀变带；辉绿岩力学参数采用第4章提供的综合值。

边界条件：计算中对计算区域的北西侧边界和南西侧边界取水平位移为零的边界；北东侧边界和南东侧边界为应力已知的边界，其值采用6.3节岩体应力场回归值；计算模型底部边界取竖向位移为零的边界，上部地表为自由边界。

为真实反映洞室群开挖过程中围岩的变形和稳定状态，计算过程中模拟了分级开

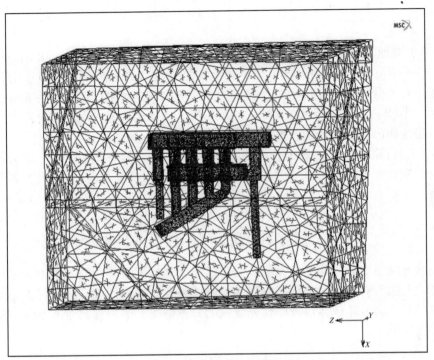

图6-18 洞室群三维整体计算网格透视图

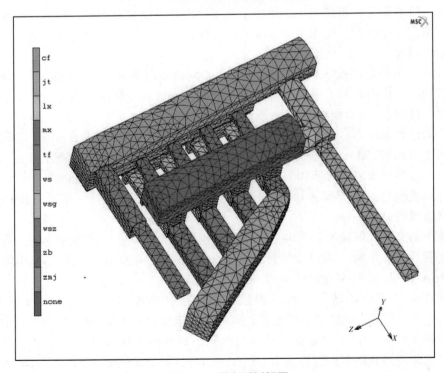

图6-19 洞室群侧视图

挖对洞室变形及稳定的影响。洞室群分五级开挖,如图6-20所示。计算分两种工况:
毛洞分级开挖和有支护分级开挖。

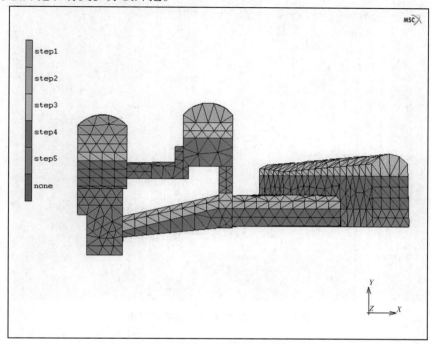

图6-20 洞室群分级开挖示意图

6.6.2 计算成果分析

计算成果图件中,约定拉应力为正、压应力为负;与坐标轴正方向一致的位移为
正,反之为负(位移成果曲线不考虑方向);X轴方向垂直主厂房洞轴线,指向下游
为正;Y轴竖直向上为正;Z轴平行主厂房洞轴线,指向河岸(NW向)为正。

毛洞分级开挖和有支护分级开挖两种工况下洞室围岩的变形规律和应力场特征基
本相似,仅数值大小不一样。现综合分析如下。

6.6.2.1 位移

洞室群开挖后的岩体位移分布情况见图6-21~图6-23。表6-21给出了毛洞分级开
挖与有支护分级开挖洞周围岩变形的情况。由图、表看出:

(1)受斜坡地形和岩体应力场的影响,洞室围岩变形较为复杂,呈不对称状。
平面上,洞室中部变形大于两边;剖面上,上游侧边墙的变形大于下游侧边墙的变
形。

(2)毛洞分级开挖后,顶拱最大沉降出现在2#机组剖面,其中厂房洞拱顶最大
沉降2.6 mm,尾水主洞拱顶最大沉降1.4 mm;支护工况下相同部位的最大沉降量分别
是1.6 mm和0.6 mm,分别减少38.46%和57.14%。见表6-21。

(3)厂房洞和主变洞两大洞室上游侧边墙的变形均大于下游侧边墙的变形,边墙位
移最大的位置均出现在3#机组段。毛洞分级开挖工况时的变形分别为17.5 mm和14.2 mm,
有支护分级开挖工况下的变形分别为11.3 mm和8.0 mm,变形分别减小35.43%和43.66%。

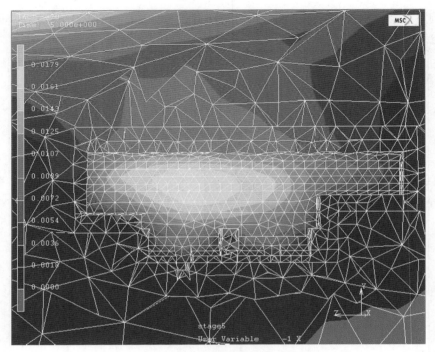

图6-21 厂房洞上游墙位移分布图

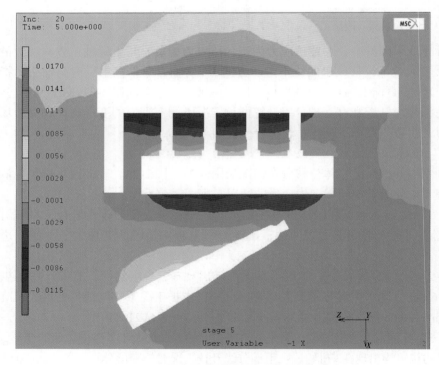

图6-22 洞室群128 m高程平切面位移分布图

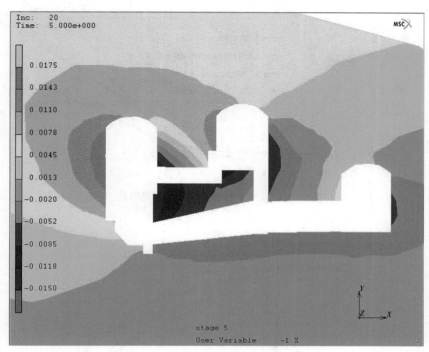

图6-23 3#机组剖面位移分布图

表6-21 开挖完工后各台机组剖面洞周最大径向位移对比 （单位：mm）

位置		1#机组		2#机组		3#机组		4#机组	
		无支护	有支护	无支护	有支护	无支护	有支护	无支护	有支护
厂房洞	拱顶	2.5	1.6	2.6	1.6	2.3	1.5	2.1	1.2
	上游侧墙	12.5	7.35	16.0	10.1	17.5	11.3	17.0	10.6
	下游侧墙	12.0	7.48	15.0	9.55	15.0	10.4	15.5	10.9
主变洞	拱顶	2.1	1.1	2.0	1.0	2.1	1.1	1.7	0.8
	上游侧墙	9.7	5.57	12.3	7.34	14.2	8.72	13.9	8.46
	下游侧墙	6.0	3.1	7.3	4.02	8.0	4.73	7.7	4.7
尾水主洞	拱顶	0.4	0.01	1.4	0.6	1.3	0.6	0.9	0.5
	上游侧墙			4.17	2.6	5.58	3.9	8.8	5.9
	下游侧墙	3.38	1.79	5.85	3.02	6.05	3.4	6.13	3.36

（4）随着开挖的不断进行，各洞室边墙的变形不断增大，开挖完工后，边墙位移达极大值。洞室边墙节点的变形过程如图6-24、图6-25所示（节点3130的高程为133 m，节点4092的高程为142 m，节点834的高程为139 m，节点2041的高程为119.6 m，节点3154的高程为133 m）。从图上看出，各洞室围岩在开挖初期变形均不大，在进入第Ⅲ层后，各洞室围岩变形速率增大，第Ⅴ层完成后达到最大值。

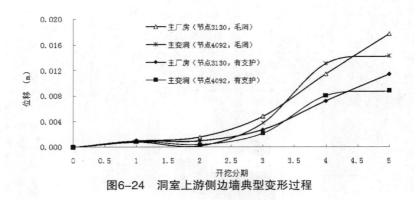

图6-24　洞室上游侧边墙典型变形过程

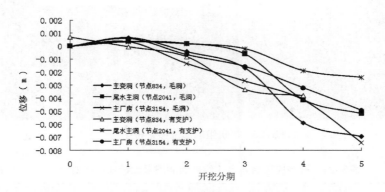

图6-25　洞室下游侧边墙典型变形过程

6.6.2.2　应力

洞室群开挖后的最大主应力云图如图6-26～图6-29所示。从图中看出：

（1）应力集中较明显的部位有：厂房洞和主变洞下游侧拱腰及尾水主洞上游侧拱腰，母线洞与尾水管间靠近主变洞一侧岩体；4#母线洞与通风疏散洞之间围岩；副厂房上游边墙靠近端墙部位，机窝上游侧围岩。

（2）顶拱仍处在三向受压状态，厂房洞和主变洞下游侧拱脚应力集中高于上游拱脚的应力集中，而尾水主洞则相反。

（3）毛洞分级开挖时，一般应力集中水平为16 MPa左右；相比较而言，有支护分级开挖时洞室围岩的应力集中程度较大，最大主应力达21.5 MPa，从图中看出，受端部约束影响，在靠近两端处应力值变大。

（4）受开挖卸载影响，边墙一定深度范围内围岩出现应力水平降低，局部出现拉应力。如毛洞分级开挖时，厂房洞下游边墙和主变洞上游边墙局部位置出现最大不超过0.4 MPa的拉应力。此外，在4条母线洞靠山里一侧（南东）边墙上部也出现拉应力，其值也不大于0.4 MPa。有支护分级开挖时，拉应力量值有所增加，最大达0.6 MPa。

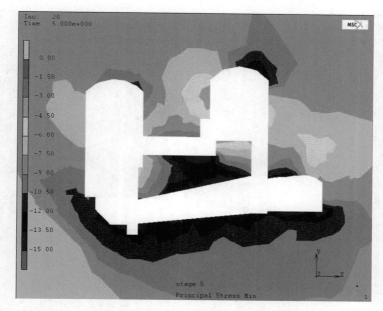

图6-26　1#机组剖面最大主应力云图

6.6.2.3　塑性区分布特征

毛洞分级开挖时，塑性区主要分布在以下几个部位：厂房洞上游侧边墙中上部、厂房洞与主变洞之间母线洞上部、尾水闸门井上下游两侧边墙、主变洞与尾水主洞之间尾水支洞上部等部位。其中厂房洞与主变洞之间塑性区连通，见图6-30、图6-31。

6.6.3　小结

（1）位移。

①受斜坡地形和岩体初始应力场的影响，洞室围岩变形较为复杂，呈不对称状。平面上，洞室中部变形大于两边；剖面上，厂房洞、主变洞上游侧边墙的变形大于下游侧边墙的变形，而尾水主洞的下游侧墙位移大于上游侧墙位移。

②洞室拱顶最大下沉主要发生在靠山里侧的1#～3#机断面；边墙最大位移主要发生在3#～4#机断面，即靠河岸侧（外侧）。

③洞室群围岩的变形量总体较小，毛洞工况下洞室拱顶最大下沉位移1.4～2.6 mm，边墙6.13～17.5 mm。

④支护工况下各洞室洞周变形规律与毛洞工况相似，支护效果较显著，各洞室洞周变形较毛洞工况总体有明显减小。支护工况下洞室拱顶最大下沉位移0.6～1.6 mm，边墙3.4～11.3 mm。

（2）洞室群洞周围岩应力。

①受水平岩体初始应力控制，各洞室拱顶处于三向受压状态，洞轴出现明显的压应力集中：毛洞分级开挖时，最大主应力达16 MPa左右；有支护分级开挖时最大主应力达21.5 MPa。

②受开挖卸载影响，边墙一定深度范围内围岩出现应力水平降低，局部出现拉应力，量值0.4～0.6 MPa。

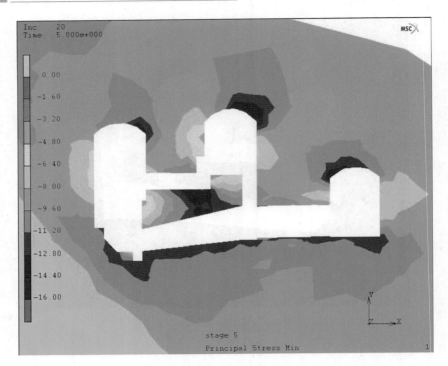

图6-27　3#机组剖面最大主应力云图

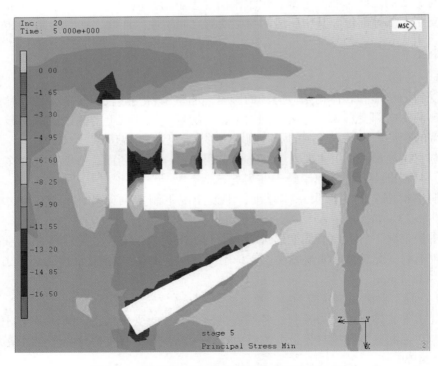

图6-28　洞室群128 m高程平切面最大主应力云图

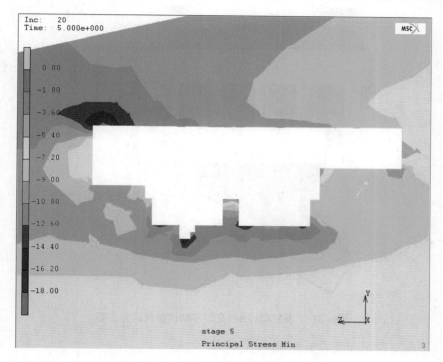

图6-29　厂房洞上游墙最大主应力云图

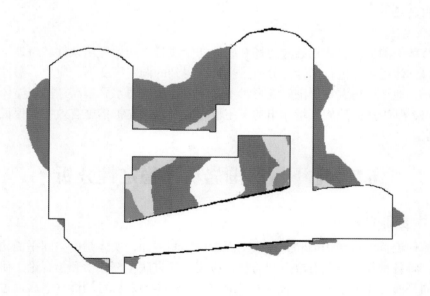

图6-30　1#机组剖面塑性区分布图

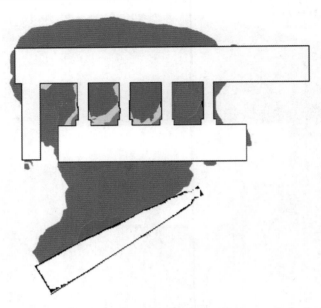

图6-31　洞室群128 m高程平切面塑性区分布图

（3）洞室群洞周围岩塑性区。

塑性区主要分布在厂房洞上游侧边墙中上部，厂房洞与主变洞之间母线洞上部岩体，尾水闸门井上下游两侧边墙，主变洞与尾水主洞之间尾水支洞上部岩体等部位，其中厂房洞与主变洞之间塑性区连通。在对围岩进行适时支护后，塑性区范围较毛洞工况有明显减小。

（4）结论。

本节基于洞群区岩体初始应力场和岩体初始质量等初始环境条件，对地下厂房洞室群围岩整体稳定性进行了计算分析，从计算得到的洞室群变形、应力、塑性区的分布情况看，地下厂房洞室群围岩变形量不大，拉、压应力水平不高，围岩整体稳定性满足要求，基于这一地质环境作出的洞室群布置合理、支护措施有效并能保证洞室群稳定安全。

6.7　地下厂房围岩块体稳定性分析

6.7.1　主要研究方法

块体理论首先将结构面和开挖临空面看成空间平面，块体是由空间平面构成的几何凸体，将各种作用荷载看成空间向量，应用几何方法（拓扑学和集合论）研究在已知各空间平面方位的条件下，岩体内可形成的块体类型及其可动性。然后通过静力平衡计算，求出各类可移动块体的滑动力及安全系数，作为工程加固措施的设计依据。

岩体开挖之前，通过块体理论可分析预测由结构面与岩体开挖面切割形成的可移动块体和关键块体类型、几何特征及稳定性状况，为岩体支护设计方案提供参考及校核依据。但由于结构面的具体位置不能确定，由此得到的块体是不定位或半定位（构成块体的某一结构面位置已知）的。岩体开挖后，通过调查实际出露的结构面性状及位置，分析块体的几何特征及稳定性，此时块体是定位的，其大小尺寸及几何特征是确定的，因此可根据分析结果对设计支护方案进行校核，优化设计，以保证围岩块体的稳定性。

6.7.1.1　块体可动性判别

采用下极点全空间赤平投影方法，将构成块体的各节理及开挖临空面投影到赤道平面上，从赤平投影图上进行分析，若某节理锥JP完全包含于一个或多个临空面交成的空间锥SP之内，则该节理锥为相应临空面（或交棱、交角）的可移动块体。

6.7.1.2　运动模式分析

块体稳定性分析首先需要分析块体的运动模式，可动块体的运动模式有四种，详见表6-22。

表6-22　地下洞室块体运动模式

序号	块体的运动模式	运动特征	示意图
1	块体脱离岩体运动	当块体为脱离岩体运动时，运动方向 $\vec{S}$ 与主动力合力 $\vec{R}$ 一致	
2	单面滑动	块体沿一个结构面 i 运动时，其运动方向 $\vec{S}$ 与主动力合力 $\vec{R}$ 在该平面上的投影方向 $\vec{S}_i$ 一致	
3	双面滑动	块体沿两个结构面 i 和 j 运动，即是沿二结构面的交线运动	
4	自锁状态	自锁状态的块体为倒楔块体	

6.7.2　结构面概化及组合

6.7.2.1　结构面特征

地下厂房区各种结构面特征见表6-23。

表6-23 地下厂房区结构面特征

结构面		产状	长度（m）		间距（m）	抗剪强度		发育程度
			一般	最长		f	C（MPa）	
节理裂隙	①	N60°～75°W，SW∠45°～65°	5～8	12～15	0.2～0.3	0.5	0.15	发育
	②	N50°～70°E，NW∠50°～70°	5～8	12～15	0.2～0.3	0.52	0.18	发育
	③	N0°～30°E，SE∠50°～85°	5～8	12～15	0.2～0.3	0.52	0.18	发育
	④	N30°～60°W，NE∠30°～55°	3～5	5～8	1.0	0.5	0.15	一般
构造蚀变带	f_{s1}	N64°E，NW∠50°～54°	80～90	0.2～0.5（宽）	0.7	0.3		
	f_{s2}	N65°E，NW∠74°	50～60	0.2～0.3（宽）	0.7	0.3		
长大节理	J_{163}	N66°E，NW∠60°	70～80		0.35～0.4	0.05		

6.7.2.2 结构面及开挖面概化

地下厂房围岩不定位块体指由多组节理与岩体开挖临空面切割形成的块体；半定位块体指由长大节理J_{163}或构造蚀变带f_{s1}、f_{s2}与节理、临空面形成的块体。根据厂房区各类结构面产状及临空面方位，可利用块体理论分析各临空面可能的各种块体的类型、形态、失稳方式及稳定性情况。

根据表6-23中各组节理产状的变化范围，取平均值作为该组节理产状的代表，以此作为研究块体几何形态的基础。由于地下厂房洞与主变尾闸洞平行，轴线方位N62°W，两洞可能出现的块体类型一致，因此只需研究其一，以下凡提到某墙、顶拱均针对两洞。为便于理解及表述，作出节理的平均产状及厂房洞室的方位图，并统一定义边墙与端墙的编号，如图6-32所示。洞室围岩的节理及主要开挖面概化产状见表6-24。

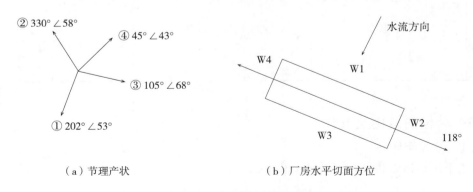

（a）节理产状　　　　　　　　　（b）厂房水平切面方位

图6-32 节理概化产状及厂房洞室水平切面方位图

圆弧顶拱记为W5，在判断块体可移动性时，为方便按水平面考虑（不影响结果）。墙与墙的交棱用"E"表示，如E12、E34等分别表示墙W1与墙W2的交棱、墙W3与墙W4的交棱，边墙与顶拱的交棱为E15、E35等。

表6-24 节理及厂房洞室临空面的概化产状

类号		部位	倾向（°）	倾角（°）
节理	1	第①组节理	202	53
	2	第②组节理	330	58
	3	第③组节理	105	68
	4	第④组节理	45	43
开挖面	1	上游边墙（W1）	208	90
	2	下游边墙（W3）	28	90
	3	左端墙（W2）	118	90
	4	右端墙（W4）	298	90
	5	顶拱（W5）	0	0

6.7.2.3 不定位块体的节理组合

四组节理的不同组合可形成不定位块体。根据对勘探洞的实际调查结果，将节理面进行组合，研究各种组合下可能出现的几何可移动块体，以及几何与力学均可移动的关键块体。

四组节理切割块体时的各种组合，见表6-25。

表6-25 不定位块体的不同节理组合

代号	节理面组合	结构面数
I	①＋②＋③＋④	4
II 1	①＋②＋③	3
II 2	①＋②＋④	3
II 3	①＋③＋④	3
II 4	②＋③＋④	3

6.7.2.4 半定位块体的节理组合

长大节理J_{163}或构造蚀变带f_{s1}、f_{s2}与节理进行组合，并在临空面切割下可形成半定位块体。长大节理J_{163}与构造蚀变带f_{s1}、f_{s2}的产状较为相近，且J_{163}的抗剪强度比f_{s1}、f_{s2}小，因此在研究中以长大节理J_{163}为代表。组合结果见表6-26。

表6-26　半定位块体的不同节理组合

代号	节理面组合	结构面数
Ⅲ1	J_{163} + ① + ②	3
Ⅲ2	J_{163} + ① + ③	3
Ⅲ3	J_{163} + ① + ④	3
Ⅲ4	J_{163} + ② + ③	3
Ⅲ5	J_{163} + ② + ④	3
Ⅲ6	J_{163} + ③ + ④	3

6.7.3　不定位块体分析

6.7.3.1　可移动块体和关键块体的判别

分析不同节理组合（见表6-25）情况下，不定位可移动块体的类型。首先对不同节理组合进行下极点全空间赤平投影，分析可移动块体的类型，然后根据块体的剩余滑动力大小，判断该可移动块体是否为力学可移动块体。下面以四级节理为例进行分析。

对四组节理组合进行全空间赤平投影，如图6-33所示。其中，实线圆1~4为节理面的投影；点线圆为赤道参考圆，也是顶拱（水平面）的投影；虚直线为铅直墙面的投影。另外，"1010"等为节理锥的编号，"0"、"1"分别表示面的上、下半空间，4个数字从左到右对应第①、②、③、④组节理，1010即由第①、③组节理的下半空间，第②、④组节理的上半空间相交形成的节理锥的投影；"0.25"等表示在自重条件下，由节理面的摩擦系数（未考虑黏聚力的作用）计算而得的节理锥单位体积的剩余滑动力。

根据可移动块体的判断准则，若节理锥完全落于某围岩边墙、交棱或交角的空间锥内，则该节理锥为相应围岩边墙、交棱或交角的可移动块体。由图6-33可以判断各临空面、交棱（墙—墙、墙—顶）及交角（墙—墙—顶）处可出现的可移动块体，结果见表6-27。

可移动块体需进行力学稳定性分析，进一步判断其是否为关键块体。当节理锥的剩余滑动力为正（即滑动力大于阻滑力，就需要外加荷载如锚固支护力作用才能稳定），则该节理锥相应的块体为关键块体。在此，块体的剩余滑动力计算未考虑黏聚力的作用，判断结果偏于安全，即不会出现关键块体的漏判问题。

6.7.3.2　关键块体的几何形态分析

最大关键块体是假设节理延伸足够长，在洞室范围内可形成的最大块体（见图6-34）。实际出现的关键块体，是最大关键块体的三维等比例缩小。对于每一种关键块体，作出其相对于地下洞室的最大关键块体的形态。通过分析洞室内最大关键块体的形态及其与洞室的相对位置关系，可判断在所有的关键块体中，需要在工程支护中考虑的关键块体，并进一步对这些关键块体进行稳定性分析和锚固支护研究。

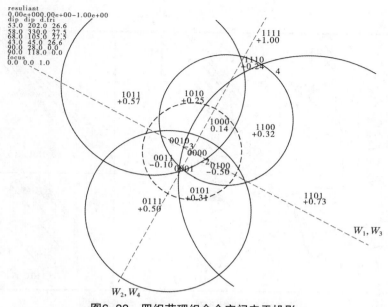

图6-33 四组节理组合全空间赤平投影

表6-27 四组节理组合可移动块体和关键块体（带*号）

部位	块体编号
上游边墙（W1）	0111*,0101*,0001
下游边墙（W3）	1000,1010*,1110*
左端墙（W2）	0010,0011
右端墙（W4）	1100*,1101*
顶拱（W5）	1110*,1111*,1101*
墙顶棱（E15）	无
墙顶棱（E35）	1110*
墙顶棱（E25）	无
墙顶棱（E45）	1101*
4个边墙棱	无
4个顶角	无

实际可能出现的关键块体，受到节理长度、间距等的限制，因此有必要结合地下厂房区节理的实际特征，对影响支护设计的8种关键块体（包括4组及3组节理组合）进行分析。根据地下厂房区勘探洞调查的节理特征，取节理的最大长度为15 m，即块体的最大棱长不超过15 m作为构造三维块体的限制，分析块体的几何特征与稳定性，并以此作为洞室开挖前锚固支护建议及设计校核的依据。洞室开挖后，应根据实际出露的节理产状及延伸长度等特征，分析块体的几何特征及稳定性。

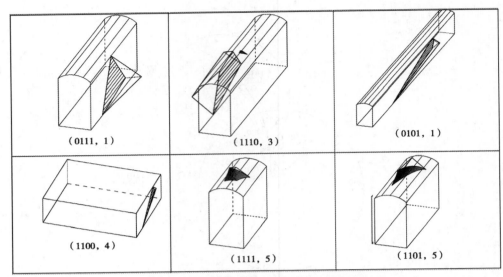

（0111，1）　　　　（1110，3）　　　　（0101，1）

（1100，4）　　　　（1111，5）　　　　（1101，5）

图6-34　四组节理组合的最大关键块体

6.7.3.3　关键块体的稳定性及支护建议

1.稳定性分析

地下洞室开挖后，在自重作用下，四组节理组合的关键块体失稳模式及稳定性状况见表6-28；表6-28中，安全系数K_0只考虑了结构面摩擦系数，安全系数K_C同时考虑摩擦系数和黏聚力。顶拱的块体在自重作用下产生脱落，因此将其安全系数记为0。

2.关键块体的支护建议

关键块体支护措施及方式的选定，需综合考虑关键块体的临空面面积大小、壁后延伸以及块体的分布密度等。

根据节理统计，节理间距多为0.2~0.4 m，若地下洞室的围岩块体是由同组节理相邻的2条节理切割而成，则块体很小，洞室开挖后块体或脱落，或随喷混凝土支护就可稳定，本研究不讨论这种块体。

通常节理可以通过追踪、岩桥裂开等方式得以延伸。形成块体时，同组节理可能相间切割（相当于节理间距加大），因此形成的块体体积可能较大，相应的壁后延伸也较大，对地下洞室的稳定性不利。根据百色水利枢纽地下厂房区节理的特点和工程经验，按关键块体的最大边长不超过15 m作为该类块体规模的上限，即认为实际出现的关键块体，基本上不会超出该尺度，因此以该尺度的块体进行支护建议及校核，一般可保证块体的稳定。

通过复核，施工详图设计阶段的地下洞室支护方案，厂房洞及主变洞的上游边墙采用砂浆锚杆ϕ25@3×3 m，L=5 m与张拉锚杆ϕ28@3×3 m，L=7 m相间布置，锚固支护参数一般能满足块体稳定性要求。

表6-28　自重情况下关键块体几何特征及稳定性（四组节理组合）

序号	关键块体类型	体积（m³）	临空面积（m²）	壁后延伸（m）	失稳模式（滑移面）	滑移面面积（m²）	安全系数	
							K_0	K_c
1	(0111,1)	213.7	98.6	6.5	单面滑动（①）	79.9	0.38	2.89
2		171.3	92.3	4.6	单面滑动（①）	72.2	0.38	3.20
3		68.1	62.0	2.6	单面滑动（①）	47.3	0.38	5.00
4	(1110,3)	6.4	1.78	10.7	双面滑动（③④）	12.1,14.4	0.64	36.56
5		284.5	36.7	10.7	双面滑动（③④）	84.6,114.0	0.64	6.69
6		242.9	87.4	5.1	双面滑动（③④）	33.6,86.6	0.64	4.77
7		293.9	83.0	5.9	双面滑动（③④）	45.6,97.3	0.64	4.73
8	(1111,5)	153.5	74.3	6.2	顶拱脱落		0	
9		277.9	114.7	6.5	顶拱脱落		0	
10	(1101,5)	38.6	36.2	3.2	单面滑动（③）	9.90	0.21	1.98
11		51.0	46.7	3.1	单面滑动（③）	13.66	0.21	2.07

6.7.4　半定位块体分析

不定位的节理与定位的长大节理J_{163}或构造蚀变带f_{s1}、f_{s2}形成的块体称为半定位块体。由于长大节理J_{163}与构造蚀变带f_{s1}、f_{s2}产状相近，因此以J_{163}为代表进行研究。当J_{163}附近的某些区域可能有某2组节理发育时，若这2组节理与J_{163}按一定的空间位置关系切割岩体（并在临空面切割下），就可以形成可移动块体或关键块体。

6.7.5　定位块体分析

厂房主机洞室开挖的初期阶段，在现场对主机洞、主变尾闸洞及交通洞内实际出现的潜在失稳或已失稳块体进行了调查；对切割块体的结构面产状、相互位置关系进行了测量；对结构面延伸、切割范围进行了现场判断；然后采用定位块体分析方法对块体的几何形态及稳定性进行了分析，对现有支护参数进行了校核。

由于前期地质资料与洞室开挖后实际出露的结构面情况必定有出入之处，当洞室开挖后出露有长度大、产状与4组节理不一、力学性能差的节理时，必然使得前述不定位及半定位块体预测分析结果与实际情况不一。因此强调现场定位块体的分析及支护校核工作显得十分重要。

定位块体分析时，强调了"即时分析、及时支护"的原则。"即时分析"是指洞室开挖过程中随时对结构面发育情况、延伸、切割形成的块体范围进行测量与判断，分析块体的稳定性及所需的锚固力，并对现有支护参数进行校核，必要时随时调整支护参数；"及时支护"是指根据现场判断及计算机分析结果对块体及时进行支护，甚至是超前支护，避免块体过多地受爆破震动等干扰，或者避免某些没有自稳能力的块体在四周边界全部出露后即失稳的情况发生，如顶拱块体2。

现场对节理延伸、切割关系及切割范围作出及时准确判断，以对块体的形态、大小作出正确的分析。由于块体的形态及大小关系到块体的稳定性、所需的锚固力，以及对设计支护参数的校核结论，因此，合理分析块体形态和大小是经济合理地对块体进行支护的保证。

洞室开挖过程中存在爆破震动等各种扰动，使得结构面力学参数有不同程度的降低。通过现场观察，某些在自重条件下可以稳定的块体，在爆破震动等附加荷载作用下发生失稳，究其原因，是爆破震动作用下块体结构面的力学性能弱化造成的。因此岩体开挖后，应注意及时对围岩进行支护，以减少块体失稳情况的发生。

6.7.6 小结

（1）不定位及半定位块体分析表明，地下洞室上游边墙可能存在的不定位块体0111、半定位块体Ⅲ2组合101，现有的支护参数一般可满足稳定性要求；顶拱可能存在的不定位块体1111、Ⅱ1组合111、半定位块体Ⅲ2组合111，在现有的支护参数下可能难以满足其稳定性要求。分析结果表明，下游边墙的块体稳定问题不明显，左右两侧墙一般不会出现较大块体。

（2）不定位和半定位块体分析及支护校核中，块体的大小满足最大边长不超出15 m，并根据工程经验认为以该尺度块体进行洞室块体稳定性分析及支护校核，一般可以保证分析结果安全可靠。

（3）洞室开挖后实际出露的结构面特征可能与地勘资料不一致，尤其是可能出现产状与4组节理不一、长度较大、力学性能较差的节理。洞室围岩受其切割，可能出现形态与前述不一致、边长超出15 m的较大块体，所需的锚固力可能明显超出支护方案所能提供的锚固力范围。因此，洞室开挖后，必须注意对潜在的定位块体进行分析。

（4）定位块体分析时，应强调"即时分析、及时支护"的原则。

（5）定位块体分析中，应注重对结构面延伸及切割范围作出合理判断，以准确分析潜在块体的大小，为支护校核及支护参数调整提供可靠的依据。若干个定位块体的分析结果表明，实际出露的定位块体，其形态、大小等与不定位块体分析结果较为一致，现有支护参数可以保证其稳定，但必须注意及时支护。

（6）考虑到洞室开挖中存在的爆破震动等扰动，使得结构面力学参数降低，因此在块体稳定性分析及锚固力计算时，可采用考虑或不考虑结构面黏聚力的安全系数，即K_c与K_0进行衡量。当施加的锚固力使得不考虑黏聚力的安全系数K_0达到1.0以上时，认为该锚固力为块体所需的锚固力；但如果K_c本身较大，即块体的滑移面面积相对较大，此时可适当降低对K_0的要求。该措施建议在洞室开挖中的定位块体反馈分析中采用。

6.8 地下厂房洞室群支护措施

地下厂房洞室位于新鲜的辉绿岩体内，围岩岩体坚硬，强度高，无软弱带出现，但地下厂房的主机洞及主变洞布置在水平宽度仅有150 m左右的辉绿岩体内，主厂房的轴线走向与岩体走向一致。厂房地下洞室存在以下不利的因素：

一是主机洞上游边墙距上游蚀变带最小距离仅11 m；主机洞与主变洞的岩壁厚度较小，仅为一倍洞跨；主变洞上覆岩体有效厚度最薄仅17 m，尚不足1倍洞跨；尾水管及尾水支洞间岩壁厚度较小，仅为0.87～1.36倍洞跨；尾水管与母线廊道间岩体厚度最小仅9 m。

二是辉绿岩岩体发育4组节理裂隙，特别是似层面裂隙与反倾向裂隙互相交切，在各洞室的拱顶、边墙均存在一些不稳定的小三角块体和楔形块体，局部地方也有可能出现较大的失稳块体。

三是地应力方向近水平与主机洞及主变洞正交，对边墙的稳定不利。

四是辉绿岩上游地下水洼槽可能对厂房洞上游边墙造成较大渗透压力，对厂房洞稳定不利。

有限元分析表明，在毛洞情况下，主厂房在上、下游拱脚部位和下游侧墙以及母线洞与尾水洞之间的岩柱塑性区分布较大，主变洞塑性区出现在上、下游拱脚以及主变洞顶拱区域，也有较大的塑性区分布，主厂房下游侧墙与主变洞上游侧墙之间的上部岩柱塑性区相对集中，主厂房、主变洞围岩塑性区深度达10~20 m。说明洞室稳定性问题突出。

国内外类似工程，对于大跨度、浅埋、小间距洞室支护多是采用大量预应力锚索进行支护。预应力锚索虽能较好地维持围岩的原有应力状态，防止围岩过大变形造成的失稳。但预应力锚索通常不能及时施加，百色水利枢纽地下厂房洞室埋深和洞室间距又特别小，节理裂隙发育，施工中可能在围岩尚未施加预应力锚索就已失稳，预应力锚索间距较大，也难以解决不稳定的小三角块体和楔形块体失稳。为此，根据地下洞室的尺寸、间距及围岩条件，设计提出了采用以长而密的小吨位预应力锚杆进行支护为主，预应力锚索支护为辅的方法，即采用长7~10 m，间距1.5 m，预应吨位15 t的预应力锚杆进行支护。主要优点是：锚杆能做到及时支护，能及时控制围岩的变形，锚杆施加的预应力也能维持围岩的原有应力状态，防止围岩过大变形造成的失稳。对局部围岩塑性区深度较大部位采用预应力锚索进行支护，如主厂房下游侧墙与主变洞上游侧墙之间的上部岩柱塑性区相对集中部位。

洞室支护参数见表6-29及图6-35。

表6-29　地下洞室群喷锚支护参数表

序号	部位	支护参数及方式	备注
1	主机洞	顶拱:砂浆锚杆(ϕ28,$L=7$ m)与张拉锚杆(ϕ28,$P=150$ kN,$L=7$ m),@1.5×1.5 m 相间布置; 上游边墙:砂浆锚杆ϕ28,$L=7$ m,@1.5×1.5 m,相间布置; 下游边墙:张拉锚杆(ϕ28,$P=150$ kN,$L=10$ m),@1.5×1.5m	119.45 m 高程以上,厚0.15 m;119.45 m 高程以下,厚0.1 m。挂网喷混凝土 ϕ8 @ 0.2 m
2	主变洞	顶拱、上游边墙:张拉锚杆(ϕ28,$P=150$ kN,$L=10$ m),@1.5×1.5 m 相间布置; 下游边墙:砂浆锚杆ϕ28,$L=7$ m,@1.5×1.5 m,相间布置	挂网喷混凝土 ϕ8 @ 0.2 m,厚度为 0.15 m

续表6-29

序号	部位	支护参数及方式	备注
3	母线廊道	砂浆锚杆φ25@1.5×1.5 m,$L=4$ m	挂网喷混凝土φ8@0.2 m,厚度为0.1 m
4	闸门井	上、下游边墙:砂浆锚杆φ22@1.5×1.5 m,$L=3$ m; 左、右侧边墙:砂浆锚杆φ25@1.5×1.5 m,$L=5$ m	挂网喷混凝土φ8@0.2 m,厚度为0.1 m
5	引水隧洞	上、下平段:管式锚杆φ33.5,$\delta=3.25$,$L=4$ m,纵环@1×1.5 m; 竖井段:自进式锚杆φ25,$\delta=5.5$,$L=4$ m,@1.5×1.5 m	挂网喷混凝土φ8@0.15、0.2 m,厚度:竖井0.15 m,其余为0.2 m(进口渐变段为0.25 m)
6	尾水管	顶拱:张拉锚杆(φ28,$P=110$ kN,$L=7$ m),@1.5×1.5 m,中部设3排2列预应力锚索($P=1500$ kN,$L=10$、9、8 m); 直墙及底板:砂浆锚杆φ28,$L=7$ m,@1.5×1.5 m; 另外,直墙中部设3排对穿锚杆(φ36,$P=200$ kN),@3×3 m	挂网喷混凝土φ8@0.2 m,厚度为0.1 m
7	尾水隧洞	砂浆锚杆(φ25,$L=5$ m)与张拉锚杆(φ28,$P=150$ kN,$L=7$ m),@3×3 m相间布置;另外,在尾水主洞上游边墙与尾水支洞交叉部位以及洞口段两侧边墙设两排预应力锚索($P=1000$ kN,$L=15$ m)	挂网喷混凝土φ8@0.2 m,厚度为0.1 m(洞口段为0.25 m)
8	主机洞与母线廊道交叉处	张拉锚杆φ28,$P=150$ kN,$L=10$ m	
9	主机洞与尾水管交叉处	张拉锚杆φ28,$P=150$ kN,$L=7$ m	顶拱及直墙
10	主机洞与饮水隧洞交叉处	张拉锚杆φ28,$P=150$ kN,$L=7$ m	顶拱270°范围
11	主机洞与母线廊道交叉处	张拉锚杆φ28,$P=150$ kN,$L=8$ m	顶拱及直墙

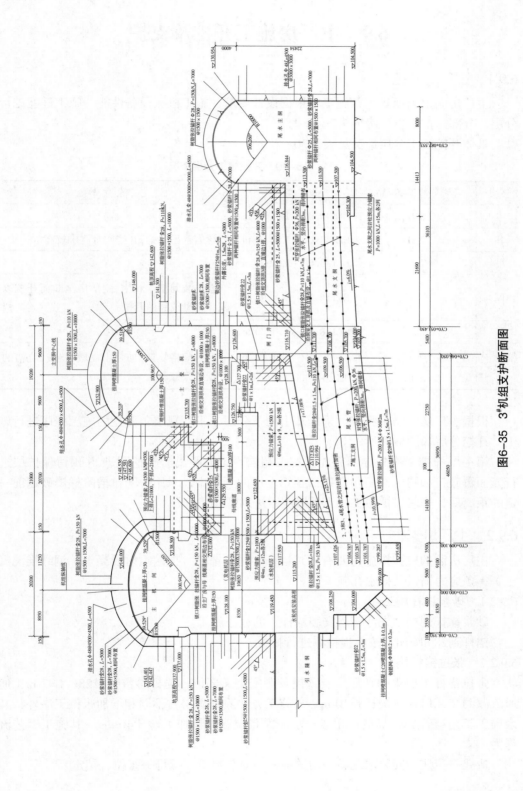

图6-35 3#机组支护断面图

6.9 主厂房施工开挖及支护

6.9.1 主厂房开挖

主厂房洞室断面较大，施工中根据设计要求、施工机械设备性能、施工进度进行分层、分部开挖。主厂房分为7层开挖。

具体开挖施工分层情况见表6-30。

表6-30 开挖施工分层情况

分层	最大开挖高度（m）	施工高程	备注
I	8.0	EL148.00～140.00 m	
II	7.0	EL140.00～133.00 m	含岩锚吊车梁，开挖质量要求较高
III	7.0	EL133.00～126.00 m	
IV	7.05	EL126.00～118.95 m	含安装间槽挖和主、副厂房全断面开挖以及4条母线洞的开挖
V	8.25	EL118.95～110.70 m	
VI	6.7	EL110.70～104.00 m	开挖规格复杂，加强中隔墩、斜坡、坑槽的开挖成型控制
VII	5.0	EL104.00～99.00 m	

根据主厂房的结构特点，采用从上向下分层（I～VII层）开挖的施工程序进行施工。开挖分层如图6-36所示。

第一层开挖采用先导洞超前开挖，超前一定的距离后扩挖跟进，并预留保护层进行光面爆破，如图6-37所示；第二至第七层的开挖中，采用中间拉槽阶梯爆破超前一定的距离后，侧墙保护层扩挖光面爆破跟进，如图6-38所示。

6.9.2 主厂房支护

主厂房洞的支护措施主要有砂浆锚杆、张拉锚杆、挂网喷射混凝土（钢纤维混凝土）、预应力锚索及排水孔施工等。

6.9.2.1 砂浆锚杆施工

砂浆锚杆则按"先注浆后安装锚杆"的程序施工。

锚杆到28 d龄期后按无损检测进行抽检。

6.9.2.2 张拉锚杆施工

张拉锚杆主要集中在厂房洞顶拱及洞室交叉部位，锚杆参数为Φ28、L=7 m（通风疏散洞交叉口锁口锚杆长10 m），施工方法除锚固材料不同和增加张拉工序外，其余施工工艺与普通砂浆锚杆相似。水泥卷张拉锚杆预加工丝牙40 cm。其施工工艺流程为：

造孔→清洗→安装水泥卷→插送锚杆→安装垫板、螺母→张拉、锁定

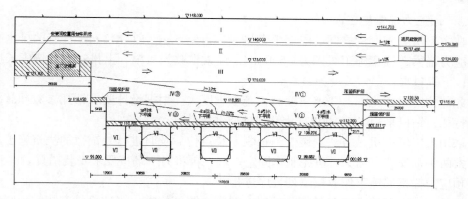

图6-36 主厂房分层开挖剖面图

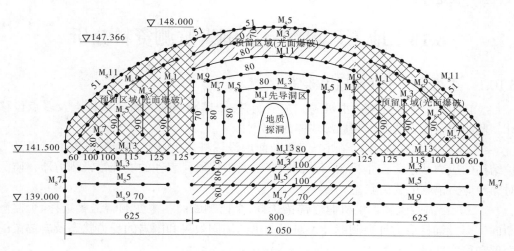

图6-37 先导洞施工钻爆图

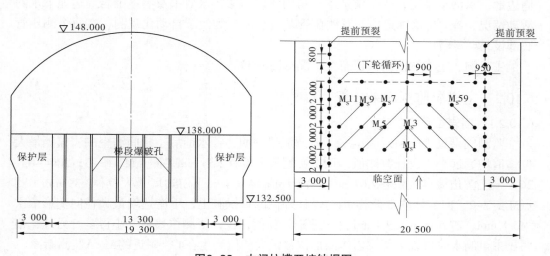

图6-38 中间拉槽开挖钻爆图

6.9.2.3 预应力锚索施工

在主厂房与主变洞之间的隔墙上分别于EL.138.5 m、EL.132 m设计有两排水平对穿预应力锚索，锚索施工级别为1 500 kN，锚索根数为31根，上排20根，锚索长度为21 m；下排11根，锚索长度为21.6 m。

此部位的锚索施工，要求精度高，施工难度大。根据设计要求钻孔参数和辉绿岩岩性特征，钻机采用QZJ-100B宣化钻或地质钻机造孔。

采用人工辅以机械方法安装。当锚索安装定位后及时进行外锚墩的浇筑施工。对穿锚索两头都安装有锚头，可先制作固定一端，再将另一端按要求安装锚具。

预应力锚索的施工作业按下列程序进行：

机具率定→分级理论值计算→外锚头混凝土强度检查→张拉机具安装→预紧→分级张拉→锁定→签证

6.10 地下厂房洞室群围岩监测资料分析

6.10.1 主机洞、主变洞监测布置

（1）围岩变形监测：主机洞、主变洞共3个监测断面布置收敛标点及多点位移计，监测洞室围岩的变形和局部块体的稳定性。

（2）支护结构应力：在3个观测断面埋设锚杆应力计，监测喷锚支护效果及支护结构的应力状态。在主机洞下游侧对穿锚索中选取代表性的安装锚索测力器，监测对穿预应力锚索的受力状态。

（3）岩锚梁监测：主机洞岩锚梁选择7个监测断面，主变洞岩锚梁选择4个监测断面，布设锚杆应力计、测缝计，对岩锚梁的锚固效果和围岩的受力状态及岩锚梁的变形和稳定性进行监测。

（4）地下水监测：在主机洞、主变洞3个观测断面围岩内埋设渗压计，监测洞室周边地下水活动情况；为了解地下厂房山体内防渗排水效果及洞室围岩周边地下水的活动情况，在1#排水廊道内布置测压管及量水堰。为便于自动化观测，在每个测压管底部设1支渗压计。

主机洞、主变洞监测仪器布置情况见图6-39。

6.10.2 主机洞监测成果分析

6.10.2.1 围岩位移

监测成果见表6-31、表6-32。监测成果表明，蓄水前后主机间洞室围岩监测最大位移值均远远小于设计警戒值，顶拱实测最大位移2.53 mm（测点M^4a-3-3，2004-03-26），上游边墙最大位移7.01 mm（测点M^4a-4-4），下游边墙最大位移3.39 mm（测点M^4a-7-2，向岩体内部位移），与设计提供的顶拱和上、下游边墙最大径向变形依次为5.1 mm、27.5 mm、22.4 mm这一理论计算值相比，所测位移值要小得多。另外，很明显主机洞水轮机以上部位岩体内部位移最大测值产生在4#机附近的A—A监测断面。

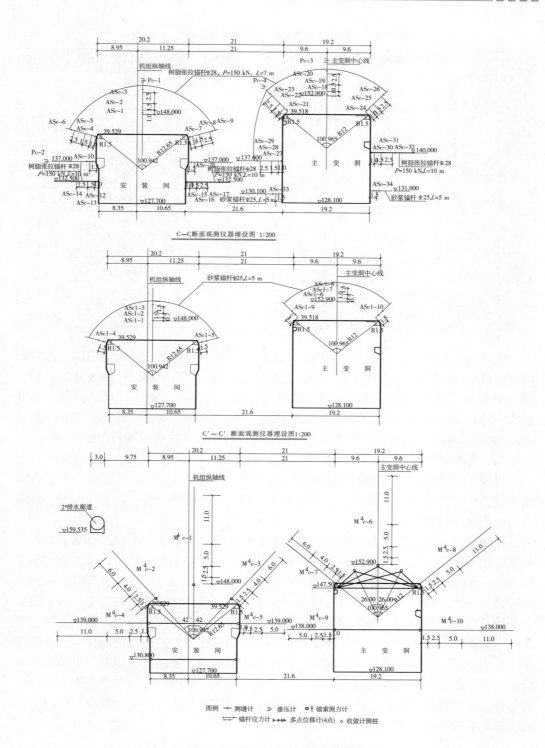

图6-39　主机洞、主变洞观测布置图

表6-31 主机洞岩体内部位移监测成果统计 （单位：mm）

位移		监测断面	顶拱	上游边墙	下游边墙
最大位移	蓄水前	A—A	2.53	7.01	3.08
		B—B	1.36	1.32	2.00
		C—C	0.89	1.86	0.43
	蓄水后	A—A	失效	失效	1.79
		B—B	0.33	0.43	0.69
		C—C	0.15	0.15	0.22
	理论计算（设计提供）	A—A	3.6	24.5	18.2
		B—B	5.1	27.5	22.4
		C—C	5.0	24.7	21.8
历史最大位移值			2.53	7.01	3.08
设计警戒值			5.60	27.80	23.00

从目前的监测情况看，主机洞围岩变形已不再增大，即使在最大变形区，围岩的内缩位移年变幅均不超过0.6 mm，位移过程曲线平缓，典型位移过程曲线如图6-40、图6-41所示，图中位移沿仪器埋设轴线向临空面（向洞内）为正，反之为负。尽管在蓄水后的每年8~10月位移测值呈现规律性变化，但位移量总体较小，均小于0.35 mm，说明蓄水对厂房洞室围岩变形有一定影响，但不影响主机洞围岩的稳定。

6.10.2.2 锚杆应力

目前在主机洞A~C监测断面共埋设洞壁系统锚杆应力计56支，岩锚梁7个监测断面埋设锚杆应力计72支，表6-33、表6-34为锚杆应力监测统计表。应力较大的测点应力特征值统计见表6-35。

监测成果显示，主机洞应力较大部位主要在上游边墙中下部（122~128 m高程）及下游边墙壁母线洞附近区域，而顶拱及安装间的部位应力普遍较小，应力值均小于70 MPa。受引水洞及母线洞影响，在开挖施工期，A—A、B—B监测断面122~128 m高程锚杆应力变幅较为明显，应力值相对较大，而顶拱锚杆应力计是在主厂房Ⅰ层全部开挖结束后才埋设的，围岩应力调整高峰期已过，应力损失量较大。相比之下，安装间一端洞室结构不同，洞型规模相对较小，所测顶拱及安装间部位锚杆应力普遍较小。监测显示，边墙锚杆应力在洞室开挖期均存在不同程度的突变现象，说明洞室围岩应力的重新分布，首先是通过弹性调整实现，然后以塑性调整使应力趋于平衡，从而达到稳定。因喷锚支护对围岩有制约作用，同时这种作用有一定的滞后，所以时空效应的影响并不显著。

表 6-32　主机洞 A—A 断面岩体内部位移监测成果特征值统计表

测点		2003 年度									2004 年度								蓄水后变化量（mm）		
		最大位移		最小位移		年变幅（mm）	时段均值（mm）				最大位移		最小位移		年变幅（mm）	时段均值（mm）			最大值	时段均值	时段变幅
		位移（mm）	日期（年—月—日）	位移（mm）	日期（年—月—日）						位移（mm）	日期（年—月—日）	位移（mm）	日期（年—月—日）							
M⁴a-3	1	1.48	2003-12-31	0.06	2002-12-05	1.43	0.45				1.69	2004-03-26	0.18	2004-10-19	-1.23	0.58			失效	失效	失效
	2	0.26	2003-07-27	-0.89	2003-09-28	-0.44	-0.14				0.51	2004-09-18	-0.38	2004-01-13	0.85	0.28			失效	失效	失效
	3	2.43	2003-12-24	0.02	2003-01-07	2.38	0.73				2.53	2004-03-26	0.45	2004-12-21	-1.94	1.27			失效	失效	失效
	4	1.29	2003-12-17	0.05	2003-01-02	1.20	0.43				1.43	2004-03-26	0.77	2004-06-02	-0.25	1.13			失效	失效	失效
M⁴a-4	1	4.39	2003-11-30	0.00	2003-01-07	4.01	2.07				4.64	2004-03-26	4.40	2004-01-21	0.57	4.55			0.3	0.2	0.22
	2	2.73	2003-11-17	0.00	2003-01-07	2.64	1.48				2.79	2004-03-26	2.63	2004-02-17	0.06	2.70			0.35	0.2	0.29
	3	6.67	2003-12-17	0.00	2003-01-07	6.63	2.69				6.97	2004-12-09	4.02	2004-05-28	0.33	5.68			0.31	0.17	0.17
	4	6.98	2003-12-24	-0.11	2003-01-21	6.95	2.14				7.01	2004-12-31	6.80	2004-05-17	0.06	6.91			0.41	0.25	0.33
M⁴a-5	1	0.27	2003-12-31	0.00	2003-01-07	0.27	0.13				0.56	2004-06-24	0.28	2004-01-14	0.16	0.44			失效	失效	失效
	2	0.08	2003-01-21	-0.94	2003-09-17	-0.50	-0.48				-0.46	2004-01-28	-0.93	2004-12-21	-0.43	-0.83			失效	失效	失效
	3	0.09	2003-02-26	-0.85	2003-10-04	-0.82	-0.47				-0.65	2004-03-26	-0.99	2004-01-14	0.06	-0.74			失效	失效	失效
	4	0.21	2003-03-25	-1.16	2003-05-21	-0.71	-0.58				-0.52	2004-02-10	-0.78	2004-02-22	0.07	-0.64			失效	失效	失效
M⁴a-7	1	1.76	2003-12-31	0.00	2003-06-09	1.67	1.13				1.76	2004-06-24	1.58	2004-02-22	0.00	1.68			0.18	-0.16	-0.03
	2	0.29	2003-08-15	-3.41	2003-12-04	-3.33	-1.54				-3.11	2004-06-24	-3.38	2004-02-22	0.18	-3.22			0.09	-0.08	0.00
	3	3.04	2003-11-30	0.00	2003-06-09	2.94	1.66				3.08	2004-09-18	2.76	2004-01-21	0.05	3.01			-0.17	-0.12	-0.06
	4	2.21	2003-12-31	0.00	2003-06-09	2.21	1.24				2.49	2004-10-10	2.14	2004-03-26	0.10	2.31			-5.59	-3.59	-2.63

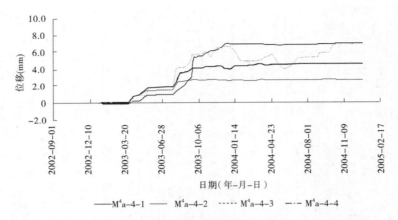

图6-40　蓄水前主机洞上游边墙多点位移计M⁴a-4监测曲线

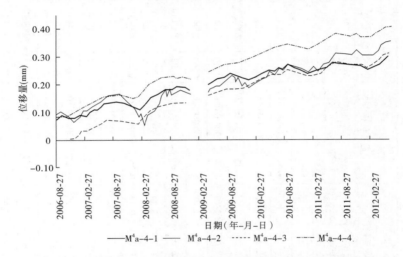

图6-41　蓄水后主机洞上游边墙多点位移计M⁴a-4位移变化量监测曲线

　　岩锚梁部位的锚杆应力计，自埋设起几乎所有的测点的应力测值始终有不同程度的变化，总体呈增大之势，且在2003年7~9月锚杆的拉应力变幅最为明显，之后应力变幅明显减缓，其中上游侧Y1—Y1监测断面埋设的锚杆应力计AS1-3、AS1-5在2003年7、8月拉应力增加较大，月增幅在40~50 MPa，同一锚杆上不同部位的应力差异达90 MPa。从目前的观测成果看，在2005年8月蓄水后，主机间围岩的系统支护锚杆应力和岩锚梁锚杆应力计测值均相对稳定，蓄水后锚杆应力值变化量在-83~70 MPa。测值均较小，锚杆应力测值正常，主机洞锚杆的应力整体趋于稳定。

　　在岩锚梁负荷试验中，仅有吊车梁部位的一小部分浅层锚杆的应力发生可回弹性小幅变化（最大变化5.5 MPa）。同样，岩锚梁投入使用后，在目前的运行过程中锚杆应力无明显的变化，局部应力仍在调整，应力有小幅增大，月变幅小于3 MPa,总体趋向稳定或基本稳定。

表6-33 主机洞系统锚杆应力监测值统计

断面	部分	测点（个）	拉应力(MPa)				应力值（MPa）	点数（个）	比率（%）	备注
			最大	最小	平均					
A—A	顶拱	10	14.905	0.423	8.585	应力统计	>310	0	0	设计警戒值
	上游边墙	5	2.081	0.357	1.142		200~310	0	0	
	下游边墙	4	42.315	0.742	25.496		100~200	0	0	
B—B	顶拱	10	57.768	0.439	12.583		50~100	1	1.79	
	上游边墙	5	33.798	0.015	6.938		0~50	37	66.07	
	下游边墙	4	15.622	0.033	2.696		受压	14	25.00	
C—C	顶拱	10	13.612	0.091	4.923		失效	4	7.14	
	上游边墙	4	26.821	0.022	8.554					
	下游边墙	4	10.050	0.071	2.939					
综合统计		56	57.768	0.015	8.206					

6.10.2.3 锚索拉力

主机洞锚索测力器均安装在下游边墙的对穿锚索上，岩锚梁上下各3台。图6-42显示锚索张拉锚固力均达到设计要求1 500 kN。锚固后各测点承载力均有不同程度的损失，锚索有微弱的松弛表现；DP6测点所在锚索施工先于相邻锚索，受后期相邻锚索施工影响较为明显，锚固力损失最大。目前，锚索应力稳定在1 200~1 600 kN（受拉）区间，测值正常，锚索受力稳定，与水库运行状况基本无关。

6.10.2.4 渗透水压力

主机间三个监测断面不同部位埋设的渗压计的测值比较稳定，所测渗透水压力较小。尽管现场多处存在不同程度时段性渗水现象，甚至在部分渗压计（Pb-2、Pc-2）埋设部位渗水现象较为严重，但是由于地质因素，洞室围岩对渗透水密封性较差，渗透水基本为无压裂隙水，因而埋于洞室围岩中的渗压计测得渗透水压力及其变化幅度均相对较小，均小于0.05 MPa。

6.10.3 主变洞监测成果分析

6.10.3.1 围岩位移

主变洞各监测断面埋设的多点位移计所测岩体内部位移显示，所有测点变形量都较小，位移监测成果特征值统计如表6-36所示。

由表6-36可知，顶拱最大位移4.45 mm，上游边墙最大位移4.09 mm，下游边墙最大位移1.27 mm，与设计提供的开挖完工后主变室顶拱和上、下游边墙最大径向变形理论计算值（依次为3.6 mm、14.0 mm、14.8 mm）和设计警戒值（依次为4.3 mm、14.7 mm、15.1 mm）相比，所测位移值要小得多。

表6-34　主机洞岩梁锚杆应力值统计表　（设计警戒值:310 MPa）

断面编号	部位	测点(个)	拉应力(MPa) 最大	拉应力(MPa) 最小	拉应力(MPa) 平均	最大压应力(MPa)	压应力(MPa) >310 点数(个)	>310 百分比(%)	200~310 点数(个)	200~310 百分比(%)	100~200 点数(个)	100~200 百分比(%)	50~100 点数(个)	50~100 百分比(%)	<50 点数(个)	<50 百分比(%)
1—1	上游边墙	7	47.91	1.35	12.46	-8.54									7	0.00
1—1	下游边墙	7	11.025	2.36	6.62										7	100
2—2	上游边墙	3	23.7	1.673	5.44	-2.45									2	100
2—2	下游边墙	3	7.404	3.47	5.44	-0.068									2	100
3—3	上游边墙	7	13.79	2.37	7.8	-0.47									6	100
3—3	下游边墙	7	3.81	1.41	3.48	-4.52									7	100
4—4	上游边墙	3	1.3	0.38	0.73	-19.85									3	100
4—4	下游边墙	3	9.53	0.59	5.06	-0.53									3	100
5—5	上游边墙	7	32.96	2.27	10.9	-8.52									5	100
5—5	下游边墙	7	3.72	0.47	2.33	-3.94									7	100
6—6	上游边墙	3	3.75	3.75	3.75	-1.551									3	100
6—6	下游边墙	3	2.66	2.66	2.66	-1.82									3	100
7—7	下游边墙	10	237.09	0.27	28.75	-3.3			1	10					9	90

表6-35 主机洞锚杆应力值特征值统计表 (设计警戒值:310 MPa)

测点		蓄水前应力观测值						蓄水后应力变化量		
		最大应力		最小应力		年变幅(MPa)	时段均值(MPa)	最大值	时段均值	时段变幅
		应力(MPa)	日期(年-月-日)	应力(MPa)	日期(年-月-日)					
系统支护锚杆应力	ASa-11	129.6	2004-02-22	74.4	2004-08-28	-51.9	87.5	失效		
	ASa-12	169.6	2004-05-28	165.4	2004-01-21	2	167.1	2.08	1.33	1.72
	ASb-17	169.3	2004-05-27	160.6	2004-10-01	-3.2	163.7	-1.71	-0.383	-1.01
	ASb-18	251.5	2004-12-10	186.3	2004-01-21	64.2	232.1	失效		
	AS1-1	92.8	2004-12-31	84.9	2004-04-26	5.4	87.5	13.2	8.69	10.29
岩锚梁锚杆应力	AS1-3	225.8	2004-09-29	204.6	2004-01-13	26	220.3	4.01	0.89	5.98
	AS1-5	236.1	2004-12-31	220.5	2004-01-13	19.1	229.8	12.94	8.48	10.88
	AS1-6	144	2004-12-31	122.1	2004-01-13	25	138.5	-3.45	-2.18	2.6
	AS2-2	153.5	2004-12-31	140.4	2004-01-13	19.4	148	23.7	16.42	21.85
	AS3-2	122.1	2004-12-31	99.7	2004-01-28	18.5	110.8	失效		
	AS7-9	143.5	2004-04-13	137.9	2004-11-09	-1.6	140.8	仪器测值异常		

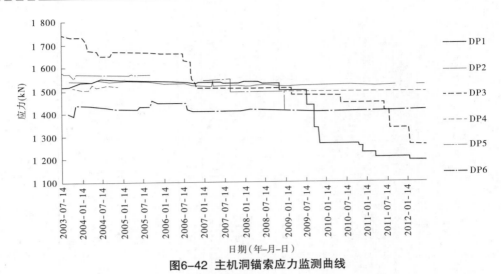

图6-42 主机洞锚索应力监测曲线

6.10.3.2 锚杆应力

主变洞围岩系统支护锚杆总体受拉，50支锚杆应力计中，只有2个测点受压。拉应力最大为143.1 MPa。测点拉应力大于100 MPa有2个测点，占4.0%，应力值分别为143.1 MPa、119.2 MPa；应力值在50~100 MPa的有2个测点，占4.0%；其余92.0%的测点应力值小于50 MPa。系统锚杆、岩锚梁部位锚杆应力无明显的变化，基本稳定，锚杆应力测值正常。

表6-36 主变洞岩体内部位移监测成果特征值统计 （单位：mm）

位移	监测断面	顶拱		上游边墙		下游边墙	
		位移 （mm）	日期 （年-月-日）	位移 （mm）	日期 （年-月-日）	位移 （mm）	日期 （年-月-日）
实测最大 位移值	A—A	4.45	2005-06-21	4.29	2004-05-25	1.86	2005-05-06
	B—B	-3.56	2008-02-06	-0.12	2004-04-28	1.27	2011-03-09
	C—C	1.2	2005-05-06	4.09	2004-04-14	0.78	2006-08-28
平均位移		0.7		0.88		1.3	
设计警戒值		4.3		14.7		15.1	

6.10.3.3 渗透水压力

渗压计测得主变洞围岩内渗透水压力很小，均小于0.01 MPa。同时，在现场洞壁也无明显渗水现象，说明目前主变洞围岩内基本无渗透水。

第7章 水电站进水口工程地质研究

7.1 概 述

水电站进水口位于左岸坝轴线上游40~240 m山坡上，原地面高程为170~275 m，地形自然坡度为25°~50°。进水口边坡分进水口左侧边坡和引水隧洞洞脸边坡两部分。$1^\#$~$4^\#$机洞脸边坡最大坡高约105 m，由于234 m高程处有上坝公路通过，将边坡分为上下两部分，下部边坡坡高60 m，上部坡高约45 m，其中进水塔塔背直立边坡高20 m。进水塔为Ⅰ级建筑物，塔顶高程234 m，建基面高程174 m，塔高60 m，塔基呈长方形，尺寸为82 m×28.5 m（长×宽）。进水塔按一机一孔布置。

进水口边坡由多种岩层组成，层薄、质软、岩体破碎，且存在下软上硬的现象，岩石强度、水理性质和风化程度相差很大，边坡结构复杂。洞脸边坡为斜向—横向坡，左侧边坡为顺向坡。

进水塔地基软岩类泥岩约占基础岩体的80%，中等坚硬硅质岩则约占基础岩体的20%。其中D_3l^2层岩体破碎，串珠型小洞穴发育，半充填泥质物，强度低；D_3l^1含炭质泥岩水理性质较差，遇水软化，岩体强度也较低；D_3l^3硅质岩具硬、脆、碎特点，强度较高。

进水口主要存在两个工程地质问题：一是软岩、破碎、顺层开挖高边坡稳定问题；二是进水塔地基承载力不足及不均匀变形问题。

7.2 进水口高边坡工程地质研究

7.2.1 边坡工程地质概况

D_3l^1灰黑色薄—中厚层状炭质泥岩、硅质泥岩夹极薄层状含炭硅质岩，主要位于左侧边坡和洞脸边坡左下部，岩层走向N55°~65°W，倾向SW，倾角∠38°~45°，岩层走向与左侧边坡走向夹角普遍小于30°，倾向坡外。该层全强风化带较厚，达20~30 m，呈硬土状或碎石土状。控制左侧边坡开挖坡比及稳定性因素主要有三个方面：一是全强风化岩体的强度；二是弱微风化岩体层面强度；三是弱微风化岩体抗剪断强度。

D_3l^{2-1}灰褐—褐黄色极薄—薄层状含炭硅质岩、硅质泥岩，挤压强烈，岩体破碎，呈碎裂结构。主要位于洞脸边坡左侧下部，岩层走向N55°~65°W，倾向SW，倾角∠38°~45°。洞脸边坡走向为N52°E，倾向NW。岩层走向与边坡走向夹角为70°~80°，为横向坡。

D_3l^{2-2}褐黄色、灰白—浅灰色薄层状硅质泥岩，含黄铁矿晶体。边坡岩层呈强风化状，串珠型小洞穴发育，半充填泥质物。层状—碎裂结构。位于洞脸边坡中下部。

D_3l^3褐黄色、灰色薄—中厚层状硅质岩，强风化为主，岩体为层状—碎裂结构。位于洞脸边坡中下部。

$\beta_{\mu4}^{-1}$辉绿岩，分布于洞脸边坡209 m高程以上。

进水口位于坡平顶背斜南西翼，F_4、F_5断层旁边，岩层挤压强烈，褶皱发育，岩体破碎。F_{35}断层从进水塔基础穿过，宽0.5~2 m，充填岩石碎块及断层泥。F_{35}断层位于D_3l^{2-1}底部，总体产状为N85°W，SW$\angle$38°~55°，与岩层产状基本相同，在洞脸边坡左下部出露，走向与边坡走向夹角大于60°，倾向坡内。见图7-1。

进水口边坡开挖后地质情况　　　　　　　进水口左侧边坡泥岩极破碎

进水口左侧边坡　　　　　　　　　　　进水口洞脸边坡

图7-1　进水口施工开挖照片

边坡岩体物理力学参数主要根据室内试验、现场试验及工程地质类比法提供，具体见表7-1。

7.2.2　边坡工程地质分析

进水口左侧边坡：边坡走向约N40°W，倾向SW，与岩层走向夹角普遍小于30°，为顺向坡段，岩层倾角38°~45°。坡体岩层有D_3l^1层的薄层泥岩、炭质泥岩。该段岩层挤压强烈，岩体破碎，边坡稳定性差。

引水隧洞洞脸边坡：边坡走向为N52°E，倾向NW，岩层走向与边坡走向夹角43°~68°，倾向坡内，为斜交逆向坡，对边坡稳定有利；但由于坡体大部为强风化硅质岩、硅质泥岩、辉绿岩，岩体破碎，泥化夹层及串珠型小洞穴发育，且坡体岩层存在下软上硬现象，对边坡稳定不利。边坡岩层主要有四组节理：

表7-1　进水口边坡岩体物理力学参数建议值

序号	岩层代号及岩性	风化程度	天然密度（g/cm³）	泊松比u	变形模量（GPa）	饱和抗压强度（MPa）	水上抗剪断强度（岩/岩）		水下抗剪断强度（岩/岩）	
							f'	C'（MPa）	f'	C'（MPa）
1	D_3l^1 炭质泥岩夹硅质泥岩	强	1.7	0.4	0.1		0.45	0.15	0.4	0.1
		弱	2.4	0.35	0.4	10	0.55	0.25	0.5	0.2
		微	2.5	0.3	0.8	20	0.6	0.3	0.55	0.25
2	D_3l^{2-1} 硅质泥岩	强	1.7	0.35	0.3		0.45	0.2	0.4	0.15
		弱	2.5	0.32	0.6	20	0.65	0.25	0.6	0.2
		微	2.5	0.28	2.5	30	0.8	0.35	0.75	0.3
3	D_3l^{2-2} 白云质泥岩	强	1.7	0.4	0.15		0.45	0.15	0.4	0.1
		弱	1.9	0.32	0.65	20	0.65	0.25	0.6	0.2
4	D_3l^3 硅质岩	强	2.2	0.35	0.35		0.5	0.2	0.45	0.15
		弱	2.5	0.32	2.5	40	0.8	0.45	0.75	0.40
		微	2.5	0.28	5.5	60	0.85	0.75	0.80	0.70
5	$\beta_{\mu 4}^{-1}$ 辉绿岩	强	2.4		1.5		0.65	0.4	0.6	0.35
		弱	2.5	0.28	6	100	0.85	0.55	0.8	0.5
		微	2.9	0.25	10	150	1.15	1.05	1.1	1.0
6	断层		2.3	0.39	1.0		0.4	0.1	0.35	0.05

Ⅰ：N60°～75°W，SW∠38°~55°（层面）Ⅱ：N70°E，NW∠45°~70°

Ⅳ：N50°W，NE∠60° Ⅲ：N0°～30°E，SE∠50°~70°

根据赤平投影分析，边坡存在一些不稳定块体，对边坡稳定不利。地质建议如下：

（1）进水口边坡岩层挤压强烈，岩体破碎；左侧边坡以软岩为主，洞脸边坡存在下软上硬现象，对边坡稳定不利。设计应根据地质提供的力学参数和不同运行工况进行边坡稳定性计算，确定合理的开挖坡比和支护措施。

（2）引水隧洞洞脸边坡为横向坡，节理组合交线倾向坡外，倾角约45°，因此开挖坡比不宜陡于1∶1；进水塔左侧边坡为顺向坡，开挖坡比不宜陡于岩层倾角。边坡岩体大部分为泥岩边坡，岩体破碎，风化强烈，遇水易软化，应做好地表排水，并对开挖边坡及时封闭，防止雨水浸泡。对于水下边坡要加强支护，并做好排水措施，确保坡体排水通畅。

（3）建议分层开挖，支护及时跟进，确保边坡稳定。

7.2.3 边坡设计及稳定计算

7.2.3.1 初设阶段边坡设计

左侧边坡原坡顶高程234.00 m，设计坡高约60 m，开挖坡比为1：1.25，设置5 m长的砂浆锚杆，梅花形布置，间距2 m×2 m；挂网喷混凝土+混凝土护面板厚30 cm，表面布设构造钢筋；在高程221.1 m、209.1 m、197.1 m和187.0 m分别设置2 m宽的马道。洞脸边坡：高程258 m以上为1：1.25，高程258～197.1 m为1：1，高程197.1～174 m为垂直边坡；在高程270 m、258 m、246 m、221.1 m、209.1 m、197.1 m分别设置2 m宽马道，高程234 m为上坝公路；坡顶设置排水天沟；土质边坡采取"网格梁+草皮"的护坡方式；高程234 m以上岩石边坡采取"锚喷+排水孔"的支护方式；高程234 m以下至197.1 m高程，设置5 m长的砂浆锚杆，梅花形布置，间距2 m×2 m；挂网喷混凝土+混凝土护面板厚30 cm，表面布设构造钢筋；197.1～174 m垂直边坡支护采取注浆锚杆或自进式锚杆+挂网喷混凝土+混凝土护面板+排水孔支护形式，注浆锚杆或自进式锚杆长度均为15 m，间距1.5 m×1.5 m，呈梅花形布置。

7.2.3.2 初设阶段边坡稳定计算

采用有限元法对边坡进行了分析。地震设防烈度为8度，计算初始应力场近似按自重场考虑。地震峰值加速度为0.2g，地震荷载按拟静力法计算。

计算考虑的主要工况有：边坡开挖完成工况、正常蓄水工况、运行工况及检修工况、水位骤降工况等。

计算结果表明：

（1）边坡整体是稳定的，岩体大面积表面失稳及整体滑动的可能性不大；

（2）竣工工况整体稳定安全度为1.3~1.4，运行期为1.4~1.5，运行期水位速降时较运行期正常使用下略小；

（3）洞脸边坡与左侧边坡交界附近由于受F_{35}和软岩的影响，存在单元屈服；

（4）设支护后边坡稳定安全度有所提高，但不能阻止内部单元的屈服。

通过边坡有限元分析后，对存在屈服变形部位及174~197.1 m高程的垂直边坡增加管式注浆锚杆，并进行固结灌浆处理。

7.2.3.3 施工阶段边坡优化设计

施工过程中出现锚杆孔塌孔严重，砂浆锚杆无法施工，最后将砂浆锚杆改为自进式锚杆。

2002年12月8日，正当197.1～174 m洞脸垂直边坡开挖时，马洪琪院士来到工地进行技术咨询。在咨询意见中，对于进水口边坡稳定问题提出："引水系统构建在软岩地层上，大部分位于硅质岩、硅质泥岩区域内，岩石结构很破碎，呈层状—薄层状碎裂结构，岩石力学强度比较低，尤其是遇水容易软化。在硅质岩地层，发育一些串珠型小洞穴，里面充填一些泥质物质，对边坡稳定不利。岩层产状与引水洞呈小交角，不利于围岩稳定。进水口及上平段位于强风化岩层，直立开挖边坡高25 m，受到顺坡向裂隙节理组切割，会引发牵引式坍滑，建议在进水口直立墙部位增设一些预应力锚索，以确保进水口直立边坡稳定，确保引水上平洞进洞安全。"

设计采纳了马洪琪院士的建议，在进水口直立墙部位增设了一定量的预应力锚索。预应力锚索采用无黏结型预应力值为1 500 kN，内锚头采用压力分散型，锚索长度35～50 m。同时要求引水隧洞隔洞开挖和支护，以保证边坡稳定。

7.2.4　左侧边坡开裂变形及处理措施

左侧边坡在开挖过程中，在尚未支护的情况下，于2001年10月下旬，边坡开口线附近及坡面出现小裂缝，11月在高程234 m三角平台又相继出现与坡面大致平行且倾向坡外的张裂缝（最大宽度约3 cm，长度超过30 m），并有进一步发展的趋势。在无水的条件下边坡已经出现开裂变形，蓄水后全强风化炭质泥岩若浸水饱和，强度可能还会下降，对电站进水口安全极为不利。因此，必须进行处理。

2001 年 11 月初左侧边坡坡顶裂缝情况　　　2001 年 11 月下旬左侧边坡坡顶裂缝继续发展

左侧边坡采取降低坡高和放缓坡比处理　　　　处理后进水口边坡情况

图7-2　进水口边坡照片

开挖后，左侧边坡实际地质条件与前期地质判断还是有一定的出入。在177 m高程布置有勘探平硐，197 m高程以下地质条件与前期成果基本一致；197 m高程以上勘探方法为钻孔，钻孔岩芯呈碎屑状和碎块状，颜色均为灰黑色，与平硐揭露的颜色一致，分析认为，出现如此差的钻孔岩芯主要是左侧边坡位于坡平顶背斜轴部附近，挤压强烈，岩体破碎，钻探质量差等造成的。结果将197 m高程以上划为弱风化岩体，岩体结构定为碎裂结构，其岩体质量按V类考虑。从开挖揭露后看，前期判断总体是正确的，但破碎程度远超出原来的想象。

边坡开裂变形的原因主要有以下几个方面：

（1）对于极破碎的炭质泥岩及其风化层开挖坡比采用1∶1.25偏陡。

（2）卸荷松弛。开挖区原山顶高程275 m，自重应力较大。另外，根据地应力测试成果，工程区构造应力为自重应力的2~3倍，主应力方向与左侧边坡走向大角度相交。因此，开挖后很容易出现明显的卸荷松弛现象，造成边坡开裂。

（3）支护严重滞后。设计有5 m长的自进式锚杆，施工方没有按照开挖一层支护一层的原则进行施工。

（4）雨水作用。边坡开挖后雨水较多，开挖边坡未及时进行封闭，造成边坡表层岩土体浸水后强度降低。

根据开挖揭露地质条件，分析边坡变形开裂机制、原因后，重新提出左侧边坡岩体物理力学参数（见表7-2）和边坡稳定计算地质模型示意图（见图7-3）。

表7-2　左侧边坡岩体物理力学参数

地质分段	天然密度 ρ（g/cm³）	比重 G_s	孔隙比 e	孔隙率 n（%）	饱和密度 γ（g/cm³）	抗剪断强度	
						f'	C（MPa）
高程221~234 m 碎石土、黏土	1.74	2.72	0.989	49	1.86	0.36	0.03
高程197~221 m 碎裂结构炭质泥岩、硅质泥岩	2.07	2.72	0.534	35	2.12	0.5	0.1
高程177~197 m 薄层状结构炭质泥岩、硅质泥岩	2.40	2.72	0.25	20	2.40	0.55	0.2
层间泥化夹层（泥型）	2.00	2.72	0.625	38.5	2.06	0.25	0.01

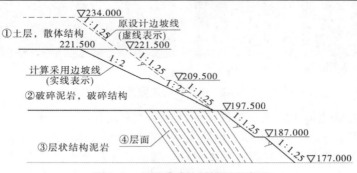

图7-3　左侧边坡地质模型示意图

放缓降坡后的边坡稳定复核计算采用理正边坡稳定分析软件。计算过程中，考虑到边坡岩体以碎裂结构为主，故采用瑞典圆弧法进行计算；同时，针对边坡岩体裂隙发育，层间出现一些泥化夹层，边坡存在沿泥化夹层和切断层间岩体组合滑动面滑动的可能，因此又按沿泥化夹层和切断层状岩体组合滑动面计算滑体的剩余下滑力的方法进行复核。计算工况及荷载组合见表7-3，其中动水压力采用近似法，水位降幅差按4 m计算。

表7-3　左侧边坡稳定复核计算荷载组合

序号	工　况	土重	水重	动水压力	水浮力	地震力
一	221.5 m 到 234 m 边坡稳定计算					
1	施工期:竣工工况	√				
2	运行期:水位从 232 m 速降到 228 m	√	√	√	√	
二	177 m 到 221.5 m 边坡稳定计算					
1	施工期	√				
2	运行期:正常蓄水位 228 m	√	√		√	√
3	运行期:汛限水位 214 m	√	√		√	√
4	运行期:水位从 221.5 m 速降到 217.5 m	√	√	√	√	
5	运行期:水位从 218 m 速降到 214 m	√	√	√	√	
6	运行期:水位从 214 m 速降到 210 m	√	√	√	√	

　　计算结果表明,在原设计的1:1.25边坡坡比情况下,边坡稳定安全系数小于1,不满足要求。197.1 m高程以上边坡坡比调整为1:2,在削去221.5 m高程以上部分坡体,同时把以下边坡坡比仍维持原设计的1:1.25,采用瑞典圆弧法计算,最小安全系数出现在第六种工况,为1.36。

　　沿层面和切断岩层组合滑动面滑体剩余下滑力复核计算。根据统计的裂隙组合,经综合分析,选择6种最不利的组合滑动面进行计算,计算简图如图7-4所示。

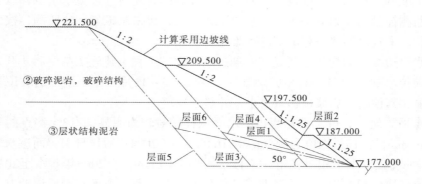

图7-4　左侧边坡假定滑动面组合示意图

　　层面和切断岩层组合滑动面滑体的剩余下滑力按施工期和竣工工况分别考虑,作用的荷载有岩石自重、动水压力、水浮力。在取安全系数为1.35时,滑体的剩余下滑力均小于零,表明边坡的稳定安全系数均不小于1.35。根据《建筑边坡工程技术规范》(GB 50330—2002),并参照国内外类似工程边坡稳定判断标准,边坡的抗滑稳定安全系数:计算方法圆弧滑动法的不小于1.3,平面或折线滑动法不小于1.35,即认为边坡是稳定的。

上述计算结果表明，左侧边坡两种计算模型，各种工况下的边坡稳定安全系数均满足规范要求，降坡放缓后的边坡是稳定的。

根据以上边坡稳定计算成果，对边坡进行了削坡减载处理，具体措施如下：

（1）挖除221.5 m高程以上部分坡体。

（2）高程197.5~221.5 m坡比由原设计的1∶1.25修改为1∶2.0；177~197.5 m高程边坡坡比维持原来的1∶1.25能满足规范要求，但考虑到进水口的重要性和地质的不确定性，且具有放缓边坡的场地条件，将边坡适当放缓至1∶1.5更有利于边坡稳定。

（3）边坡221.5 m高程平台与234 m高程公路之间的边坡坡比为1∶1.25。

（4）221 m平台设现浇混凝土保护。边坡采取锚杆（197.5 m高程以下）或插筋（197.5 m高程以上）+挂网喷混凝土+混凝土护面（厚0.3 m）支护。锚杆为砂浆锚杆（ϕ25@2 m×2 m，L=5 m）。插筋为ϕ25@2 m×2 m，L=1 m，挂网钢筋为ϕ8@0.2 m×0.2 m，喷混凝土厚10 cm，排水孔为ϕ75@4 m×4 m，L=3 m，仰倾角5°。

（5）要求开挖一层支护一层，并做好施工排水。

7.2.5　运行后边坡变形观测成果分析

为观测边坡稳定情况，在边坡内部布置了多点位移计，地表布置了水平位移及垂直位移观测墩。为了解边坡内地下水位与库水位的关系，布置了孔内渗压计。

7.2.5.1　水平位移、垂直位移观测成果分析

在施工期边坡的水平位移，以RCC主坝施工控制网（独立二等）网点为工作基点，采用极坐标法监测，按三等精度进行控制；垂直位移是用埋设在距边坡80 m外的相对稳定基岩上的2个工作基点与测点组成有闭合水准路线、附合水准路线和支水准路线的水准网，按二等水准进行监测。监测控制网完建后，边坡水平位移以主坝区水平位移监测控制网（独立一等）网点为工作基点，仍采用极坐标法监测，按二等精度进行控制；垂直位移按一等水准进行监测。

进水口边坡表面变形监测是在一期进水口边坡工程土建施工结束后才开始的，施工期边坡位移损失较多。监测成果显示，2003年5~11月（施工期）边坡位移速率相对较明显，其他时段边坡位移量很小，并趋于稳定。

在水平方向上，进水渠左侧边坡水平位移相对较为明显，有3个测点的累计位移量超过10 mm，位移最大值为测点JS2的16.03 mm（2004年3月6日），而进水塔塔背边坡（234 m高程以下）相对稳定，位移量均小于10 mm。自2005年蓄水至2013年，边坡水平位移测值相对稳定，监测曲线整体呈波动状，其一方面与测量误差有一定的关系，同时也是边坡的水平方向上稳定状态的表现。见表7-4。

在垂直方向上，施工期进水口边坡均呈微弱下沉之势，2003年7月受进水塔基础灌浆影响，进水渠左侧边坡普遍有不同程度抬升，至2003年9月累计抬升23.25 mm。灌浆结束后抬升结束，大部分测点又开始缓慢下沉，因测点布置位置不同，各测点有差异沉降。自2005年蓄水至2013年，边坡在垂直方向上位移测值变幅微小，总体呈稳定状态。垂直位移监测曲线见图7-5（图中下沉垂直位移为正，抬升为负）。

表7-4　进水口左侧边坡表面累计位移特征值统计

表面位移	时段	测点	最大位移		最小位移		时段变幅（mm）	时段均值（mm）
			最大值（mm）	相应日期（年-月-日）	最小值（mm）	相应日期（年-月-日）		
水平位移	2003年度	JS1	13.6	2003-12-12	2.01	2003-01-11	10.6	6.96
		JS2	13.5	2003-11-08	2.51	2003-01-11	9.12	7.42
		JS3	8.19	2003-09-29	-1.12	2003-04-25	2.15	3.51
		JS4	8.2	2003-12-12	1.43	2003-04-25	5.62	4.99
		JS10	13.08	2003-12-10	-0.41	2003-03-30	9.53	5.31
	2004年度	JS1	15.26	2004-11-26	10.57	2004-05-06	1.25	12.63
		JS2	16.03	2004-03-06	12.23	2004-12-22	1.35	14.2
		JS3	6.56	2004-03-06	2.54	2004-05-23	1.55	4.71
		JS4	12.55	2004-03-06	8	2004-06-03	2.9	10.11
		JS10	14.12	2004-12-03	10.52	2004-02-17	-2.09	11.9
	蓄水后	JM3	12.96	2006-07-18	3.84	2007-06-15	9.12	7.71
		JM4	14.62	2011-11-30	-6.56	2008-06-12	11.86	6.87
		JM8	8.82	2006-08-16	7.55	2006-08-25	1.27	8.04
		JM10	10.68	2006-04-19	-3.37	2007-06-15	-13.82	8.06
		JM12	13.96	2007-05-24	3.06	2007-10-30	-7.28	10.55

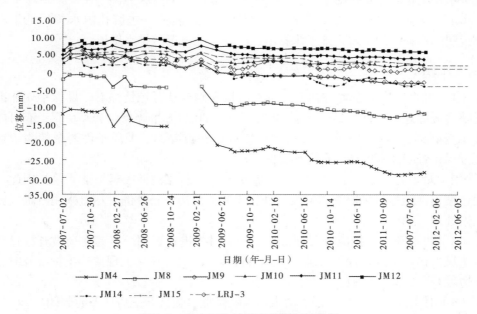

图7-5　进水口边坡垂直位移监测曲线

7.2.5.2 边坡岩体内部位移观测成果分析

在进水口左侧边坡及进水塔塔背边坡各埋设3套6点位移计和4套4点位移计，监测边坡岩体内部位移。监测结果显示，在蓄水前，岩体内部位移均小于3 mm，且只有3个测点位移测值大于2 mm，只有部分测点（M_{T-2}^4、M_{T-3}^4）测值小幅变化，位移呈微增之势，边坡向坡外缓慢变位。蓄水后，随库水位的变化上游侧边坡岩体内部局部有较为明显的位移，其中变化最大的是6点位移计M1-6-5，岩体内部深层有向边坡外的位移，位移约25.30 mm，浅层（表面）有向边坡内的位移，位移大约12.15 mm。在2007年和2008年水库高水位运行期间，岩体内部位移测值仍有小幅变化，最大月变幅在1.5 mm左右，2009年2月至2011年3月监测值均小于0.5 mm；2012年6月月变幅小于0.2 mm，边坡岩体内部变形趋于稳定；其余部位的岩体位移测值相对较稳定，小于设计警戒值（位移设计警戒值32 mm）。

7.2.5.3 渗透水压力监测

进水口边坡的渗压计均埋设在测斜孔钻孔底部，共10支，已有部分失效。图7-6为蓄水前后进水口边坡渗透水压力典型过程曲线（孔内渗透水压力已换算成水位）。监测成果表明，山体（边坡）渗透水压力随库水位变化规律很好，监测成果正常。从蓄水后进水口边坡渗透水压力典型过程曲线可以说明以下几个问题：

（1）泥岩区初始渗透压力较大，是因为渗压计埋设后，钻孔内有积水（主要来自施工用水或地下水），泥岩透水性很小，孔内积水排泄缓慢。

（2）各渗透压力测试正常，且库水位与边坡地下水位关系密切，说明边坡排水孔畅通。

（3）透水性较好的硅质岩区地下水位变化与库水位近似同步，透水性差的泥岩区地下水位变化较库水位滞后。

（4）透水性较好的硅质岩区，无论是库水位高低，边坡孔内水位均低于库水位，说明库水补给地下水，地下水排泄区主要是地下厂房排水廊道。

7.2.6 小结

（1）进水口边坡布置有钻孔，也有勘探平硐。从开挖情况看，勘探平硐能准确地反映边坡的地质条件，钻孔容易误判；因为钻孔岩芯呈碎屑状和碎块状，有可能是岩体本身破碎，也有可能是机械破碎。因此，在重要的、地质条件复杂的高边坡地段，分层布置勘探平硐还是很有必要的。

（2）对于岩体破碎的边坡，钻孔极易塌孔，砂浆锚杆很难保证质量。因此，有放缓边坡条件的尽量采取放缓边坡处理；没有放缓边坡条件的，尽量采用自进式锚杆或锚索处理。

（3）边坡开挖支护应分层进行，支护及时跟进；否则，极易在边坡开挖过程中出现边坡失稳。特别是深挖边坡，开挖后很容易出现卸荷松弛现象，支护不及时，会造成边坡开裂，甚至失稳。

（4）对于泥岩类边坡，浸水后强度极易降低，边坡开挖后应及时封闭。

（5）进水口左侧边坡开裂变形后，采取削坡减载处理是一种既简单，又方便施

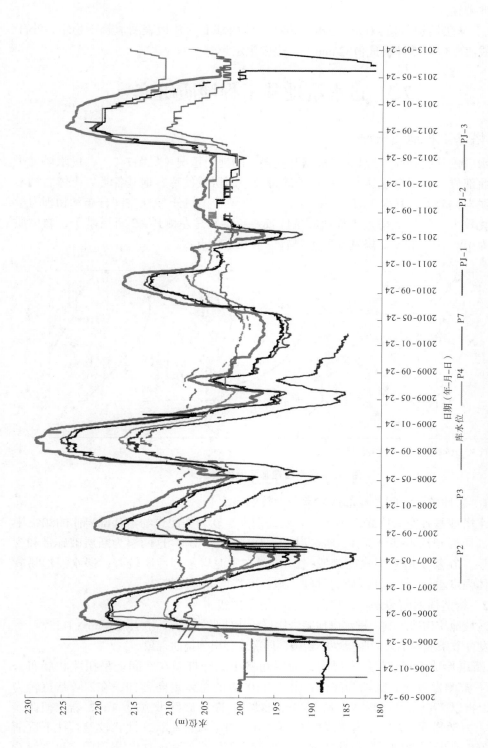

图7-6 蓄水后进水口边坡渗透水压力P–T过程曲线

工的处理措施。

（6）从边坡运行监测成果分析，边坡岩体内部变形及地表测值趋于稳定，小于设计警戒值（位移设计警戒值32 mm），边坡稳定。

7.3　进水塔地基工程地质研究

7.3.1　塔基工程地质概况

进水塔建基面高程为174 m。根据开挖揭露的地质情况（见图7-7），进水塔处于构造挠曲部位，岩层挤压强烈，挤压破碎带及小断层较发育，地基各类岩土体岩性不一，以泥岩类为主，其次为较坚硬硅质岩，呈软硬岩相间分布,在空间分布和物理力学性质变化较大。总体上塔基工程地质条件较差（特别是左侧1#～2#机塔基），岩体质量类别为BIV、CIV和V。塔基地质主要有以下几个特点：

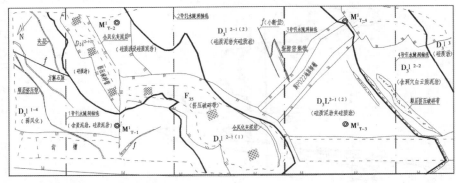

注：M^1_{T-i}—变形监测点位置及其编号。

图7-7　进水塔建基面地质编录

（1）岩性软硬相间，局部地基承载力较低。

进水塔地基各类岩体岩性不一，岩质差别大，软岩类泥岩约占基础岩体的80%,中等坚硬硅质岩则约占基础岩体20%。其中，$D_3l^{2-1(1)}$、D_3l^{2-2}这两层为断层破碎带和含洞穴岩层，在整个地基中强度最低；D_3l^{1-4}含炭质泥岩水理性质较差，遇水浸泡易软化，岩体强度也较低；D_3l^3硅质岩具硬、脆、碎特点，强度较高。

（2）构造褶曲断裂发育，挠曲、层间挤压强烈。

受区域地质构造影响，进水塔地基岩层挤压扭曲强烈，除F_{35}挤压破碎带（$D_3l^{2-1(1)}$）外，尚发育数条规模不大的压扭性小断裂，局部岩层出现挠曲现象。

F_{35}断层形成于$D_3l^{2-1(1)}$岩层内，为层间挤压破碎带，在空间上呈扭曲状展布，在塔底下游侧发育于1#机轴线部位，并以N70°W的总体走向延伸，在2#塔基扭转为N50°E，再以N70°W穿过塔底上游侧3#机轴线处。断层破碎带宽2～4 m，岩层扭曲、极破碎，力学强度不均一，中部为宽0.5～2.0 m的全风化泥状，性状较差，往下逐渐变窄变好。在断层两侧岩层扭曲较强烈，伴有小挤压带发育，D_3l^{1-4}岩层内多见方解石脉及石英脉发育，$D_3l^{2-1(2)}$在靠近下游侧局部发育长扁形透镜状洞穴（规模较小）。

（3）岩体风化强烈且不均一，泥化夹层发育。

由于进水塔附近地质构造发育，各部位岩性不一，造成塔基岩体风化极不均匀。整个塔基以全强风化岩体居多，约占65%，而弱风化则占35%。

在$D_3l^{2-1（2）}$岩层中夹有薄层状粉砂质泥岩，其抗风能力相对较差，受挤压构造影响，多呈全风化泥化夹层（层厚5～10 cm），部分规模较大，顺层延伸较远。

（4）D_3l^{2-2}岩层串珠状洞穴发育，岩体完整性较差。

D_3l^{2-2}白云质泥岩普遍含有洞穴，呈串珠状沿层面分布，多为长扁状，短径5～25 cm，长径15～80 cm不等，半充填有软塑—可塑状黏质粉土。在平面上洞穴发育线连通率一般为20%～60%。岩体层间短小裂隙发育，完整性较差，呈层状—碎裂结构，岩体性状较差。该岩层主要分布于4#机塔基，其在整个塔基所占比例为13.2%。

7.3.2 塔基主要地质问题及处理措施

前期勘察阶段，在进水塔部位建基面高程布置有PD22平硐，进行了载荷试验、变形试验及抗剪试验。根据试验资料分析统计：D_3l^{1-3}承载力标准值f_k=0.7 MPa，变形模量为0.45 GPa，岩体工程地质分类为Ⅴ类；D_3l^{1-4}承载力标准值f_k=1.5 MPa，变形模量为1.5 GPa，岩体工程地质分类为BⅣ$_1$类；$D_3l^{2-1（1）}$承载力标准值f_k=0.4～0.5 MPa，变形模量为0.1～0.15 GPa，岩体工程地质分类为Ⅴ类；$D_3l^{2-1（2）}$承载力标准值f_k=1.5 MPa，变形模量为0.6 GPa，岩体工程地质分类为CⅣ$_1$类；D_3l^{2-2}承载力标准值f_k=1.1 MPa，变形模量为0.32 GPa，岩体工程地质分类为Ⅴ类；D_3l^3承载力标准值f_k=1.5～2.0 MPa，变形模量为1.5 GPa，岩体工程地质分类为BⅣ$_2$。

从以上力学参数可以看出，进水塔地基持力岩层软硬岩相间，强度不一，变形模量差别大，存在不均匀沉陷和部分岩层如D_3l^{1-3}、D_3l^{2-2}承载力偏低的问题。$D_3l^{2-1（1）}$层（F_{35}）为层间挤压破碎带和F_{28-1}、F_{34}断层变形大，强度低，地质建议深挖回填混凝土处理。D_3l^{2-2}洞穴发育，洞穴所占比例为20%～30%，大部分呈半充填状，充填物为黄色软塑—可塑状粉质黏土，建议对表部洞穴的充填物予以清除回填混凝土，对深部洞穴采用固结灌浆处理。

设计采用材料力学方法对进水塔地基进行应力验算，计算成果见表7-5。

表7-5 进水塔地基应力 （单位：kPa）

工况	塔底内侧应力	塔底外侧应力	塔底左侧应力	塔底右侧应力
运行工况	805.4	890.6	844.81	851.19
蓄水工况	574.97	603.05	588.9	589.1
竣工（仅底面接触）	657	639.0	648	648
竣工工况	439.28	453.89	447.4	445.93

注：塔底内侧指进水塔塔背侧，塔底左侧指进水塔与左侧边坡接触一侧。

根据各岩层分布范围与其对应的地基承载力建议值进行加权平均，1#、2#、3#、4#塔底地基的平均承载力分别为0.845 MPa、0.921 MPa、1.445 MPa、1.34 MPa，大于在竣工工况及蓄水工况下塔底地基的压应力值，说明进水塔地基的承载力在这两种工况下是满足要求的。在运行工况下，塔底地基承载力局部不能满足要求。采取了如下处理措施：

（1）扩大基础。将塔底板由原一机一缝改为两机一缝，并将进水塔基础宽度由26 m放大到28.5 m。

（2）断层、层间挤压破碎带及洞穴采用槽挖回填混凝土处理。

（3）对塔基进行全面固结灌浆处理。为进一步提高塔基岩体整体性和弹性模量，减小基础变形，对整个塔基进行有盖重固结灌浆处理。孔排距为2 m×2 m，灌浆深度8 m。灌浆压力取0.5~2.5 MPa，浆液水灰比采用1：1、0.8：1、0.6：1和0.5：1四个比级。灌浆施工采用孔口封闭灌浆法，循环式自上而下分段灌浆，在不产生抬动的前提下应尽量采用较大的灌浆压力，以能多灌入浆液，提高灌浆的质量。1#~4#塔基单位注灰量在130~264 kg/m，平均单位注灰量201 kg/m。

根据进水塔基础灌前、灌后物探声波跨孔法测试检查，整个塔基岩体灌前波速平均值为2 341 m/s，灌后波速平均值为2 536 m/s，波速提高绝对值为205 m/s，灌后比灌前平均提高率为13.5%。但由于塔基岩体性状各向异性，洞穴、节理裂隙连通性并不是很好，灌后仍有局部（在2#塔基）岩体声波速度较低，存在着声波低速带。各岩层固结灌浆声波测试平均值见表7-6。

表7-6　塔基各岩层固结灌浆声波测试平均值汇总

岩层代号	灌前 V_p（m/s）	灌后 V_p（m/s）	提高率（%）
D_3l^{1-4}	2 936	3 184	8.4
$D_3l^{2-1(1)}$	2 188	2 411	10.2
$D_3l^{2-1(2)}$	2 221	2 533	14.1
D_3l^{2-2}	1 766	2 099	18.9

7.3.3　塔基变形监测成果分析

为监测进水塔塔基变形，施工期在进水塔塔基埋设了4支基岩变形计（$M_{T-1}^1 \sim M_{T-4}^1$），其位置见图7-7。根据塔基变形观测数据（见图7-8），进水塔基础普遍有不同程度的沉陷，局部小幅抬升，各测点测值均表现出微弱的下沉。2005年8月26日水库下闸蓄水到2012年6月，测点M_{T-3}^1测得基础累计下沉量最大为-8.25 mm。在蓄水后至2012年6月，变形量在0.90~1.08 mm，目前塔基相对稳定。

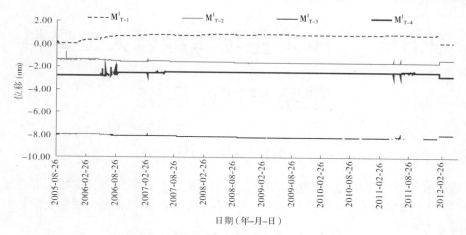

图7-8　进水塔塔基基岩变形历时曲线图

7.3.4　小结

水电站进水塔基础岩石软硬相间，普遍风化较深，层间挤压强烈，岩体完整性差，地质条件较差，岩体承载力和变形模量差别较大，存在塔基不均匀变形和局部承载力偏低等工程地质问题。

根据开挖揭露地质情况，针对塔基存在的地质缺陷，设计上采用扩大基础面积、加厚混凝土底板，并采取了对断层破碎带等软弱部位深挖回填混凝土和对塔基进行有盖重固结灌浆等工程措施，提高了塔基抗压强度和整体性，塔基承载力和变形满足要求。通过多年运行，塔基沉降量很小，满足设计要求。

第8章 RCC主坝辉绿岩人工骨料勘察与试验研究

8.1 概 述

百色水利枢纽主坝为高130 m的RCC（碾压混凝土）重力坝，主坝区混凝土总量约300万m³（其中RCC220万m³）。由于主坝区附近20～30 km以内缺乏天然砂石料，需采用人工骨料。

该工程从项目建议书、可研报告到1996年完成的初步设计，RCC主坝混凝土骨料都是采用灰岩人工骨料。在广西，灰岩是碳酸盐岩分布最广的岩类，地质统计面积为97 700 km²，占广西国土面积的41%，占全国碳酸盐岩面积的10.8%，主要分布在河池、来宾、柳州、桂林、百色、南宁等地区，遍布广西81个县（市）。但工程区30～40 km范围内主要以砂泥岩为主，灰岩并不丰富。在坝址及周边，石炭系、二叠系中仅有的灰岩不但厚度薄，还夹有硅质岩、燧石等，其含量达14%～29%，属碱活性骨料，不宜用作大坝混凝土骨料。辉绿岩料场就在RCC坝的左右岸坝头，埋藏浅，储量丰富，但因其坚硬难以加工，再加上无前人采用辉绿岩人工骨料浇筑混凝土坝的经验，所以在百色水利枢纽混凝土人工骨料选择上，初步设计阶段以前也没有考虑采用辉绿岩作人工骨料。

1997年3月23日水利部水利水电规划设计总院审查《右江百色水利枢纽初步设计报告》提出：百色水利枢纽坝区附近天然砂砾石缺乏，储量不足，大坝混凝土骨料需采用人工骨料；但考虑到推荐的上石炭系灰岩各料场岩层中夹有硅质岩、燧石等，且含量大，属碱活性骨料，建议下阶段进行详查，复核硅质夹层的分布和硅质岩成分的含量，补充碱活性试验，进一步论证作为混凝土骨料的长期安全性，在开采集中的部位，必须作为废料弃除，严格控制开采质量；必要时扩大料源调查，研究和利用辉绿岩人工骨料的可行性，减少灰岩用量。

按上述审查意见的要求，1997年对二滩、三峡等工程利用岩浆岩作人工骨料的情况进行了调研，在此基础上，决定对原初设报告选定的六沙及表深岭—平圩上屯灰岩料场和右Ⅳ沟辉绿岩料场进行勘察试验。1998年2月完成了勘察和部分试验工作，提交了地质勘察专题报告。由于坝址附近石炭系中统灰岩料场存在多种缺点，比如料场高程较高，开采难度大，单个灰岩料场储量偏少，总剥采率偏高，而且灰岩料层中夹有硅质岩、硅质灰岩和燧石等活性成分；右Ⅳ沟辉绿岩虽然抗压强度高，破碎难度较大，但料场储量较为丰富，开采条件较好，运输距离近，交通便利，剥采比较低，且属非活性骨料。因此，推荐右Ⅳ沟辉绿岩料场作为主坝工程的人工骨料场，在2001年7月初步设计重编报告审查中地质专家也同意将其作为大坝混凝土骨料。

2002年4月，水利部江河水利水电咨询中心在广西百色市召开了施工详图设计阶段的第一次咨询会。专家认为，现选定的右Ⅳ沟辉绿岩人工骨料场勘察工作是在2000年前完成的，所依据《水利水电工程天然建筑材料勘察规程》（SDJ 17—78）对料场勘探要求还不完善，很多大型水利水电工程在料场使用上出了不少问题；2000年水利部已经编制了新的《水利水电工程天然建筑材料勘察规程》（SL 251—2000），勘察单位应重新按现行的SL 251—2000规程的要求进行详查。针对该咨询意见，于2002年4～5月对右Ⅳ沟辉绿岩人工骨料场进行了补充勘察及储量复核，完成了《右江百色水利枢纽施工详图设计阶段右Ⅳ沟辉绿岩料场补充勘察报告》。

　　1997年7月开始研究至2006年6月大坝建成的9年间，在建设单位支持和有关科研（试验）单位及施工等单位的配合下，经过重编初步设计、招标设计和施工图设计及施工等各阶段的系统、不间断研究，从开始用辉绿岩碎石+灰岩人工砂，到全部用辉绿岩砂石料，再到把加工辉绿岩生成的石粉都用上，开创了RCC坝应用辉绿岩人工砂石料（包括石粉）的先河，取得了显著的经济效益和社会效益。

8.2　辉绿岩人工骨料勘察

8.2.1　料场概况及工作方法

　　右Ⅳ沟辉绿岩料场位于坝址右岸Ⅳ沟中上游的北坡及沟尾，与大坝坝基、地下厂房洞室群为同一条辉绿岩脉，其距右江和右坝头的最近距离分别为1 000 m和450 m（见图8-1）。料场长800～1 000 m，宽130～240 m，北高南低，南侧右Ⅳ沟沟底高程185～235 m，北侧山梁高程391.9～410 m，山坡坡度30°～40°。料层岩性单一，岩相较稳定，西侧风化层较厚，东侧较薄。按地形地质条件分类，料场类别基本属于Ⅱ类。按照SL 251—2000的规定，详查级别勘探网（点）间距为50～100 m，主要控制性钻孔应揭穿有用层或开采底板线以下3～5 m。

　　料场地质勘察主要采用工程地质测绘和钻探、硐探及坑槽探等方法，工程地质平面测绘和剖面测绘比例尺均为1：1 000；勘探剖面垂直岩脉走向布置，剖面间距100 m；钻孔主要沿剖面布置，钻孔间距一般50～100 m，控制性钻孔揭穿有用层或开采底板线约5 m；平硐主要布置在料层两侧，用以查明料层边界条件。现场取岩样进行室内岩石试验、碱活性试验及人工骨料轧制试验等。开展的勘察试验工作量见表8-1。

8.2.2　辉绿岩人工骨料质量分析与评价

8.2.2.1　辉绿岩物理力学性质

　　初步设计和施工详图设计均对右Ⅳ沟辉绿岩人工骨料场取样进行了室内试验，其成果详见表8-2。弱微风化辉绿岩单轴饱和抗压强度均大于40 MPa，满足规范要求。

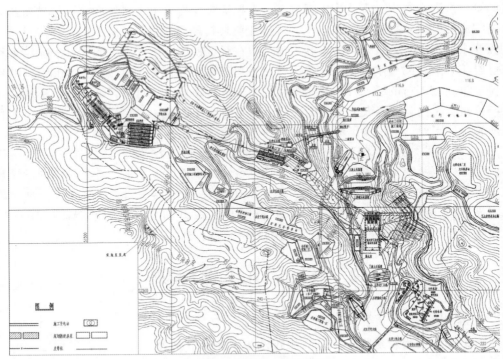

图8-1　主坝区施工总平面图

表8-1　右Ⅳ沟辉绿岩料场勘察试验工作量

工作项目		单位	初设阶段	施工详图阶段
地质测绘	平　面	km²	1.6(1/2 000)	0.64(1/1 000)
	剖　面	km	1.88(1/2 000)	2.5(1/1 000)
坑槽探		m³	390	
钻　探		m/孔	264/6	982.32/16
平　硐		m/个	133/5	
岩石试验		组	3	6
岩石磨片		件	5	
碱活性试验	岩相法	件	3	7
	化学法	件	3	
	砂浆棒快速法	件	3	7
	砂浆长度法	件	3	14
人工骨料轧制试验		t	30	120

表8-2 辉绿岩料场室内物理力学指标试验成果汇总

序号	设计阶段	岩石名称	风化程度	密度 ρ		吸水率（%）	饱和吸水率（%）	单轴抗压强度（MPa）	
				干（g/cm³）	湿（g/cm³）			干燥	饱和
1	初步设计	辉绿岩	微风化	3.046	3.069	0.12	0.13	250	196
2		辉绿岩	微风化	3.058	3.062	0.14	0.19	256	199
3		辉绿岩	微风化	3.060	3.064	0.14	0.19	198	142
4	施工设计详图	辉绿岩	微风化	3.003	3.015	0.08	0.09	214	148
5		辉绿岩	微风化	2.842	2.862	0.37	0.39	58.8	50.4
6		辉绿岩	微风化	3.047	3.050	0.11	0.13	165	93.9
7		辉绿岩	微风化	2.935	2.939	0.04	0.06	181	115
8		浅灰色蚀变辉绿岩	微风化	2.967	2.967	0.36	0.38	86.4	62.9
9		浅灰色蚀变辉绿岩	微风化	2.968	2.964	0.15	0.26	84.7	67.4

8.2.2.2 辉绿岩成分分析

（1）辉绿岩矿物成分：经镜下鉴定，辉绿岩的主要矿物成分为斜长石和普通辉石，次为少量的绿泥石、钛铁矿、黑云母、磷灰石等。次生（蚀变）矿物有阳起石、透闪石、黝帘石、绢云母及白钛石等，显微镜观察所得主要矿物成分见表8-3。

（2）辉绿岩化学成分：根据化学试验，辉绿岩的化学成分见表8-4。

表8-3 料场辉绿岩矿物成分

矿物名称	含量(%)	矿物名称	含量(%)	矿物名称	含量(%)
斜长石	32 ~ 39	黑云母	1 ~ 3	方解石	0.2 ~ 0.5
普通辉石	30 ~ 35	磷灰石	<0.5	磁铁矿、褐铁矿、赤铁矿	0.2 ~ 4
绿泥石	0.2 ~ 12	角闪石	2	绢云母	1 ~ 2
钛铁矿	2 ~ 4	黝帘石	6 ~ 28	白钛石	≤0.3

表8-4 辉绿岩化学成分

样品名称	化学成分(%)									
	Loss	SiO_2	Al_2O_3	Fe_2O_3	CaO	MgO	SO_3	K_2O	Na_2O	R_2O
辉绿岩	2.00	45.31	14.80	14.62	9.48	6.29	0.14	0.95	2.82	3.45

注：碱含量 $R_2O = Na_2O + 0.659K_2O$。

8.2.2.3 辉绿岩碱活性试验

具有碱活性的骨料与水泥中的碱发生化学反应，引起混凝土膨胀、开裂，甚至破坏，这种化学反应称碱—骨料反应。混凝土的碱—骨料的反应成为混凝土耐久性研究的重要课题之一。自从1940年美国T.E.Stanton提出此问题以来，已有不少国家出现碱—骨料反应破坏的工程实例，国外巴西Moxot'o坝、法国的Chambon坝等由于使用了黑云母花岗岩、片麻岩等作为混凝土骨料，而出现了明显的碱—骨料反应，使混凝土产生膨胀开裂，不得不投入大量资金，对大坝进行修补加固。

按与碱反应的岩石类型，可将碱—骨料反应划分为三种类型，即碱—硅酸反应、碱—碳酸盐反应和碱—硅酸盐反应；也有将碱—硅酸盐反应归入碱—硅酸反应。碱—硅酸反应，即碱与骨料中活性SiO_2发生反应，生成硅酸凝胶，吸水肿胀，引起混凝土膨胀、开裂损坏。骨料中活性SiO_2包括无定形、结晶程度差、受应力形变大的SiO_2以及玻璃体，如蛋白石、玉髓、玛瑙、鳞石英、方石英、非常细小的微晶石英、具有较强波状消光的石英及火山玻璃体。在所有碱—骨料反应事例中，硅质骨料引起的破坏最多。硅质骨料中非晶质的蛋白石碱活性最高，纤维状玉髓和隐晶质石英次之，微晶石英的碱活性相对较弱，结晶完整和晶粒粗大的石英是非活性的。波状消光的石英是否具有碱活性，则不很确定；专家们认为，波状消光角小于15°是不具有碱活性的。碱—碳酸盐反应是指碱与某些泥质石灰质白云岩或泥质白云质石灰岩发生脱白云化反应，引起混凝土膨胀、开裂损坏。这种反应首先在加拿大出现，国际上出现的受害工程事例不少，但较前一种出现为晚。

对骨料碱活性的评定，至今国际上尚无一个一致认可的普遍方法。岩相法对选择合适的检测方法有重要指导作用，一直是作为骨料碱活性鉴定的首选方法，它是通过显微镜观察来鉴定骨料的种类和成分，特别是那些已知活性矿物存在与否的骨料，以此来判断其是否存在碱活性，但其缺点是得不到活性组分含量与膨胀率的定量关系，并且此方法需要有相当熟练的技术；化学法是和砂浆长度法配合使用的，是国际上公认的传统方法，但它的缺点是不能鉴定由于微晶石英或变形石英所导致的慢膨胀骨料，另一个缺点是存在非SiO_2物质如碳酸盐、石膏、黏土等的干扰，这些干扰常常造成根本性的错误；砂浆长度法是与ASTM C227类同的比较经典的方法，但它的缺点是仅适用于一些高活性的快膨胀的岩石和矿物，对慢膨胀骨料则不适用；砂浆棒快速法是于1994年同时被美国和加拿大定为标准的方法（ASTM1260和CSAA23·2—14A），研究结果与工程记录的对比表明，该方法对硅质骨料，尤其是慢膨胀骨料与工程使用记录具有很好的一致性，被认为是比较精确可靠的，但它的问题是过于严格，某些工程被证明是无害的骨料可能被判为有害。由于碱—骨料反应的复杂性，在试验时采用了多种方法进行综合评定。

1.岩相法

含碱活性岩石危害的研究方法应先采用岩相法，即野外鉴定出含活性成分的岩石种类，经磨片镜鉴确定骨料中是否具有碱活性成分；若有碱活性成分时，应进一步采用化学法、砂浆棒快速法或砂浆长度法进行鉴定。按照《水利水电工程天然建筑材料勘察规程》（SL 251—2000），常见含碱活性成分的岩石应按表8-5的规定确定。

1998年11月，对探硐PD419#、PD19#的岩样，用偏光显微镜进行岩矿鉴定。经鉴

表8-5　常见含碱活性成分的岩石

岩类	岩石	活性成分
火成岩	安山岩、英安岩、流纹岩、凝灰岩、粗面岩、松脂岩、珍珠岩、黑曜岩、玄武岩	中、酸性富含二氧化硅的火山玻璃、微晶隐晶质石英、磷石英、方石英
沉积岩	硅质岩	微晶、隐晶质石英、玉髓、蛋白石、燧石、碧玉、玛瑙
	碳酸盐岩	含有 10%～20% 黏土质矿物的灰质白云岩（白云石和方解石含量几乎各占 1/2）

定，辉绿岩属嵌晶含长结构，块状构造，主要矿物成分为：普通辉石42%～58%，斜长石10%～30%，阳起石+闪透石5%～15%，绿泥石1%～5%，钛铁矿3%～5%，黝帘石5%～15%，绢云母等1%～3%。岩相鉴定结果表明，岩石中没有活性矿物。

2002年12月，在开挖现场又取4组构造蚀变辉绿岩岩块进行岩相鉴定。从鉴定结果看，蚀变辉绿岩也不含活性石英，不属于碱活性骨料。

2.化学法

化学法是取一定量的骨料和一定浓度的氢氧化钠反应，在规定的条件下测定溶出的二氧化硅浓度C_{SiO_2}及溶液的碱度降低值δ_R，以此判断骨料是否具有碱活性。当δ_R大于0.070并C_{SiO_2}大于δ_R，或者δ_R小于0.070而C_{SiO_2}大于（$0.035+\delta_R/2$）时，试件可评为具有潜在危害反应，但不作为最后结论，还需进行砂浆长度法试验。

取三组辉绿岩骨料按《水工混凝土试验规程》进行了化学法试验，测试结果见表8-6。测定结果评定为非活性骨料。

3.砂浆棒快速法

表8-6　化学法测定结果

岩样编号	取样地点	碱度降低值δ_R（mol/L）	可溶性二氧化硅C_{SiO_2}（mol/L）	结果评定
岩样 1	PD419#探硐	0.001 31	0.000 275	非活性
岩样 2	PD19#探硐中部	0.002 27	0.000 473	非活性
岩样 3	PD19#探硐硐底	0.002 0	0.000 451	非活性

按《水工混凝土砂石骨料试验规程》（DL/T 5151—2001）方法进行。试验的评定标准为：14 d的砂浆膨胀率小于0.1%，则骨料是无害的，膨胀率大于0.2%，则表明骨料具有潜在碱活性；膨胀率在0.1%~0.2%为可疑骨料，需进行其他必要的辅助试验。骨料的砂浆棒快速法试验结果见表8-7。从砂浆棒快速法试验结果分析，样品均为非活性骨料。

4.砂浆长度法

本试验按《水工混凝土砂石骨料试验规程》（DL/T 5151—2001）方法并参照ASTMC227进行。通过水泥砂浆试件的长度变化，以鉴定水泥中的碱与活性骨料反应引起的膨胀是否具有潜在危害。试验的评定标准：砂浆半年膨胀率如超过0.10%，则骨料具有潜在活性。砂浆半年膨胀率小于0.10%，则骨料为非活性骨料。试验结果表明，14组砂浆试件6个月的膨胀率为0.005%～0.05%，均小于0.10%，说明右Ⅳ沟料场的辉绿岩为非活性骨料。

表8-7 砂浆棒快速法试验结果

采样地点	试件膨胀率（%）			结果评定
	3 d	7 d	14 d	
右Ⅳ沟辉绿岩蚀变带（上）	0.008	0.030	0.061	非活性
右Ⅳ沟辉绿岩蚀变带（下）	0.008	0.017	0.033	非活性
右Ⅳ沟微风化辉绿岩（西区）	0.007	0.018	0.030	非活性
右Ⅳ沟微风化辉绿岩（东区）	0.008	0.011	0.024	非活性

8.2.3 辉绿岩人工骨料轧制试验

《水利水电工程天然建筑材料勘察规程》（SL 251—2000）要求：对于重要的大型工程，必要时应做人工骨料轧制试验；对于试验内容的规定：①细骨料试验项目：颗粒分析、石粉含量、云母含量；②粗骨料试验项目：颗粒分析、软弱颗粒含量、针片状颗粒含量、泥块（团）含量、碱活性成分含量。考虑到国际和国内没有利用辉绿岩做混凝土人工骨料的成功经验，因此需进行辉绿岩人工骨料轧制试验。辉绿岩能否轧制成合格的砂石料，国内外尚无成功的经验。在叶茂水电站工地等多处用灰岩人工砂石料系统轧制辉绿岩试验均不成功，耗材大，成本高，特别是制砂。了解到当时在建的福建棉花滩水电站，是采用坚硬的花岗岩轧制人工砂石料，于2000年6月把百色水利枢纽导流洞内开挖的120 t辉绿岩运到福建棉花滩水电站砂石加工厂进行轧制试验。根据本工程辉绿岩特点，轧制试验目的主要有以下几个方面内容：

（1）粗骨料和细骨料颗粒分析、粗骨料针片状颗粒含量、粗骨料粒度模数、人工砂的细度模数、石粉含量；

（2）通过轧制试验，提供生产性工艺流程，加工设备的型号、规格等；

（3）了解辉绿岩的可碎性、可磨性指数W_i和磨蚀性指数A_i。

8.2.3.1 试验岩石原料

石料块径：所采岩料是在导流隧洞辉绿岩洞段开挖弃渣中，用人工分检办法采集的，石料块径大致如下：块径小于200 mm的约占10%；块径200～400 mm的约占60%；块径大于400 mm的约占30%；最大块径约700 mm。

岩料风化、节理裂隙状况：所采岩料呈微风化—新鲜状态；岩料中小块径石块基本没有或少有裂隙；部分大块径石块中存在少量裂隙，多充填石英、方解石，胶结好。

所采石料，除块径偏小外，岩性基本能代表料场岩石性状。

8.2.3.2 室内试验

室内试验的主要任务是进行岩石的可碎性、岩石的可磨性指数W_i以及岩石磨蚀性指数的测定。岩石室内试验工作委托瑞典斯维达拉公司测试中心进行，平均冲击强度1 848 N，平均可磨性指数W_i=29.5，磨蚀性指数A_i=0.345 9。

平均可磨性指数W_i=29.5，是灰岩的2.2倍，是花岗岩的1.7倍；磨蚀性指数A_i=0.345 9，是灰岩的34倍。如按常规的岩石人工砂石料加工设备（颚式破碎、棒磨制砂）及工艺破碎、制砂，则耗能大、耗钢率大、成本高。

8.2.3.3 轧制试验设备

通过用颚式破碎机初碎，用S4000C型旋回机二级破碎，用H4000MC圆锥破碎机三级破碎，用巴马克B9000型破碎机制砂。破碎机械技术参数见表8-8。

表8-8 主要破碎机和技术参数

破碎机械名称	机械型号	台数	最大给料尺寸（mm）	排矿口尺寸（mm）	单机质量（kg）	电动机功率（kW）	最大生产能力（t/h）
颚式破碎机	JM1211HD	1	990	125 ~ 250	35 400	132	735
旋回破碎机	S4000C	1	400	25 ~ 51	19 300	200	540
圆锥破碎机	H4000MC	1	140	10 ~ 32	14 300	200	346
巴马克	B9000	2	50		11 380	185 ×2	600

8.2.3.4 轧制试验结论

（1）骨料级配：大、中、小骨料的颗粒级配符合规范要求；中骨料（40 ~ 20 mm）的粒形比较好，针片状含量小于5%，小骨料（20 ~ 5 mm）的针片状含量为零，满足规范要求的混凝土骨料针片状颗粒含量＜15%的规定；粒度模数为6.75，满足规范要求的混凝骨料粒度模数宜采用6.25 ~ 8.3的规定；人工砂的细度模数为2.6 ~ 3.0，满足规范要求的混凝土细骨料细度模数宜达到2.5 ~ 3.5的规定。

（2）砂的石粉含量：经水洗后的筛析试验，石粉含量为19% ~ 23%。对于常态混凝土人工骨料来说，石粉含量明显偏高（6% ~ 12%为宜）；但对于碾压混凝土人工骨料来说，石粉含量也偏高（8% ~ 17%为宜）。

（3）试验结果表明，通过用颚式破碎机初碎，用S4000C型旋回机二级破碎，用H4000MC圆锥破碎机三级破碎，用巴马克B9000型破碎机制砂，能够轧制出符合RCC坝设计要求的人工砂石料。

8.3 辉绿岩石粉对混凝土性能的影响研究

8.3.1 辉绿岩石粉对混凝土初凝时间的影响

根据混凝土施工规范，RCC坝石粉掺量应控制在8% ~ 17%范围，当含量超过17%时应通过试验论证。辉绿岩人工砂生产过程中，采用巴马克干法加工，辉绿岩石粉含量达20% ~ 24%。2002年8月在做RCC和常态混凝土配合比试验时，发现用辉绿岩砂石料配制的RCC（包括常态混凝土）初凝时间在2 h 30 min到4 h 20 min，比用同样水泥、粉煤灰和外加剂的卵石和河砂配制的RCC（包括常态混凝土）初凝时间8 h 20 min到9 h 20 min缩短6 h左右，无法满足施工要求。采取用不同材料、不同用量的试验逐项排查法寻找原因，最终得出：造成辉绿岩砂石料配制的RCC（包括常态混凝土）初凝时间偏短的原因是石粉偏高。为此，对混凝土石粉含量与凝结时间开展了研究。

不同石粉含量RCC拌合物凝结时间试验结果见表8-9、表8-10，不同石粉含量与凝结时间关系曲线见图8-2。

表8-9　不同石粉RCC拌合物凝结时间试验结果（ZB-1$_{RCC15}$0.8%）

试验编号	石粉含量（%）	用水量（kg/m³）	RCC 拌合物性能									
			V_C 值（s）	气温（℃）	混凝土温度（℃）	含气量（%）	密度（kg/m³）	液化泛浆	条件	温度（℃）	凝结时间（h：min）	
											初凝	终凝
KF1-1	24	106	6.6	21.5	22	1.6	2 673	较好	室内	16～21	4：50	14：30
								一般	自然	21～31	3：55	8：44
KF1-2	22	103	6.3	20	20.5	1.6	2 674	较好	室内	16～21	6：00	14：25
								一般	自然	19～31	5：14	10：00
KF1-3	20	100	5.5	19	19.5	1.7	2 678	较好	室内	16～21	6：20	16：45
								一般	自然	16～31	5：50	12：35
KF1-4	18	97	6.0	19	20	1.7	2 679	较好	室内	16～21	7：18	15：08
								较好	自然	16～31	6：00	13：05
KF1-5	16	94	6.6	22	23	1.8	2 684	较好	室内	16～21	9：00	17：25
								较好	自然	16～31	6：12	17：56
KF1-7	23.7	106	4.0	23	24	—	—	—	室内	16～22	5：10	18：08
									自然	17～30	5：13	15：27
KF1-8	23.7	103	6.0	22	23	—	—	一般较慢	室内	19～20	4：52	16：54
									自然	20～33	4：35	10：25
KF1-9	23.7	100	8.0	23	24	—	—		室内	19～20	4：29	11：10
									自然	20～33	4：15	8：30

表8-9试验结果表明：ZB-1$_{RCC15}$掺量0.8%，石粉含量从24%降低至16%，RCC室内温度16~21 ℃时，初凝时间从4 h 50 min延长至9 h，室外自然温度21~31℃，初凝时间从3 h 55 min延长至6 h 12 min；

表8-10试验结果表明：当ZB-1$_{RCC15}$掺量1.0%时，石粉含量从24%降低至16%，室内温度16~21℃，初凝时间从8 h 45 min延长至10 h 55 min，室外自然温度21~31℃，初凝时间从5 h延长至7 h 20 min。

结果说明：辉绿岩砂石粉对RCC凝结时间有一定影响，石粉含量从24%降低至16%，初凝时间相应延长2 h左右，即石粉含量每降低1%，初凝时间延长约15 min。

表8-10　不同石粉RCC拌合物凝结时间试验结果（ZB-1$_{RCC15}$1.0%）

试验编号	石粉含量（%）	用水量（kg/m³）	RCC 拌合物性能						
			V_C 值（s）	气温（℃）	混凝土温度（℃）	条件	温度（℃）	凝结时间（h：min）初凝	凝结时间（h：min）终凝
KF2-1	24	103	5.0	22	23	室内	18~21	8:45	20:55
						自然	19~31	5:00	15:45
KF2-2	22	100	5.0	23	24	室内	18~21	9:25	21:00
						自然	19~32	5:42	20:00
KF2-3	20	97	5.0	23	24	室内	18~21	10:00	24:25
						自然	19~32	6:08	19:32
KF2-4	18	94	6.0	22	24	室内	18~21	10:35	23:45
						自然	16~32	7:00	20:30
KF2-5	16	91	6.6	20	21	室内	18~21	10:55	26:40
						自然	16~31	7:20	21:05
KF2-7	23.7	97	4.0	23	24	自然	19~32	9:40	25:30
KF2-8	23.7	94	5.5	22	24	自然	19~32	8:16	23:20
KF2-9	23.7	91	7.6	20	24	自然	19~32	7:21	18:05

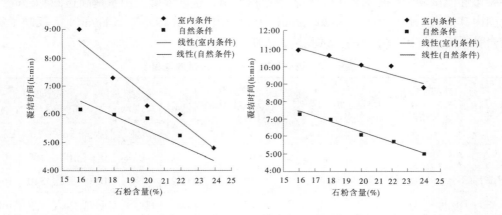

图8-2　不同石粉含量与凝结时间关系图

8.3.2　延长辉绿岩骨料混凝土初凝时间的试验研究

根据工程经验，要延长RCC（包括常态混凝土）的凝固时间，最好的办法是外掺高效缓凝减水剂。由于骨料成分不同，不同外加剂的作用也不同。为此开展了外加剂的比选工作。

参考大型水电工程成功应用实例，在具有代表性的外加剂类型中选取了八种优质外加剂进行试验。具体外加剂品种见表8-11。

表8-11 优选外加剂品种

外加剂类别	外加剂名称	生产厂家	厂家试验地点	备注
木质磺酸盐类	木钙	东北开山屯	/	仅现场试验
萘系复合类	ZB－1$_{RCC15}$	浙江龙游外加剂厂	龙游	多次拉运材料试验
	JM－Ⅱ	江苏建科院	南京	多次拉运材料试验
	MTG	云南绿色新材料有限公司	昆明	多次拉运材料试验
	QH－R20	四川晶华外加剂厂	成都	未提供改进样品
密胺类	BD－V	福建三明外加剂厂	三明市	拉运材料试验
聚丙烯酸类	X404、SR2	意大利马贝公司（三峡用）	同济大学	拉运材料试验
高温缓凝剂	WG	龙滩 RCC 高温试验用	/	仅现场试验

掺外加剂混凝土性能试验按照《混凝土外加剂》（GB 8076—1997）进行。试验条件：田东525$^{\#}$中热水泥，曲靖Ⅱ级粉煤灰，辉绿岩粗细骨料，辉绿岩砂FM=2.8，石粉含量22.5%。试验参数：水泥330 kg/m³，砂率38%，骨料粒径5～20 mm，减水剂掺量分别采用0.8%，用水量应使坍落度达到7～9 cm，密度按2 500 kg/m³计算。掺外加剂混凝土性能试验结果见表8-12，从表中数据看出，基准混凝土用水量高达224 kg/m³，比国内其他人工骨料用水量多20 kg/m³以上（国内一般为195～205 kg/m³），反映了辉绿岩骨料需水量比是很大的。试验结果表明：

表8-12 掺外加剂混凝土性能试验结果

编号	外加剂		用水量（kg/m³）	坍落度（cm）	混凝土温度（℃）	含气量（%）	减水率（%）	泌水率比（%）	凝结时间差（min）		抗压强度比（%）		
	品种	掺量（%）							初凝	终凝	3 d	7 d	28 d
KV-0	—	—	224	8.3	21	0.9	0	100	0	0	100	100	100
KV-1-1	ZB-1$_{RCC15}$	0.8	173	8.2	21	1.1	23.2	6.2	+990	+1053	172	210	169
KV-2-1	JM-Ⅱ	0.8	174	8.2	21	1.1	23.1	93.8	+1478	+1447	28	179	166
KV-3-1	MTG	0.8	176	8.8	20	1.2	21.4	93.0	+1213	+1170	176	198	145
KV-4-1	WG	0.8	188	7.7	20	1.0	16.1	47.2	+108	－65	206	204	139
KV-5-1	BD-V	1.0 液体	187	8.0	20	1.0	16.5	67.5	+243	+200	154	157	131
KV-6-1	SR2	0.8	192	7.5	20	1.0	14.3	59.5	+113	+90	172	174	129
KV-7-1	木钙	0.8	206	8.2	23	1.3	8.2	72.8	+975	+1040	55	88	92
GB 8076—1997	—	—		8±1	—	<4.5	>15	≤100	>+90	>+90	>125	>125	>120

减水率从大到小依次为：ZB-1$_{RCC15}$＞JM-Ⅱ＞MTG＞WG＞BD-V＞SR2＞木钙；

泌水率比从优到差次序依次为：ZB-1$_{RCC15}$＞WG＞SR2＞BD-V＞木钙＞MTG＞JM-Ⅱ；

缓凝时间从长到短依次为：JM-Ⅱ＞MTG＞ZB-1$_{RCC15}$＞木钙＞BD-V＞SR2＞WG；

抗压强度比从高到低依次为：ZB-1$_{RCC15}$＞JM-Ⅱ＞MTG＞WG＞BD-V＞SR2＞木钙；

上述结果综合分析比较，ZB-1$_{RCC15}$性能优，JM-Ⅱ次之。

上述试验结果说明：对于辉绿岩骨料RCC，掺不同种类外加剂，其凝结时间、用水量以及适应性也是不同的。经分析研究，从满足辉绿岩骨料RCC在高温气候的凝结时间、用水量、工作性等性能综合比较，优选ZB-1$_{RCC15}$（样3）缓凝高效减水剂并增大掺量就可以满足RCC施工要求。

8.4　质量检测与评价

8.4.1　在已施工的RCC坝现场钻芯检测

百色水利枢纽RCC坝安排在枯水期施工、汛期停工。在每年汛期停工期间都对枯水期完成的RCC坝体进行钻孔取芯，检测RCC容重、抗压强度、劈裂抗拉强度、弹性模量、极限拉伸值、抗剪强度和抗渗标号等性能指标是否达到设计要求。钻芯样按钻孔号分组，共钻取芯样37组，其中二级配RCC19组，准三级配RCC18组。代表性芯样照片详见图8-3，芯样检测结果见表8-13、表8-14和表8-15。从试验结果可以得出如下结论：

长度 11.1 m、直径 250 mm　　　　　芯样外观

图8-3　百色RCC岩芯照片

（1）二级配RCC容重最大值2 690 kg/m³、最小值2 600 kg/m³、平均值2 640 kg/m³，准三级配容重最大值2 700 kg/m³、最小值2 610 kg/m³、平均值2 670 kg/m³，RCC容重达到或超过设计要求。

（2）二级配RCC抗压强度最大值38.2 MPa、最小值20.1 MPa、平均值28.2 MPa，均大于设计值20 MPa；准三级配RCC抗压强度最大值27.4 MPa、最小值16.2 MPa、平均值21.0 MPa，均大于设计值15 MPa。

表8-13 RCC大坝工程－柘碾压混凝土芯样检测试验结果

试验编号（孔号）	工程部位	混凝土设计标号	密度（kg/m³）		抗压强度（MPa）	静压弹模（10⁴MPa）	抗渗标号	抗剪断强度		劈裂抗拉强度（MPa）	拉伸性能		
			干燥状态	饱和状态				f'	C' (MPa)		轴心抗拉强度（MPa）	极限拉伸值（10^{-6}）	抗拉弹模（10^4MPa）
ZA1	溢流坝段 二级配区	$R_{180}20MPaS_{10}$	2 620	2 640	25.4	2.34	$\geq S_{10}$	1.36	2.71	1.62	0.95	74	2.41
ZA4		$R_{180}20MPaS_{10}$	2 640	2 650	24.5	2.80	S_{10}	1.15	2.40	1.89	0.96	94	2.36
ZA5		$R_{180}20MPaS_{10}$	2 620	2 630	27.9	2.74	S_{10}	1.24	2.45	1.13	0.90	81	2.54
ZA7		$R_{180}20MPaS_{10}$	—	—	—	2.82	S_{10}	1.20	2.93	1.23	1.05	65	2.96
ZA8	右岸挡水坝段 二级配区	$R_{180}20MPaS_{10}$	2 640	2 660	23.3	3.79	S_{10}	1.25	2.75	1.94	0.98	73	3.57
ZA12		$R_{180}20MPaS_{10}$	2 630	2 640	28.5	3.92	$\geq S_{10}$	1.14	1.75	1.56	0.90	80	2.94
ZA13		$R_{180}20MPaS_{10}$	2 620	2 640	24.8	—	—	—	—	—	—	—	—
ZA2	溢流坝段 准三级配区	$R_{180}15MPaS_2$	2 650	2 680	20.9	2.22	S_2	1.25	1.80	1.15	0.78	70	2.15
ZA3		$R_{180}15MPaS_2$	2 650	2 670	20.1	2.11	S_2	1.29	2.62	1.31	0.46	56	1.97
ZA6		$R_{180}15MPaS_2$	2 680	2 700	18.1	2.41	$\geq S_2$	1.11	0.95	1.06	0.94	77	2.10
ZA9	右岸挡水坝段 准三级配区	$R_{180}15MPaS_2$	2 630	2 650	17.9	2.98	$\geq S_2$	1.13	1.50	1.42	0.59	72	2.50
ZA10		$R_{180}15MPaS_2$	2 650	2 670	18.7	2.07	S_2	1.20	1.65	1.14	0.74	81	1.89
ZA11		$R_{180}15MPaS_2$	2 620	2 650	19.2	2.17	S_2	1.12	2.00	1.11	0.86	87	1.65
8A（水平孔）	左岸挡水坝段 准三级配区	$R_{180}20MPaS_{10}$	—	—	—	—	S_{10}	—	—	—	—	—	—

表8-14　RCC大坝工程二枯碾压混凝土芯样检测试验结果

实验编号（孔号）	工程部位	混凝土设计标号	密度（kg/m³）干燥状态	密度（kg/m³）饱和状态	抗压强度（MPa）	静压弹模（10⁴MPa）	抗渗标号	抗剪断强度 f'	抗剪断强度 C'（MPa）	抗剪强度 f	抗剪强度 C（MPa）	劈裂抗拉强度（MPa）	拉伸性能 f_t（MPa）	拉伸性能 ε_p（10^{-6}）	拉伸性能 E_t（10^4MPa）
ZA4	溢流坝段 二级配区	R_{180}20MPaS_{10}	2630	2670	24.6	1.97	S_{10}	1.15	1.97	0.90	0.69	1.74	0.68	112	1.02
ZA7		R_{180}20MPaS_{10}	2610	2650	20.1	2.21	$\geq S_{10}$	1.17	1.98	1.04	0.77	2.42	0.67	85	2.14
ZA10	右岸挡水坝段 二级配区	R_{180}20MPaS_{10}	2620	2650	28.5	2.52	S_{10}	1.16	2.28	0.86	0.89	1.96	0.87	85	2.07
ZA11	二级配区	R_{180}20MPaS_{10}	2610	2650	30.3	2.43	S_{10}	1.22	2.13	0.94	0.74	1.92	0.72	70	1.91
ZA13		R_{180}20MPaS_{10}	2600	2640	30.7	2.63	S_{10}	1.13	1.79	0.87	0.71	2.01	0.55	82	1.66
3B	左岸挡水坝段 二级配区	R_{180}20MPaS_{10}	2570	2600	34.1	2.74	S_{10}	1.21	2.52	1.09	0.78	1.85	0.84	75	1.46
ZA5	溢流坝段	R_{180}15MPaS_2	2620	2660	20.2	1.87	S_2	1.19	2.36	1.07	0.78	1.10	0.73	70	1.37
ZA6	准三级配区	R_{180}15MPaS_2	2620	2650	16.9	2.06	$\geq S_2$	1.12	1.87	0.83	0.67	1.57	0.67	79	1.26
ZA8		R_{180}15MPaS_2	2630	2670	16.2	2.02	$\geq S_2$	1.13	1.63	0.64	0.64	1.38	0.54	95	1.01
ZA9	右岸挡水坝段 准三级配区	R_{180}15MPaS_2	2640	2680	19.2	2.09	S_2	1.16	1.73	0.88	0.71	1.21	0.65	83	1.24
ZA12	准三级配区	R_{180}15MPaS_2	2600	2650	24.9	2.15	S_2	1.14	2.03	0.90	0.63	1.34	0.64	88	1.02
ZA14		R_{180}15MPaS_2	2650	2700	21.8	2.08	$\geq S_2$	1.14	1.98	0.89	0.70	1.43	0.73	64	1.27
3A	左岸挡水坝段 准三级配区	R_{180}15MPaS_2	2580	2610	26.7	2.14	$\geq S_2$	1.19	2.35	0.91	0.84	1.67	0.59	60	1.28

表8-15　RCC大坝工程三枯碾压混凝土芯样检测试验结果

试验编号（孔号）	工程部位	混凝土设计标号	密度（kg/m³）		抗压强度（MPa）	静压弹模（10⁴MPa）	抗渗标号	抗剪断强度		劈裂抗拉强度（MPa）	拉伸性能		
			干燥状态	饱和状态				f'	C'（MPa）		f_t（MPa）	ε_p（10⁻⁶）	E_t（10⁴MPa）
ZA2	左岸挡水坝段二级配区	R₁₈₀20MPaS₁₀	2 550	2 640	30.5	2.19	≥S₁₀	1.18	1.55	2.70	0.63	90	1.30
ZA6	溢流坝段二级配区	R₁₈₀20MPaS₁₀	2 550	2 610	29.1	2.63	≥S₁₀	1.17	1.84	2.53	0.89	75	2.87
ZA8		R₁₈₀20MPaS₁₀	2 660	2 690	38.2	3.22	S₁₀	1.12	1.78	2.90	1.08	75	3.54
ZA10	右岸挡水坝段二级配区	R₁₈₀20MPaS₁₀	2 580	2 630	27.0	2.89	≥S₁₀	1.20	1.80	2.78	0.57	84	2.65
ZA11		R₁₈₀20MPaS₁₀	2 560	2 640	26.1	2.73	S₁₀	1.16	1.87	1.90	0.75	76	2.24
ZA12		R₁₈₀20MPaS₁₀	2 560	2 640	25.7	2.64	≥S₁₀	1.19	1.81	2.68	0.74	93	1.13
ZA14		R₁₈₀20MPaS₁₀	2 590	2 650	36.1	2.51	S₁₀	1.14	1.93	2.15	0.87	80	2.40
ZA3	左岸挡水坝段准三级配区	R₁₈₀15MPaS₂	2 610	2 690	25.2	2.81	≥S₂	1.13	1.66	2.04	0.88	56	3.00
ZA5	溢流坝段准三级配区	R₁₈₀15MPaS₂	2 600	2 660	24.3	1.83	≥S₂	1.20	1.84	1.46	0.72	50	2.74
ZA7	准三级配区	R₁₈₀15MPaS₂	2 620	2 680	27.4	2.47	≥S₂	1.15	1.68	1.68	0.87	79	1.65
ZA9	右岸挡水坝段准三级配区	R₁₈₀15MPaS₂	2 550	2 650	20.5	2.65	≥S₂	1.16	1.21	1.59	0.68	102	1.60
ZA13	准三级配区	R₁₈₀15MPaS₂	2 610	2 670	20.1	2.17	≥S₂	1.12	2.23	1.84	0.61	54	1.84

（3）二级配RCC劈裂抗拉强度最大值2.90 MPa、最小值1.13 MPa、平均值2.02 MPa，均大于设计值1.10 MPa；准三级配RCC劈裂抗拉强度最大值2.04 MPa、最小值1.06 MPa、平均值1.43 MPa，均大于设计值1.00 MPa。

（4）坝体准三级配150#RCC芯样弹性模量平均值为2.26×10^4MPa，比一般灰岩砂石料三级配28 d150#RCC的弹性模量（$2.37 \sim 2.47$）$\times 10^4$MPa略低，达到了用准三级配RCC替代标准三级配RCC的目的；RCC极限拉伸平均值为74×10^{-6}>设计值70×10^{-6}，达到或超过设计要求。

（5）作为防渗体的辉绿岩砂石料二级配RCC，芯样（包括水平孔芯样）的抗渗标号都大于或等于S_{10}，达到设计要求的S_{10}；准三级配RCC也达到或超过设计要求的S_2。

8.4.2　RCC坝层间原位抗剪断试验

试验采用平推直剪法，水平推力垂直于坝轴线，从上游向下游推。每组加工5块试体，试体剪块面布置在同一缝面上，每块试体的剪块面积为50 cm×50 cm，施加的法向应力为坝体最大垂直应力3.5 MPa分为5等份，分别施加在5块试体上进行试验，试验结果见表8-16。

从表8-16可以看出，用辉绿岩砂石料RCC浇筑的百色RCC坝，RCC层间结合面抗剪断摩擦系数f'值为$1.12 \sim 1.47$，黏聚力C'为$0.90 \sim 1.50$ MPa，均大于或等于设计值$f' = 1.10$和$C' = 0.90$ MPa。

表8-16　RCC坝层间原位抗剪断试验成果

试验部位		一枯 RCC			二枯 RCC		
施工工况		未处理连续铺筑的层面			摊铺砂浆处理再铺筑的层面		
试验编号		J－1－1	J－1－2	J－1－3	J－2－1	J－2－2	J－2－3
抗剪断强度	f'	1.14	1.13	1.47	1.29	1.12	1.23
	C'（MPa）	0.91	0.90	1.50	1.19	1.03	1.12

8.4.3　质量评价

（1）大坝混凝土外观质量良好、表面光滑平整，无明显裂缝和缺陷；

（2）防渗200#RCC和坝内150#RCC的强度等级均超过设计值，而且保证率也超过规范要求的80%，满足《水工碾压混凝土施工规范》（SL 53—94）的验收标准。

（3）大坝碾压混凝土和常态混凝土均达到各种混凝土的相应抗渗指标。

（4）从原位抗剪断强度和芯样抗剪断强度综合分析，大坝碾压混凝土的抗剪断强度达到了设计指标。

（5）现场实测左右岸上坝段碾压混凝土的压实密度平均值均大于98%设计理论密度，满足《水工碾压混凝土施工规范》（SL 53—94）规定的压实指标。

（6）大坝混凝土质量评价。大坝碾压混凝土质量优良，强度验收均合格，施工质量良好，压实度满足规范要求，强度满足设计要求。

8.5 小 结

（1）在百色平圩坝址修建碾压混凝土重力坝，环境条件决定只能采用人工骨料。人工砂石料的选择，经历了全石灰岩、"辉绿岩碎石+石灰岩砂"、全辉绿岩三个方案的勘察、科研试验、技术经济比较确定的过程。辉绿岩属坚硬岩石，无活性成分，非活性骨料，并通过轧制试验表明，辉绿岩人工骨料质量满足规范要求。

（2）辉绿岩既坚硬，又有韧性，加工困难，石粉含量高，凝结时间短。通过大量的试验和实践，掌握了辉绿岩骨料的加工特点、级配特点和颗粒特点，找到了石粉含量高造成混凝土高温凝结时间偏短的对策，从RCC现场碾压感观、RCC钻孔取芯分析以及RCC力学性能指标的实测结果来看，完全满足工程要求。实践证明选择辉绿岩人工骨料方案是完全成功的，开创了国内外先河。

参 考 文 献

［1］ 广西水利电力勘测设计研究院. 百色水利枢纽初步设计报告［R］. 2001.

［2］ 广西水利电力勘测设计研究院. 百色水利枢纽蓄水安全鉴定RCC主坝、水电站工程设计自检报告［R］. 2005.

［3］ 陈顺天，陆民安. 台高九仞　起于垒土——百色水利枢纽工程前期工作历程［J］. 广西水利水电，2002（增刊）：6-16.

［4］ 广西水利电力勘测设计研究院. 百色水利枢纽蓄水安全鉴定RCC主坝、水电站工程地质自检报告［R］. 2005.

［5］ 罗继勇，胡带美，蒋井源. 百色水利枢纽近坝库岸深厚风化岩体边坡稳定性分析［J］. 广西水利水电，2005（4）：29-31.

［6］ 长江岩土工程总公司，长江三峡勘测研究院. 长江流域水利水电工程地质［M］. 北京：中国水利水电出版社，2012.

［7］ 全国勘察设计注册工程师水利水电工程专业管理委员会，中国水利水电勘测设计协会. 水利水电工程专业案例［M］. 郑州：黄河水利出版社，2009.

［8］ 韦贞景. 水库移民安置点工程勘察应注意的几个问题［J］. 广西水利水电，2002（4）：50-52.

［9］ 米德才. 百色水利枢纽工程地质研究综述［J］. 人民珠江，2006（增刊）：5-7.

［10］ 宁承汉，米德才. 百色水利枢纽工程地质条件［J］. 人民珠江，1997（6）：8-12.

［11］ 罗继勇. 百色水利枢纽主要工程地质问题及施工处理［J］. 工程地质学报，2009，17（4）：563-568.

［12］ 米德才，罗继勇，宁承汉. 百色水利枢纽坝基辉绿岩体接触蚀变带工程地质特性及评价［J］. 广西大学学报（自然科学版），1997，第22卷增刊：35-39.

［13］ 陆民安，卢庐. 百色碾压混凝土重力坝混凝土设计优化［J］. 红水河，2002（2）：27-30.

［14］ 米德才，陆民安. 百色水利枢纽RCC坝基岩体松弛及处理［J］. 水利发电，2006（12）：43-45.

［15］ 蒲汉清. 弹性波测试技术在百色水利枢纽工程中的应用［J］. 广西水利水电，2005（4）：32-34.

［16］ 刘会娟，张建海，陆民安. 百色RCC重力坝典型坝段的动力稳定性分析［J］. 水电站设计，2003，19（3）：8-11.

［17］ 向俐蓉，张建海，陆民安，等. 百色水利枢纽右岸重力坝抗滑稳定研究［J］. 红水河，2003（1）：14-19.

［18］ 刘会娟，张建海，陆民安，等. 含陡坡建基面重力坝坝基破坏模式及稳定性研究［J］. 广西水利水电，2004（增刊）：18-21.

［19］ 四川大学. 百色水利枢纽RCC重力坝坝基稳定地质力学模型试验及有限元计算研究［R］. 1996.

［20］清华大学．百色水利枢纽施工详图阶段主坝坝基深层抗滑稳定安全评价［R］．2002．

［21］玉华柱．百色水利枢纽坝基防渗帷幕的初步研究［J］．广西水利水电，1999（4）：23-26．

［22］河海大学．百色水利枢纽招标设计阶段重力坝基础渗流场计算分析［R］．1996．

［23］黄开华．百色水利枢纽新型联合消能工消力池设计综述［J］．广西水利水电，1998（2）：51-54．

［24］彭彬，张建海，陆民安，等．消力池位移与应力三维有限元分析［J］．广西水利水电，2004（增刊）：22-36．

［25］梁天津．百色水利枢纽消力池工程地质研究［J］．水利技术监督，2004（6）：60-63．

［26］罗继勇，米德才，蒋井源．百色水利枢纽地下厂房系统工程地质条件评价［J］．广西水利水电，2002（增刊）：28-31．

［27］闫九球，陈宏明．百色水利枢纽地下厂房渗控方案选择［J］．水利水电技术，2008（10）：33-35．

［28］河海大学水工结构工程学部．百色水利枢纽水电站工程地下厂房洞室围岩渗流场有限元分析［R］．2002．

［29］米德才浅埋大跨度洞室群围岩稳定性工程地质研究［D］．成都理工大学博士论文，2006．6．

［30］广西水利电力勘测设计研究院．百色水利枢纽地下厂房关键技术研究［R］．2012．

［31］河海大学土木工程学院．百色水电站地下厂房洞室群稳定性分析［R］．2002．

［32］Hoek E，Brown E T．岩石地下工程［M］．连志升，田良灿，王维德，等译．北京：冶金工业出版社，1978．

［33］刘永林，陈永彰，李晓明，等．特长输水隧洞工程设计研究［M］．北京：中国水利水电出版社，2012．

［34］长江科学院．广西百色水利枢纽地下厂房块体稳定性分析研究［R］．2002．

［35］卢义骈．百色水利枢纽水电站设计优化［J］．广西水利水电，2002（增刊）：39-43．

［36］米德才．岩土锚固新技术在百色水利枢纽工程中的应用［J］．华北水利水电学院，2005（4）：26-28．

［37］河海大学土木工程学院．百色水利枢纽水电站进水口高边坡静、动力稳定计算研究［R］．2000．

［38］蒋井源．百色水利枢纽电站进水口高边坡稳定性分析［J］．广西水利水电，2003（4）：8-11．

［39］蒙世仟．百色水利枢纽地水电站进水口上游侧边坡稳定复核［J］．广西水利水电，2002（增刊）：36-38．

［40］玉华柱．百色水利枢纽水电站进水塔地基工程地质问题及处理措施［J］．人民珠江，2006（增刊）：8-9．

［41］农克俭，黄承泉．百色水利枢纽水电站进水塔基础处理［J］．广西水利水电，2002（增刊）：32-35．

［42］米德才．百色水利枢纽辉绿岩人工骨料碱活性试验研究［J］．人民珠江，2004（6）：25-27．

［43］陆民安．辉绿岩砂石骨料在百色RCC主坝的应用研究［J］．水利水电技术，2010（2）：42-47．